Die Sprache
der menschlichen Leibeserscheinung

von

Dr. habil. Ludwig Eckstein

Löwenstein-Kreis Heilbronn

2., neubearbeitete Auflage

1956

JOHANN AMBROSIUS BARTH MÜNCHEN

ISBN-13: 978-3-540-79661-9   e-ISBN-13: 978-3-642-86366-0
DOI: 10.1007/978-3-642-86366-0

»Jede Lebenseinheit ist ein doppelpoliges Ganzes aus Leib
und Seele: der Leib die Erscheinung der Seele, die Seele der
Sinn der Leibeserscheinung.«   *Ludwig Klages*

»Man bringt das ‚Äußere‘ und das ‚Innere‘ nicht zusammen,
Morphologie und Psychologie, Leib und Seele bleiben für jede
bisherige Betrachtung doch fremde Welten. Auch die allgemeine Behauptung: der Mensch ist eine Leib-Seele-Geist-
Einheit muß abstrakt bleiben; sie ist zwar richtig, aber sie
ist logisch nur verneinend: die Ablehnung des Dualismus ist
darin ausgesprochen. Über die positive Seite ist dagegen
nichts gesagt, und die Frage bleibt unbeantwortet, warum
gerade eine solche Physis ein Bewußtsein hat, und warum
ein so beschaffenes, was überhaupt ‚Seele‘ ist und was nicht.
Diese Formel bleibt wie jede Ganzheitsformel abstrakt und
kann auf die nächste konkrete Frage von sich aus nicht
antworten.«   *A. Gehlen*

VORWORT ZUR 2. AUFLAGE

Die erste Auflage des vorliegenden Werkes erschien zu Beginn des Jahres 1943. Sie war zwölf Monate später vergriffen. Die sofort geplante Neuauflage, zusammen mit der meiner »Psychologie des ersten Eindrucks«, verhinderten die Zeitläufte. Sie erfolgt jetzt, weil Verfasser und Verlag wissen, daß das nur noch antiquarisch aufzutreibende Buch für die Ausbildung des Psychologennachwuchses gebraucht wird.

Der Verlag erbat sich für die 2. Auflage erhebliche Kürzungen. Die Streichung ganzer Kapitel erwies sich bei der inneren Architektonik des Buches als unmöglich. Der Verfasser hat deshalb Satz für Satz noch einmal durchgearbeitet und glaubt, daß nun das ganze Werk noch gewonnen hat.

»Die Sprache der menschlichen Leibeserscheinung« ging aus der jahrelangen Praxis des Verfassers als Heerespsychologe hervor. Er arbeitete anfangs vorwiegend intuitiv; dann erwachte der leidenschaftliche Wille, die verschiedenen ausdruckspsychologischen Methoden nicht nur planmäßig durchzuproben, sondern auch theoretisch auf breiteste Basis zu stellen. Sein Weg führte zu PIDERIT und LERSCH und, wie er glaubt, zugleich über sie hinaus. Nachdem er deren klar umrissene Ausdruckspsychologie verarbeitet hatte, stieß er auf die eminente Ausdrucksbedeutung des Vegetativen. Zum Verständnis der animalischen Nerven- und Organsysteme und ihrer Analogie zum Bewußt-Seelischen muß, das war seine Meinung, dasjenige der vegetativen Systeme in ihrer Beziehung zum Unbewußt-Seelischen treten. »Die Sprache der menschlichen Leibeserscheinung« unternahm das Wagnis eines Vorstoßes in diese Bereiche.

Noch in einer anderen Beziehung wurden die von PIDERIT und LERSCH gezogenen Grenzen überschritten. Es bedeutet ein Wagnis, auch die Architektonik der menschlichen Gestalt in den Bereich des seelisch Relevanten einzubeziehen. Hier liegt der Grund, warum für die Bezeichnung des Buches der Begriff »Erscheinung« gewählt wurde. Er ist umfassender und weiter als der Begriff »Ausdruck«.

Die Hereinnahme der architektonischen Erscheinungsmerkmale in das psychologische Deutungsverfahren rückt das Werk in den Zwischenbereich der wohlfundierten Ausdruckspsychologie einerseits und der »unwissenschaftlichen« Physiognomik andererseits. »Die Sprache der menschlichen Leibeserscheinung« bringt mit neuen

Methoden eine Kritik und zugleich eine Rechtfertigung des physiognomischen Ansatzes. An dieser Stelle begegnen wir KRETSCHMER und unterscheiden uns von ihm. »Körperbau und Charakter« lehnt das vorwissenschaftliche und unkontrollierbare Vorgehen der Physiognomik mit ähnlicher Schärfe ab, wie das schon PIDERIT getan hatte. Das eindrucksvolle Ergebnis von KRETSCHMERS Typologie ist, wieviel gerade die leibliche Gestalt, die »Konstitution«, charakterologisch auszusagen hat. KRETSCHMER stellte präzise Messungen an und gewann aus seinem Material überzeugende statistische Korrelationen zwischen dem Körperbau auf der einen und dem Charakter auf der anderen Seite.

KRETSCHMER kann beweisen, *daß* bestimmte Korrelationen bestehen. Aber er kann nicht sagen, *warum* sie vorhanden sein müssen. Hier ist ihm die Ausdruckspsychologie voraus. Sie stellt nicht nur fest; sie vermag im einzelnen auch zu begründen. Auch mein Buch macht es sich zur Aufgabe, Zusammenhänge zwischen dem Leiblichen und dem Seelischen in eine Notwendigkeitsrelation zu bringen. Die innere Stimmigkeit z. B. zwischen pyknischen oder athletischen Brustformen und den dazugehörigen knöchernen oder muskulären Systemen läßt sich durchaus aufzeigen. Um solche Nachweise grundsätzlich zu führen, war es notwendig, bei der Anatomie, der Physiologie und ganz besonders bei der Entwicklungsgeschichte (in dem doppelten Sinne der Phylogenese und der Ontogenese) in die Schule zu gehen.

Der für unser Buch bewußt gewählte wissenschaftliche Standort liegt also mitten im Dreieck Ausdruckspsychologie, Konstitutionstypologie und Physiognomik. Von da mußten Brücken zwischen diesen drei verschiedenen Positionen zu schlagen sein.

Die Standortwahl hat sich gelohnt. Sie brachte eine Fülle neuer Blickpunkte und Ansätze. Sicherlich bedürfen sie im einzelnen noch der kritischen Nachprüfung und ihrer, womöglich experimentellen, Erprobung. Die Eigenart des Standortes verleiht unserm Werk eine bestimmte Position in der Entwicklung der Psychologie, die ihren Ausgang nicht allein vom Geistigen, sondern auch vom Biologischen und Leiblichen nimmt. Grundsätzlich konnte deshalb bei der 2. Auflage nichts Entscheidendes geändert werden, obwohl in der Zwischenzeit von anderen Seiten aus sehr Beachtliches, z. B. über die Grenzen des Ausdrucks, beigetragen wurde.

Der besondere Aspekt des Werkes führt im begrifflichen Felde der Psychologie nicht selten zu anderen als den üblichen Akzenten, ohne daß es beabsichtigt gewesen wäre. Er ergab sich; Abweichungen vom Standpunkt bekannter Schulsysteme mußten in Kauf genommen werden. Nachdem der Verfasser die Konsequenz aus Standortwahl und Methode klar erkannt hatte, verzichtete er bewußt auf die gebräuchliche Voranstellung von Definitionen. Er legte vielmehr Schritt für Schritt die Wurzeln und Merkmale der einschlägigen Begriffe frei, um sie schließlich Stufe um Stufe zu einem Ganzen zu fügen. Wer einseitig auf ein Schuldogma eingeschworen und für andere Zugänge nicht mehr offen ist, wird eine Revision im Begrifflichen nicht gern akzeptieren. Der Verfasser meint jedoch, es hier mit WILLI HELLPACH halten zu sollen, dessen Buch »Deutsche Physiognomik« etwa zur gleichen Zeit erschienen ist. »Hypothesen werden notwendig und entbehrlich, Theorien wechseln oder wandeln sich; was bei alledem zunimmt, ist die Kenntnis von den Tatbeständen der Wirklichkeit und die Einsicht in die Vielfalt ebenso wie in die Gesetzmäßigkeit ihrer Zusammenhänge.«

Die Bestätigung für die Richtigkeit unserer Ansätze erbrachte immer wieder die Sprache. Die muttersprachlichen Bildungen vieler unserer psychologischen Begriffe verraten im Un- und Vorbewußten eine ähnliche Schau der Zusammenhänge. Doch haben wir die neugewonnenen Ansätze im Begrifflichen nicht einfach dem Sprachlichen entlehnt. Aber als ein sicherer Kompaß erwies sich die Sprache mehr als einmal.

Löwenstein, Kreis Heilbronn, Mai 1956.

Ludwig Eckstein

INHALTSVERZEICHNIS

Seite

Einleitung 1

  1. Zugänge zur Leibeserscheinung 1
    Symbolik – Ästhetik – Phrenologie – Konstitutionstypologie –
    Ausdruckspsychologie – Biologie, Anatomie, Physiologie

  2. Wirklichkeitsweise und Aufbau der Leibeserscheinung 8
    Organ- und Gliedsysteme

  3. Zusammensein und Zusammenwirken von Leibeserscheinung und
    Seele 10
    Psychophysische Kausalität, Parallelismus, polare koexistentiale
    Zusammengehörigkeit – Seelische Konstanten – Analogie zwischen
    leiblicher und seelischer Existenz

  4. Wirklichkeitsweise und Begriffseigenart im Seelischen 13
    Begriff der Akzentuierung: Ineinander der Gegensätze und In-
    einander aller abhebbaren Strukturmomente – Die Strukturgesetze
    des Lebendigen überhaupt als der seelischen und organischen
    Wirklichkeit gemeinsam

  5. Bedeutung und Umfang des psychologischen Erscheinungsbegriffes 15
    Umfassende Bedeutung des psychologischen Erscheinungsbegriffes

Erster Hauptteil
AUFBAU UND GLIEDERUNG DER LEIBESERSCHEINUNG

I. Das Skelettsystem 19

  1. Der »passive Bewegungsapparat« 19
    Momente der Schwere und des Verharrens

  2. Das Stützsystem 22
    Momente der Festigkeit und Stabilität, des Haltes und der Wider-
    standsfähigkeit

  3. Der form- und gestaltgebende Faktor 24
    Rahmen und Begrenzung seelischen Erlebens – Mögliche Grade
    und Richtungen seelischer Differenzierung

  4. Die Gelenkigkeit 26
    Möglichkeit und Grad aktiver und passiver seelischer Anpassung

  5. Die Elastizität 28
    Maß formelastischer Plastizität und Lebendigkeit – Knöchernes
    System und gewachsener Charakter

II. Die Muskulatur 33

  1. Der »aktive Bewegungs- und Haltungsapparat« 33
    Bewußtsein des Selbstkönnens und der Eigenkraft

  2. Die tonische Dauerspannung 36
    Latente Haltungs- und Bereitschaftsspannung – Enge oder Weite
    des seelischen Aktionsrahmens

  3. Die passive Zugfestigkeit 39
    Momente der Zähigkeit und Gestrafftheit

  4. Die Differenzierung 40
    Reiz- und Situationsgemäßheit, Gezügeltheit und Beherrschtheit
    der Impulse – Art und Grad der Geübtheit

XII

5. *Die Wahlbeweglichkeit* 45
Ökonomie der körperlichen Eigenkräfte

6. *Gruppierung und Schwerpunktsbildung* 47
Besondere seelische Gerichtetheit und Empfänglichkeit

7. *Zusammenschau* 48
Instrument des Willens

8. *Skelettsystem und Muskulatur* 50
Form und Gepräge – Natürliche Haltung, natürliche Bewegung –
Wirkliche Kraft und Eigenkraft

III. Die vegetativen Organsysteme 55

1. *Das Kreislaufsystem* 57
Lebenstotale Bedeutung – Besondere Bereitschaft, Einstellung
und Gerichtetheit der Gesamtseele

2. *Das Atmungssystem* 63
Proportion zwischen Auftrieb und Leichtigkeit einerseits, Schwere
und Gewichtigkeit andrerseits – Die Stimmungskonstante – Energieentfaltung, Frische und Kraft der Lebendigkeit

3. *Kreislauf- und Atmungssystem* 67
Gemüt (Mut) und Stimmung

4. *Das Verdauungssystem* 71
Sättigung und Hunger – Lust und Unlust – Labung und Durst

5. *Zusammenschau* 79
Zwei Wurzeln seelischer Dynamik: Gemütsbewegung (Affekt) und
Trieb – Seelische Ganzheitlichkeit

6. *Vegetative Organsysteme und Handlungsapparat* 83
Seelische Innerlichkeit – Lebendigkeit und Wille – Innere und
äußere Bereitstellung (Befangenheit und Unbefangenheit, Echtheit und Unechtheit) – Differenzierung und Ganzheitlichkeit –
Elementare Kraft

IV. Haut und Sinnesorgane 89

1. *Die Haut als Ausdrucksorgan* 89
Geschichtscharakter der Persönlichkeit – Transparent der Innerlichkeit

2. *Die Haut als Sinnesorgan* 97
Reizempfänglichkeit empfindungs- und gefühlsmäßiger Art

3. *Die Sinnesorgane (Das Sehorgan)* 104
»Optisch apperzeptive Bezogenheit« zur Umwelt, optische Konstante unseres Weltbildes – »Fenster der Seele« – Verhängen des
inneren Zustandes und Verdeckung der Absichten (Unehrlichkeit
und Unechtheit)

4. *Zusammenschau* 114
Begriff der Sinnlichkeit

5. *Sinnlichkeit und Beweglichkeit (Haut und Handlungsapparat)* .. 116
Sensible Bewegungssteuerung – Feinfühligkeit und Intelligenz

6. *Sinnlichkeit und Innerlichkeit (Haut und vegetative Organsysteme)* 118
Gefühl und Gemüt – Schmerz und Qual

V. Das Nervensystem 121

1. *Das animalische Nervensystem* 124
Grad, Art und Qualität der seelischen Einheitsverfassung

2. *Das vegetative Nervensystem* 128
Art, Grad und Qualität des ganzheitlichen seelischen Angesprochenseins

3. *Das animalische und das vegetative Nervensystem* 129
Einheit und Ganzheit – Wachheit und Bewußtheit – Bewußtes
und Nichtbewußtes – Kopf und Herz

4. *Das Nervensystem und der übrige Organismus* 134
Einheitlichkeit sowie Ganzheitlichkeit und Substanz

VI. Die Gliederung der Leibeserscheinung............ 136

A. *Rumpf und Gliedmaßen* 137

1. *Das Rückgrat und der Rücken* 138
Körperlich-seelische Belastbarkeit, Eigenhalt und Eigenhaltung –
Maß der Beweglichkeit und Elastizität bei der Widerstands-
begegnung – Welthaftigkeit des Menschen durch die Aufrichtung

2. *Der Hals, die Brust und der Bauch* 147
Erweiterte Repräsentation des Selbstes

3. *Becken- und Schultergürtel sowie die Gliedmaßen* 149
Belastbarkeit uhd Standsicherheit – Körperlich-seelische Bewegungsfähigkeit – Das Sitzen – Freiordnende und eigenschöpferische Umweltgestaltung

4. *Der Rumpf und die Glieder* 158
Drei Typen des Gliederungsgefälles

B. *Der Kopf*.. 161

1. *Der Kopf als das Endstück der Körperachse* 162
Art der Widerstandsbegegnung – Inneres Gleichgewicht

2. *Das Gesicht und der Schädel* 164
Art der Umweltorientierung – Anteil der Bewußtseinsfunktionen
am Gesamtseelenleben

3. *Der Mund* 166
Art, Grad und Beschaffenheit des Urwollens – Art und Grad der
mitmenschlichen Umwelts- und Gemeinschaftsbezogenheit

4. *Zusammenschau*.................................. 170
Interessiertheit und Desinteressiertheit – Menschliche Erfolgsorgane und menschliche Welthaftigkeit – Über den »Sitz der Seele«

Zweiter Hauptteil

WUCHS- UND NATURFORMEN DER LEIBESERSCHEINUNG

VII. Leibeserscheinung und Wuchs 174

1. *Die Körpergröße* 178
Grad der Entfaltung und Harmonie der art-, gattungs-, alters-
und geschlechtsbedingten Anlagen

2. *Die Asymmetrie* 178
Einengung der körperlich-seelischen Beweglichkeit – Abweichung
von der geraden, direkten Bewegungs- und Wegrichtung

VIII. Leibeserscheinung und Lebensalter (dargestellt an
dem Beispiel der Wachstumsentwicklung)............ 182
Wachstum und Reifung

XIV

1. *Der Gestaltwandel* 186
Eigenbezogenheit und Außenwirklichkeitsbezogenheit – Reine
Empfänglichkeit und aktive Interessenahme – Willensentwick-
lung – Menschliche Erfahrungsbestimmtheit – Änderung des
Selbstes – Ablösung der Lust-Unlust-Bestimmtheit und der
Stimmungsbestimmtheit durch stabilere Haltungen

2. *Der Funktionswandel* 200
Lebendigkeit und Bestimmtheit – Plastizität und Geformtheit –
Ganzheitlichkeit und Einheitlichkeit

3. *Zusammenschau* 205
Daseinsfähigkeit zwischen absolutem Leben und zwischen Tod –
Erscheinung und Wesen als ein stets Werdendes – Unumkehrbar-
keit des Entwicklungsablaufes – Langsamkeit der menschlichen
Entwicklung – Das Übersichhinausweisen des menschlichen Ein-
zelwesens

IX. Leibeserscheinung und Geschlecht 209

1. *Die geschlechtsspezifischen Unterschiede im Aufbau der Leibeserscheinung* 211
Schwere und Leichtigkeit, »Stärke« der Geschlechter – Prägungs-
eigenarten – Männliche Willensaktivität, weibliche Lebendigkeit –
Unterschiede in der Sinnlichkeit

2. *Die geschlechtsspezifischen Unterschiede in der Erscheinungsgliede-
rung* 219
Mehr Außersich- und mehr Insichsein – Männlicher Arm und
weibliche Hand – Aktive Außenwendung der Interessen und
empfänglich erlebende Haltung – Entfaltung nach außen wirkender Energien und Nahraumverhaftung – Stimmungsbestimmtheit
und Affektivität

3. *Die unterschiedliche Geschlechtsfunktion* 225
Sicherstellung des Milieus für das werdende Leben – Das absolut
Männliche und das absolut Weibliche

4. *Wachstum und Reifung* 229
Normal- und Fehlentwicklungen – Aufhellung des Erscheinungs-
und Seelencharakters geschlechtsloser Wesen – Männliche Fertigung, weibliche Reifung – Individualwesen und Geschlechtswesen – Geschlechtstrieb und Geschlechtsliebe

Abschluß

WESEN UND SINN DER MENSCHLICHEN LEIBESERSCHEINUNG
Verhältnis von Leib und Seele 238

1. *Das Geistige in der Leibeserscheinung* 239
Geisteswissenschaftliche Psychologie – Der »theoretische Mensch«
nach Spranger – Eine historische Menschenform

2. *Das Spezifische der menschlichen Leibeserscheinung* 249
Welthaftigkeit und Umwelthaftigkeit im Blick auf A. Gehlens
Anthropologie

3. *Der Aufruf zur Selbstverwirklichung* 254
Erfüllungsweisen des menschlichen Sollens – Verwirklichungsgrade
des Sollens – Wege der Sollensverwirklichung – Sollen und Natur

Schrifttum 260

EINLEITUNG

Der Zusammenhang zwischen leiblicher Erscheinung und seelischem Wesen ist der Gegenstand des folgenden wissenschaftlichen Unternehmens.

Von außen betrachtet ist der Mensch als Erscheinung der Inbegriff alles dessen, was er in der Welt sichtbarer Räumlichkeit darstellt, als was und wie er sich dem beobachtenden und schauenden Auge darbietet. Der Erscheinungsbegriff schließt das Insgesamt des äußeren Menschen ein, sei dies in Ruhe oder in Bewegung, sei dies als Wuchs- oder als Haltungsform, seien dies die festen Bestandteile der Leibesgestalt oder die weiche und bewegliche Füllung derselben.

Von innen gesehen wird die Erscheinung erlebt als unmittelbare Ausstrahlung, als unverfälschter Ausdruck und Sichtbarwerdung des Wesens und der Innerlichkeit. Seit je hat man sich deshalb bemüht, ihre Sprache zu enträtseln, um in ihr einen Schlüssel zu Charakter und Eigenart zu finden. Instinktives Wissen, schöpferisches Ahnungsvermögen, praktische Erfahrung und wissenschaftliches Forschen haben schon mancherlei dazu beigetragen, die Erscheinung als Wesensausdruck deut- und verstehbar werden zu lassen. Schauspielkunst, Plastik und Malerei vermitteln seelisches Sein und Erleben durch spielende und formende Darstellung von Erscheinungen. Wer irgendwie mit dem Menschen zu tun hat, sei es mit dessen Leiblichkeit oder mit dessen Seele und Geist, wird immer zugleich auch auf die Erscheinung stoßen, möchte sie durchdringen und durchschauen, aus ihr lesen und ihre Wesensbedeutung enthüllen.

1. Zugänge zur Leibeserscheinung

1. Die Formen der Erscheinung, gleichwohl ob als Ganzheiten oder in ihren Einzelheiten und besonderen Auffälligkeiten, ob als feste Gestalten oder als Bewegungsfiguren, sprechen an sich schon eine unmittelbare und eigentümliche Sprache. Das Auge nimmt sie auf, die Einbildungskraft bemächtigt sich ihrer, erschaut Verwandtschaften und Ähnlichkeiten und verschwistert spielend dahinterstehende oder vermutete Bedeutungen und Wesenseigentümlichkeiten. Ohne rechte Kontrolle und fast von selbst entsteht in der schöpferischen Phantasie eine Symbolsprache der Formen.

Die symbolische Betrachtungsweise braucht nicht nur eine Angelegenheit der Phantasie zu sein. Sie vermag auch mit wissenschaftlichen Mitteln zu messen, zu zählen und zu wiegen. Aber Maße, Zahlen, Gewichte und deren Verhältnisse, Stofflichkeit und Farbe sind, wie z. B. bei CARUS, unmittelbarer symbolischer Ausdruck höherer Ideen (1).

Die symbolische Deutung der menschlichen Erscheinung hat eine lange Geschichte; sie kann sich zurückführen auf Aristoteles, der die Ähnlichkeit menschlicher und tierischer Einzelformen in Verbindung brachte und die dem betreffenden Tiere zugeschriebenen Eigenschaften dann auf den Menschen anwandte. Wir finden später die symbolische Formbetrachtung bei J. B. PORTA (2), bei LAVATER (3), CARUS u. a., schließlich in der modernen Populärphysiognomik HUTERS (4, 5).

2. Mit der symbolischen innig verschmolzenen kommt meist die ästhetische Deutungsweise der Erscheinungsformen vor. Gedacht ist an die Tatsache, daß Formen, Prägungen und Züge schon bei der natürlichen Beeindruckung durch ihren Schönheitswert gefallen oder mißfallen. Ebenmaß, Stimmigkeit und Ausgeglichenheit der Proportionen fallen ebenso ins Auge wie deren Widerstreit und Mißverhältnisse. Und wer ist nicht geneigt, hinter dem Adel der Formen auch einen solchen der Seele zu vermuten, hinter der äußeren Schönheit auch eine innere? LAVATER hat z. B. eine Kapitelüberschrift: »Von der Harmonie der moralischen und körperlichen Schönheit«. Er kommt zu dem Schluß: »Je moralisch besser, desto schöner. Je moralisch schlimmer, desto häßlicher« (6). Auch die HUTERsche Lehre kennt außer ihren drei Grundnaturellen, die aus den Funktionen der Empfindung, der Bewegung und der Ernährung abgeleitet werden, noch ein »harmonisches« und ein »disharmonisches« Naturell (7). CARUS stellte seinen Begriff der »reinen Mitte« geradezu im Anschluß an menschliche Idealgestalten, so den olympischen Jupiter, den pythischen Apoll, die Venus von Milo, als Bildungen von »vollkommener Formenharmonie« auf (8).

Die symbolisch-ästhetischen Deutungsversuche der menschlichen Erscheinung sind dadurch gekennzeichnet, daß in ihnen eine Trennung zwischen Erkennen und Werten nicht durchgeführt wird. Erkenntnisakte und Wertgebungen, seien diese nun ästhetischer, ethisch-moralischer, geistiger, religiöser oder praktischer Art, sind unlöslich ineinander verschmolzen. Nachprüfungen auf wissenschaftlich-kritischer Grundlage oder ein Suchen nach Zusammenhängen verstehbarer Art stoßen auf unüberwindliche Schwierigkeiten. Es ist klar, daß überall dort, wo der intuitiven Begabung das feine Gefühl für Maße und Grenzen fehlt, wo die Kontrolle eines sicheren Instinktes ausfällt und wo kritisches Denkvermögen nicht entwickelt ist, der Willkür und der Phantastik Tür und Tor geöffnet sind (9, 10).

3. Mit wissenschaftlichem Anspruch konnte zunächst die Phrenologie des Wiener Arztes GALL auftreten, weil sie von der Überlegung ausging, daß an bestimmten Stellen der Großhirnrinde, also unmittelbar hinter der knöchernen Hülle des Schädels, bestimmte Eigenschaften fest lokalisiert seien (11). Von dieser Lokalisationstheorie hat sich so viel als richtig erwiesen, daß in der Tat in den einzelnen Gehirnwindungen die Zentren für bestimmte Funktionen entdeckt werden konnten.

Nehmen wir nun an, die von GALL aufgestellte, durch HUTER übernommene und weitergegliederte Befelderung des Schädels decke sich wirklich mit den nachweisbaren Zentren unseres nervösen Zentralorgans, so ließe sich daraus jedoch allenfalls ein vollständiges Diagramm elementarer, physiologisch bedingter seelischer Funktionen ableiten. Das vollständige und intakte Vorhandensein des Insgesamts dieser Funktionen ist Voraussetzung für die Entwicklung eines normalen Seelenlebens. Solche Einzelfunktionen physiologischer Art lassen sich aber niemals gleichsetzen mit Eigenschaftsbegriffen, die aus einer ganz anderen Seinsebene stammen und so komplexer Natur sind wie z. B. Mitleid, Kinderliebe, Ehrlichkeit, Wesensadel usw.

In der modernen Physiognomik ist die symbolisch-ästhetische Deutungsweise mit der Lokalisationslehre vereinigt. Eine entscheidende Kritik der Leistungen der Physiognomik ist schon vor VON RUTKOWSKY (12), KRETSCHMER (13) u. a. durch PIDERIT (14) geliefert worden. Nach der Aufführung der absonderlichen Schlußfolgerungen von Physiognomikern kommt dieser zu dem vernichtenden Urteil: »Ist dies gleich Tollheit, so hat es doch System.« In seinem für die spätere Ausdruckspsychologie grundlegend gewordenen Werk sucht er nachzuweisen, »daß die festen Formen der Schädel- und Gesichtsknochen für die psychologische Beurteilung eines Menschen vollständig unbrauchbar und wertlos sind, daß aber auch die durch häufige Wiederholungen mimischer Gesichtsmuskelbewegungen entstandenen physiognomischen Züge keine sicheren Rückschlüsse auf die geistigen Eigenschaften gestatten«. Eine Kritik

wie die PIDERITS darf nicht übergangen werden (15). In der Tat
kann es sich heute für niemanden darum handeln, die Ergebnisse
der historischen Physiognomik weiterzutradieren oder erneut »ab-
zuschreiben«. Trotzdem bleibt die Frage nach der Wesensbedeutung
der gesamten Leibeserscheinung nach wie vor gestellt. Wir müssen
den Mut haben, sie erneut und immer wieder anzupacken.

4. Den bedeutsamsten Versuch, die Leibeserscheinung mit Innerlichkeit und Seelengestalt in Zusammenhang zu bringen, hat
KRETSCHMER mit seiner Konstitutionstypologie unternommen (16).
Er gewann seine Ergebnisse auf korrelationsstatistischem Wege und
vermied damit alle Fehler der alten Physiognomik. Insbesondere
hat er es unterlassen, aus Einzelmerkmalen und -daten der Leibeserscheinung bestimmte Eigenschaften abzuleiten. So empirisch genau und treu er diese festgehalten und berücksichtigt hat, wollte
er sie doch nur zum Aufbau seiner Ganzgestalten benützen. Er fand
auf empirisch beschreibendem Wege, sozusagen durch Übereinander-
photographieren seine bekannten drei Körperbautypen. Es ergab
sich nun eine statistisch nachweisbare Korrelation dieser Körperbautypen mit zwei in der Psychiatrie bekannten Formen des Irreseins,
die KRETSCHMER wiederum als extreme Abarten zweier verschieden-
artiger normalseelischer Erscheinungsweisen aufzuweisen ver-
mochte. Das von KRETSCHMER entdeckte Beziehungsverhältnis
stimmt allerdings nicht durchgängig. Insbesondere aber hat die
schizothyme Seelenform zwei Körperbautypen, den Leptosomen
(Astheniker) und den Athletiker, die ihr zuzuordnen sind, während
die zyklothyme Eigenart sich im wesentlichen mit der pyknischen
Körperbauform deckt.

Das wissenschaftliche Ergebnis der Verfahrensweise KRETSCH-
MERS ist eine Typologie, die aus der heutigen Seelenkunde nicht
mehr weggedacht werden kann. Der Typus aber ist, obwohl hier
auf empirischem Wege gewonnen, ein idealer Grenzfall der Wirklichkeit. Der psychologische Praktiker weiß, welchen Gewinn die
KRETSCHMERsche Typologie und Arbeitsweise für die Schulung
psychologischen Sehens und Denkens bedeutet. Er muß aber auch
sehr bald die selbstverständliche Feststellung machen, daß die lebendige Wirklichkeit nur ab und zu einmal einen der aufgezeigten
Typen in annähernder Reinheit bringt. Die erdrückende Mehrheit
aber kann von der Typologie her nur als Mischform, als »Legierung«
verstanden werden. Einen Menschen als Legierungsverhältnis zweier
oder auch dreier Idealstrukturen sehen oder erklären lernen, mag

zu einer Reihe richtiger und auch wichtiger Feststellungen führen. Aber es ist nicht gesagt, daß damit das, was gerade für diesen Menschen wesentlich, entscheidend und zentral ist, was seine Einmaligkeit ausmacht und worin er seinen Schwerpunkt hat, getroffen wird. Jeder Mensch ist als solcher einmalig, hat als solcher seinen eigentümlichen Schwer- und Wesensmittelpunkt. Kennzeichnungen, die aus reiner typologischer Zuordnung abgeleitet werden, können zwar richtig, brauchen aber nicht wesentlich zu sein.

Auch die wissenschaftliche Seelenkunde muß versuchen, der Einmaligkeit des Individuellen möglichst nahezukommen, um etwas von dem einzufangen, was CARUS in seiner Sprache die »eigentümliche Gott-verliehene Lebensidee« nennt. Da sie an allgemeine Beschreibungskategorien gebunden ist, wird ihr ein vollständiges Einfangen des Individuellen, so wie es etwa in der Intimität des Selbsterlebens gegeben ist, zwar niemals gelingen können. Aber zwei oder drei Typen reichen nicht aus, der konkreten Wirklichkeitsfülle gerecht zu werden. Will man den Typengedanken überhaupt in der Praxis verwenden, so ist seine Aufspaltung notwendig, eine Aufspaltung, die eine Vielheit von Spannungspolen zuläßt. Notwendig ist ein elastisches und bewegliches System, das eine Vielfalt wechselnder Schwerpunktsetzungen gestattet. Nur so kommt man der konkreten Wirklichkeitsfülle näher, nur so erlösen wir uns von der verengenden Verarmung einseitig typologischer Betrachtungsweise.

5. Einen gewaltigen Fortschritt für die Aufschließung der Wesensbedeutung der menschlichen Leibeserscheinung brachte die Ausdruckspsychologie, wie sie sich in der Linie PIDERIT (17), LERSCH (18) und auch STREHLE (19) entwickelte (20). Ihre gesicherten Erfolge beruhen vor allem darauf, daß sie aus dem Insgesamt der menschlichen Erscheinung bewußt einen bestimmten Sektor, nämlich den Bereich des Dynamischen und Beweglichen, herauslöste und unter Beiseiteschiebung des statischen Rahmens arbeitete. Die Grundüberlegung zu dieser fruchtbaren Unterscheidung finden wir schon bei J. J. ENGEL ausgesprochen (21). Dieselbe Unterscheidung begegnet uns dann wieder bei PIDERIT. LERSCH, in dem man den Vollender PIDERITS sehen kann, unterscheidet an der menschlichen Erscheinung das statische Gepräge der festen, beharrenden Form, wie es durch Knochenbau, Gewebe, Fettschicht gegeben ist, von den lebendigen Bewegungen, die – durch Innervationsvorgänge ausgelöst – das aktuelle seelische Geschehen unmittelbar ausdrücken. Während LERSCH so in vorbildlicher Form das Problem des mi-

mischen Gesichtsausdruckes löst, wendet unmittelbar anschließend STREHLE sich in ähnlicher Weise der menschlichen Gebärde zu (23).

Die Ausdruckspsychologie sieht das Ausdrucksgeschehen, wie es in Gebärden, in Haltungen und im Gesichtsausdruck vor uns steht, in unmittelbarer koexistentialer Verbundenheit mit dem aktuellen seelischen Geschehen. Auf habituelle Züge in Wesen und Charakter schließt sie aus der verhältnismäßigen Häufigkeit und dem Vorherrschen im Vorkommen bestimmter Ausdrucksbilder und -vorgänge. Dagegen wird die Übertragung der ausdruckspsychologischen Methoden auf das feste Gepräge der körperlichen Erscheinung abgelehnt. Die Ausdruckspsychologie hat sich damit sehr klare, aber auch enge Grenzen gesetzt. Wir werden sehen, daß sich diese Grenzen nach den verschiedensten Richtungen hin ausweiten lassen.

6. Eine solche Grenzerweiterung liegt bereits vor, wenn LERSCH in seinem »Aufbau des Charakters« auch dem festen Gepräge und Gefüge einen »virtuellen Ausdruck« zugesteht. In ganz entsprechender Weise versuchte CLAUS (24) über den Begriff der »Ausdrucksbahn« das Architektonisch-Gestalthafte der Erscheinung charakterologisch deutbar zu machen.

Die festen Gegebenheiten sind der Hintergrund, das Spielfeld, das Gelände, auf denen sich das lebendige Ausdrucksgeschehen abspielt. Sie setzen Begrenzungen und zeichnen bestimmte Möglichkeiten vor. Stellen wir uns zwei menschliche Gestalten, eine breit-gedrungene und eine schlank-grazile, vor! Nehmen wir an, es handele sich beide Male um begabte Schauspieler. Ist es dem einen gegeben, in natürlicher Weise Kraft und Wucht darzustellen, so sind ihm hingegen die selbstverständlichen Formen spielerischer Eleganz des anderen verwehrt und umgekehrt. Ihre Ausdrucksmöglichkeiten sind qualitativ verschieden. Selbst wenn wir ein seelisch-geistiges Geschehen überhalb des Ausdrucks und an diesen nicht gebunden einräumen, bleibt bestehen, daß unsere beiden Schauspieler unauswechselbar andere sind. Sie sind es nicht zuletzt deshalb, weil schon die architektonische Eigenart ihrer Erscheinung bestimmte Erstreckungen ihres aktuell-seelischen Geschehens rahmenmäßig absteckt.

Noch ein weiteres rechtfertigt das Einbeziehen auch der festen Formen in ein Verfahren psychologischer Erscheinungsdeutung. Auch das scheinbar Bleibende und »Tote« der Leibeserscheinung befindet sich in einem dauernden Umwandlungsprozeß. Zwar langsam vonstatten gehend, trägt doch auch er Geschehnischarakter. »Auch noch im Knochen des Erwachsenen kommt es zu einem fortwährenden Umbau, indem namentlich von den Gefäßkanälen ausgehend Knochensubstanz sowohl abgebaut als auch angebaut wird. Hand in Hand damit wird auch das Gefäßnetz selbst umgebaut, da neue Gefäße aussprossen und alte rückgebildet werden« (25). Wie sehr das knöcherne Gestaltgefüge von der (»lebendigeren«) Muskulatur abhängt, beweisen bestimmte Tierversuche. Trennt man die an den Überaugenwülsten ansetzenden Muskeln einseitig durch, so unterbleibt die Wulstbildung beim heranwachsenden jungen Tier. Diese setzt also den aktiven Zug der Muskulatur voraus. Der Rahmen begrenzt zwar das Lebendige; aber die Sonderart des Lebendigen schafft und wirkt umgekehrt wieder an der Sonderarchitektur des Rahmens mit.

7. Ein weiterer Zugang zur seelischen Bedeutungserschließung der Leibeserscheinung steht ebenfalls in engster Beziehung zum Ausdruck. Das seelische Geschehen pflegt in den Gesichtszügen und in den Körperhaltungen eine allmählich sich verfestigende Spur zu hinterlassen. Ein Teil der bleibenden und festen Züge der Leibeserscheinung kann mit den spezifischen Mitteln der Ausdruckspsychologie als zurückgelassene Ausdrucksspur erklärt werden. So kann man beispielsweise die herabgezogenen Mundwinkel des Griesgrämigen oder die Seitlichneigung des Kopfes beim frömmelnden Heuchler als Ausdrucksspuren bestimmter seelischer Dauerhaltungen auffassen. Im selben Sinne ist die Physiognomik des älteren Menschen als eine Niederschrift seiner individuellen Geschichte zu betrachten. Schicksale und Erlebnisse pflegen ihre bleibende Spur auf dem Antlitz oder in der Leibesgestalt zu hinterlassen. Einen Menschen im Hinblick auf hinterlassene Ausdrucksspuren physiognomisch sehen, kann deshalb immer nur heißen, ihn zugleich unter dem Gesichtspunkt seiner Biographie, seiner Lebensgeschichte betrachten. – Die Ausdruckspsychologie hat die Bedeutung der verfestigten Ausdrucksspur nicht übersehen. Die Übergänge zwischen beiden Betrachtungsweisen sind denn auch fließend.

8. Wenn wir es unternehmen, die Leibeserscheinung des Menschen als unmittelbaren Ausdruck des Wesens zu interpretieren, so müssen wir uns auch als Seelenkundler mit ihrer biologisch-physiologischen Seite befassen (26). Auch der Psychologe muß über den anatomischen Aufbau des menschlichen Leibes, über die physiologischen Vorgänge und die physikalischen und chemischen Grundlagen, über Organ- und Zellbeschaffenheit wenigstens in den Grundzügen Bescheid wissen. Anatomie, Physiologie, Histologie, vergleichende Bio-

logie müssen deshalb als bedeutsame Zugänge zur menschlichen Erscheinung gewertet werden. Ein biologisches Verständnis der Lebensvorgänge, in die auch unser seelisches Sein untrennbar verwoben ist, bleibt unerläßlich. Der Zugang über die biologische Seite unserer Leibeserscheinung zu Wesen und Seele ist von besonderer Wichtigkeit.

2. Wirklichkeitsweise und Aufbau der Leibeserscheinung

Wir beginnen mit einem Beispiel:

Der Schreibakt, den ich vollziehe, wird ausgeführt durch meine Hand, einen wichtigen Teil meiner eigenen Leibeserscheinung. Sie ist in bestimmter Weise geformt, gegliedert, proportioniert, hat ihre bestimmte Größe usw. Dadurch unterscheidet sie sich eindeutig und klar von den Händen anderer Menschen. Dabei ist sie wie jede andere menschliche Hand ausgegliedert in die 4 Finger und den Daumen, besteht außerdem aus Handfläche und -rücken. Wie jede andere Hand ist sie innerlich ein sinnreiches Gefüge von 27 Knochen und Knöchelchen. Diese letzteren geben ihr Halt, Form und Gestalt, machen sie gelenkig und ermöglichen ihre Beweglichkeit. Muskeln, Sehnenzüge und -bänder besorgen die Bewegung sowie die Bewegungsübertragung und schaffen den Zusammenhalt des knöchernen Grundgerüstes. Durch Blutgefäße, die sie durchziehen und sich in eine Unzahl von Kapillaren aufspalten, werden Nahrungs- und Sauerstoff herangeführt sowie Abfallstoffe abgetragen. Einem ebenfalls bis ins feinste ausgegliederten Netz von Nervensträngen und -fasern obliegt die nervöse Versorgung. Das Ganze ist schützend umhüllt durch die Haut, in die wiederum verschiedene Drüsensysteme eingelassen sind.

In eines gesehen: meine Hand ist klar und deutlich ein räumlich gegliedertes und bestimmt umgrenztes Gebilde. Zugleich ist sie ein Gefüge lebendig in- und durcheinandergreifender Funktionssysteme.

Was für die Hand gilt, trifft für die gesamte Leibeserscheinung zu. Auch diese stellt sich dar als ein klar gegliedertes Gebilde einerseits und als ein kompliziertes In- und Durcheinander von Funktionssystemen andererseits.

Die Ausdifferenzierung in Glied- und Organsysteme ist für alle höheren Organismen charakteristisch. Jedes der Systeme ist für den Gesamtlebensvollzug gleichermaßen wichtig und unentbehrlich, gleichermaßen sinn- und zweckvoll. Je vollkommener der Leibesorganismus eines Lebewesens ist, desto mehr ist er glied- und organmäßig durchdifferenziert, im äußersten Gegensatz zum Einzeller, bei dem noch alles in einer Ureinheit beisammen scheint. Letzterer ist noch nicht im bleibenden Sinne ausgegliedert, seine Lebensvorgänge sind noch nicht vollkommen in Teilfunktionen auseinandergelegt.

Damit haben wir die Gesichtspunkte für unsere spätere Haupteinteilung gewonnen: wir werden die menschliche Leibeserscheinung betrachten als aufgebaut aus bestimmten Organsystemen und eingeteilt in bestimmte Gliedsysteme.

Der Sprachgebrauch unterscheidet zwischen Gliedern und Organen, wenngleich die Grenze zuweilen fließend ist. So sehen wir in der Wirbelsäule als Ganzes ein Organ, können aber ihre Einzelteile, die Wirbel, als Glieder oder gar bloß als Teile bezeichnen. Im allgemeinen versteht man unter Gliedern etwas räumlich klar Abgrenz- und Unterscheidbares. Organe hingegen werden von vorneherein wesentlich als die Zentren von Funktionssystemen gesehen. Organe als Funktionszentren sind zwar als räumliche Gebilde faßbar, aber dies ist nicht das Wesentliche.

Die Gliedsysteme ergeben sich aus der äußeren Gliederung der Leibeserscheinung von selbst. Die menschliche Erscheinung als eine gegliederte behandeln, heißt ausgehen von den Besonderheiten der äußeren Leibesgestalt. Im Hintergrund steht auch dabei immer zugleich die Funktion. Das stetige Mitdenken des Funktionssinnes ist es, das vor einem Abgleiten in eine rein äußerliche, quantitative Betrachtung behütet. Größenentwicklung z. B. besagt an sich noch nichts Eindeutiges; sie kann nur beurteilt werden im Hinblick auf die richtige Funktionserfüllung des betreffenden Gliedes. Der Funktionsgedanke bewahrt auch vor rein formsymbolischer Betrachtungsweise.

Die Organsysteme sind in besonders eindeutigem Sinne aufzufassen als Träger gewisser Lebensfunktionen. Sie können ihren Mittelpunkt in bestimmten Organen, die auch ihre bestimmte örtliche Lagerung besitzen, haben. In der Regel aber geht ein Funktionssystem durch den ganzen Körper hindurch. So sorgt das Gefäßsystem z. B. für die restlose Durchblutung des gesamten Leibes, das Nervensystem verästelt sich ebenso durch den ganzen Körper. Die Sprache müßte es erlauben, die entsprechenden Worte zu bilden. Dann würde man nicht nur von durch-blutet sprechen, sondern ebenso von durch-nervt, durch-stützt usw. Das Einzelsystem ist räumlich nicht leicht faßbar. Bei jedem Querschnitt treffen wir das Insgesamt aller Systeme in ihrer Durchflechtung zugleich. Die Strukturform ist also nicht diejenige der streng abgrenzbaren räumlichen Gliederung, sondern des komplizierten In- und Durcheinander der sich durchflechtenden Funktionssysteme. Gedanklich werden wir derselben Herr durch isolierende Herauslösung der Einzelsysteme sowie ihres Funktionssinnes.

3. Zusammensein und Zusammenwirken von Leibeserscheinung und Seele

Wir gehen von einem Beispiel aus:

Vor uns steht ein Mensch, den wir kurz und skizzenhaft folgendermaßen kennzeichnen möchten: große, breite Gestalt, knochiger und schwerer Schädel, knochige, plump gebaute Hände und ebensolche Gliedmaßen. Überhaupt: die Derbgestaltigkeit, die Grobförmigkeit und Schwere des gesamten Knochengefüges und entsprechend auch der Muskulatur geben den Ausschlag. Ohne daß wir den Menschen näher kennen, sind wir geneigt, auf ihn Begriffe wie »schwerfällig«, »plump«, »derb« usw. anzuwenden. Unsere Einbildungskraft sagt uns, daß auch all seine Bewegungen, seine ganze Handlungsweise den Charakter des Schwerfälligen, Linkischen, Ungeschickten und Unbeholfenen an sich tragen. Wir sprechen seinem ganzen Gebaren eine gewisse Langsamkeit zu, während wir hingegen Beweglichkeit, Leichtigkeit, Wendigkeit, Gewandtheit, Grazilität nicht vermuten. Im Umfeld des Schwerfälligen erwarten wir aber nicht allein vielleicht einseitig negativ zu wertende Eigenschaften, sondern ebenso auch positive. Wir wären keineswegs erstaunt, wenn wir in dem betreffenden Menschen zugleich einen beharrlichen, stabilen, zuverlässigen, treuen Kerl kennenlernen würden. Hingegen würden beispielsweise Labilität, Fahrigkeit, Unzuverlässigkeit nicht in den Rahmen passen.

Was hat es nun mit dieser »Schwerfälligkeit« auf sich? Woher kommt sie, was besagt sie? Wir wollen der Frage von verschiedenen Blickpunkten aus nähertreten.

1. Sicher ist, daß wir mit dem Schwerfälligen nicht nur etwas Körperliches meinen. Es ist zwar in der Leibeserscheinung unmittelbar mitgegeben, insbesondere im Bau, in der Massigkeit und in

den Proportionen des Knochengefüges. Wir können aber nicht sagen, daß die Schwerfälligkeit auch als Wesenskennzeichnung in den Besonderheiten der leiblichen Erscheinung verursacht wäre. In der körperlichen Schwerfälligkeit ist die seelische unmittelbar mitgegeben wie umgekehrt in der seelischen die körperliche. Das eine existiert im anderen, bewirkt es aber nicht.

Daß es sich um einen psychophysischen Parallelismus handeln könnte, ist ebenso ausgeschlossen. Die körperliche und die seelische Schwerfälligkeit laufen nicht im Sinne gleichgestellter Uhren nebeneinander her. Sie existieren in- und durcheinander, eines ist ohne das andere gar nicht denkbar.

So selbstverständlich uns das Ineinander von körperlicher und seelischer Schwerfälligkeit erscheint, so schwer ist es, die Art des Zusammenhanges näher zu kennzeichnen. LERSCH spricht vorsichtig von einer »polaren koexistentialen Zusammengehörigkeit«. Er sucht die Eigenart des Beziehungsverhältnisses an dem Beispiel der Traurigkeit folgendermaßen näher zu erläutern: »Macht man wirklich Ernst damit, sich vorzustellen, man sollte traurig sein, ohne daß bestimmte Modifikationen unseres körperlichen Zustandes gegeben seien, so erweist sich eine solche Isolierung des seelischen Zumuteseins von der Modifikation des körperlichen Seins strenggenommen als unvorstellbar« (27, 28).

2. LERSCH spricht in dem erwähnten Zusammenhange von »sinnlich-seelischen Spontanzeichen« und meint damit sowohl »Ausdrucksbewegungen« als auch »Ausdrucksvorgänge«. In jedem Falle handelt es sich um Erscheinungen »prozessualen Charakters«. »Somit ist der Begriff der Ausdruckserscheinung zu definieren als ein in der Sphäre des sinnlich Wahrnehmbaren sich vollziehender Vorgang, der zu einem seelischen Geschehen im Verhältnis des polaren koexistentialen Zusammenhanges steht.« Und allgemeiner werdend fährt LERSCH fort: »Die gesamte seelische Wirklichkeit hat den Charakter des Geschehens, es gibt in der seelischen Wirklichkeit keinen im strengen Sinne stationären Zustand« (29).

Ob dies für unsere Schwerfälligkeit ebenfalls zutrifft? Sie ist doch weder in der leiblichen, noch in der seelischen Sphäre eine Wirklichkeit mit Geschehnischarakter. Sie kann auch nicht als Spur auf ein früheres Ausdrucksgeschehen zurückgeführt werden. Und schließlich kann sie nicht im Sinne STREHLES, der neben »kinetischen« auch »statische« Ausdrucksformen kennt und damit sogenannte »Organ-, Zustands- und Haltungsformen« meint, eingeordnet werden. Die Schwerfälligkeit hat nicht prozessualen Charakter und ist nicht Ausdruckserscheinung in dem durch LERSCH bestimmten Sinne. Ihr Verhältnis zum Ausdrucksgeschehen ist vielmehr derart, daß sie ihm stets eine bestimmte charakteristische Note verleiht, eben diejenige des Schwerfälligen. Dieses haftet als ein durchgehender Zug allen leiblichen und seelischen Vorgängen an. Ganz gleich, was auch augenblicklich Sinn, Ziel und Inhalt des leibseelischen Geschehens sei, immer geht auch die Schwerfälligkeit mitbestimmend ein als Bindung und als Grenze wie als die Grundlage bestimmter Möglichkeiten.

Auch wenn es im seelischen Leben im strengen Sinne kein Stagnieren gibt und dieses, wie LERSCH richtig ausführt, Geschehnischarakter trägt, so gibt es in ihm doch durchlaufende und konstante Züge, die ihm über Jahre und Entwicklungsstufen, über Augenblicke und Situationen hinweg anhaften. Sie bestimmen und durchwirken in gleicher Weise alle seelischen Bereiche. Sie geben sowohl dem Denken als auch dem Fühlen wie dem Wollen einen eigenartigen Charakter. Diese seelischen Konstanten, wie wir sie fortan nennen wollen, herauszuarbeiten, ist eine der Hauptaufgaben der folgenden Untersuchung (30). Bei ihnen, unmittelbar in der Leibeserscheinung verankert, handelt es sich allerdings noch nicht um Eigenschaften, sondern eben um Züge, aus denen sich dann bestimmt umrissene Eigenschaften konstituieren können. Wir meinten auch bisher bei unserem Beispiel weniger die Schwerfälligkeit als Eigenschaft, sondern hatten ein Moment im Auge, das wir nunmehr besser und allgemeiner als »die oder das Schwere« bezeichnen.

3. Wir rühren hier an die Frage des Grundverhältnisses von Leib und Seele. Die LERSCHische Feststellung eines koexistentialen Zusammenhanges gibt eine vorsichtige allgemeine Antwort. Es sind jedoch gerade in der Ausdruckspsychologie bereits Ansätze zu einer spezielleren Beantwortung vorhanden. Wenn schon DARWIN (31) fragt, »weshalb in gewissen Seelenzuständen immer nur gewisse Muskeln in Spannung geraten«, darf man genauso umgekehrt fragen: weshalb kann bei der wiederkehrenden Innervation bestimmter Muskelgruppen auf ganz bestimmte Seelenzustände geschlossen werden? PIDERIT, seine Mimik auf der natürlichen Funktion der Sinnesorgane aufbauend, sagt dazu: »Da jede Vorstellung im Geiste gegenständlich erscheint, so beziehen sich die durch Vorstellungserregungen veranlaßten mimischen Muskelbewegungen auf imaginäre Gegenstände« (1. Fundamentalsatz der Mimik). LERSCH, sich

auf PIDERIT beziehend, antwortet ganz ähnlich, »daß dem menschlichen Bewußtsein Vorstellungen in Analogie sinnlicher Gegenstände erscheinen und daß wir deshalb auf bestimmte Vorstellungen mit unseren Sinnesorganen in derselben Weise reagieren, wie wenn die Vorstellungen als sinnliche Gegenstände gegenwärtig wären« (33). STREHLE überträgt diese Erkenntnisse von PIDERIT und LERSCH sinngemäß auf seine Gebärdendeutung: »Die gleichen Mittlerdienste leisten uns bei der Deutung der Körperbewegungen i. e. S. die Funktionen der Gliedmaßen und Körperteile, etwa die Fähigkeit der Hand, Gegenstände zu ergreifen oder abzuwehren« (34). Man sieht, es kommt der Ausdruckspsychologie stets auf die Stiftung eines verständlichen Zusammenhanges zwischen bestimmter Muskelerregung und konkretem Seelenzustand an. In ihrem Sektor hat sie die Grundfrage des Zusammenhanges zwischen leiblichem und seelischem Geschehen gelöst. Ihre Lösung ist verständlich und sinnvoll ableitbar. Der »polare koexistentiale Zusammenhang« hat bereits eine nähere Bestimmtheit erhalten. Methodisch bedeutet dies, daß er als notwendig erkannt und nicht mehr bloß als korrelationsstatistisch aufgezeigte, vielleicht nur zufällige Koppelung und Bindung angesehen zu werden braucht.

Wir glauben nun, daß auch das Schwerfällige als seelisches oder geistiges Charakteristikum in Analogie zur körperlichen Schwere erlebt wird, und daß es sich auch dabei nicht um einen bloß zufälligen Zusammenhang handelt. Immer wird die seelische Schwere mit einer leiblichen Form derselben in Analogie und durch eine solche hindurch erlebt und steht mit dieser in einem unmittelbaren Zusammenhang. Genau dasselbe gilt von dem Beschwingten, dem Beweglichen und von anderen seelischen Konstanten. Wir stellen deshalb über den eigenartigen Zusammenhang zwischen Erscheinung und Wesen, zwischen Leiblichem und Seelischem folgenden Leitsatz auf:

Wir erleben unsere seelische Existenz in Analogie zu unserer leiblichen.

4. Wirklichkeitsweise und Begriffseigenart im Seelischen

Nennen wir einen Menschen »schwerfällig«, so müßten wir dem Wortsinne nach etwas meinen, das infolge seiner physikalischen Schwere nur fällt, nur passiv durch die Schwerkraft der Erde angezogen wird. Jede eigene, aktive Beweglichkeit müßte ausgeschlossen sein. Mit dem psychologischen Begriff der Schwerfälligkeit kann dieses absolute Ausgeliefertsein an die Erdanziehung oder Trägheit nicht gemeint sein. Ein schwerfälliges Wesen dieser Art wäre kein lebendiges Wesen mehr. Es wäre ein toter Gegenstand, mit einem Stein vergleichbar, ein Leichnam. Auf tote Gegenstände aber wenden wir den psychologischen Begriff der Schwerfälligkeit nicht an. Er hat nur Sinn an Lebendigem. Er schließt aktive Bewegungsfähigkeit keineswegs aus. Mit dem Schwerfälligkeitsbegriff ist nur so viel gesagt, daß bei jeder lebendigen Bewegung ein verhältnismäßig großer Faktor der Schwere mitbeteiligt ist. Diese Schwerekomponente macht es, daß wir von »Schwerfälligkeit« sprechen. Ähnlich ist es mit dem psychologischen Begriff der Beweglichkeit. Wir meinen, wenn wir ihn anwenden, daß der Faktor der Trägheit in einem verhältnismäßig geringen Maße mitbestimmend ist.

Schwerfälligkeit in der lebendigen seelischen Wirklichkeit ist niemals etwas Absolutes. Immer wird in ihr zugleich ein Anteil von Beweglichkeit, von Beschwingtheit, von Leichtigkeit, von Gewandtheit miterlebt und mitgedacht. In der lebendigen Schwerfälligkeit sind immer auch noch ihre Gegensätze und ihre Gegenteile mit enthalten. Der logische Satz vom Widerspruch ist hier nicht anwendbar. In der Wirklichkeitsweise des Lebendigen bleiben die Gegensätze ineinander enthalten. Wenn wir einen Menschen schwerfällig nennen, so meinen wir damit, daß die Betonung, der »Akzent« in bestimmter und besonderer Weise auf dem Moment der Schwere liegen.

LÉRSCH, die Eigenart der Begriffsbildung in der Seelenkunde aufhellend, hat den Begriff der »Akzentuierung« herausgestellt (35, 36). Er meint, daß es für den besonderen Wirklichkeitscharakter des Seelischen keine »determinierende«, sondern nur eine »akzentuierende« Begriffsbildung geben könne. Eine Begriffsbildung, die im strengen, auch räumlich vorstellbaren Sinne aus- und abgrenzt, unterscheidet, über- und unterordnet, wird dem Wirklichkeitscharakter des Seelischen nicht gerecht. Trotzdem stellt LERSCH mit Recht fest: »Es wäre durchaus verfehlt, wollte man in dem Umstand, daß viele psychologische Begriffe nicht als Abgrenzungen, sondern als Akzentuierungen verstanden werden dürfen, einen Mangel an Klarheit und Prägnanz sehen« (37). In ähnlichen gedanklichen Bahnen dürfte sich auch HELLWIG bewegen, der von der »Steigerbarkeit« der Lebensbegriffe spricht (38).

Das Ineinanderenthaltensein einfacher polarer Gegensätzlichkeiten innerhalb der lebendigen seelischen Wirklichkeit genügt aber nicht zu deren voller und richtiger Erfassung. Die wirkliche Schwerfälligkeit hat nicht nur einen einzigen Gegenpol, sondern je nach der Akzentuierung sogar viele. Nicht nur die Beweglichkeit, sondern auch Beschwingtheit, Leichtigkeit, Gewandtheit, außerdem vielleicht auch noch Seßhaftigkeit, Solidität, Treue, Festigkeit, Gründlichkeit können in ihr mitenthalten sein. Es ist zwecklos, von der seelischen Wirklichkeit nur ein eingleisiges Entweder-Oder zu erwarten. In ihr besteht ein lebendiges Verhältnis der Durchdringung, des Sichdurchwirkens und des Ineinanderenthaltenseins aller abhebbaren und unterscheidbaren Strukturmomente.

Die Parallelen zu dem Aufbau und dem System in der organisch lebendigen leiblichen Erscheinungswirklichkeit sind deutlich. Seele und Leibeserscheinung sind beide Ausprägungen des einen Lebendigen, und deshalb darf es nicht wundernehmen, wenn ähnliche Gesetze des Aufbaues vorliegen. Die Vorstellungs- und Begriffswelt wird daher späterhin ohne Schaden des öftern fließend ineinander übergehen können, ohne daß deshalb begriffliche Unklarheiten zu befürchten wären. Die gemeinsamen Strukturgesetze, die die seelische Wirklichkeit und die organische Erscheinungswirklichkeit gleichermaßen umfassen, sind diejenigen des Lebendigen überhaupt.

5. Bedeutung und Umfang des psychologischen Erscheinungsbegriffes

Die Gegenwartspsychologie versucht der menschlichen Leibeserscheinung von verschiedenen Seiten aus nahezukommen, ohne daß allerdings der Erscheinungsbegriff in seinem ganzen Umfang und in seiner ganzen Tragweite in den Mittelpunkt gestellt worden wäre. Am erfolgreichsten war bisher die Ausdruckspsychologie mit ihren Teilgebieten der Mimik und Pantomimik. Sie hat an der Erscheinungsganzheit alles das, was Bewegungs- und Geschehnischarakter hat, wenigstens grundsätzlich psychologisch deutbar gemacht. Hingegen gehen Anthropologie und Konstitutionstypologie hauptsächlich von der festen Gestalt aus. Es ist aber nicht gelungen, über typische Ganzgestalten hinaus auch zur Deutung einzelner Teilmomente vorzustoßen. Im wesentlichen wurde die menschliche Leibeserscheinung bisher also von zwei entgegengesetzten Seiten aus angegangen.

Der Erscheinungsbegriff, wie wir ihn verwenden wollen, ist komplex und umfassend. Er schließt verschiedene Momente, die bisher in der psychologischen Wissenschaft getrennt behandelt wurden, in eins zusammen. Wenn wir uns dabei der klaren Grenzen seiner Teilaspekte bewußt sind, ist es keine Ungenauigkeit, wenn er fortan in seiner ganzen Bedeutungsbreite im Mittelpunkt steht. Wir gewinnen von dem komplexen Erscheinungsbegriff aus eine Vielfalt wechselnder und fruchtbarer Blickpunkte. Wir können mit seiner Hilfe ebenso mimisch-pantomimische wie architektonisch-gestalthafte Betrachtungen anstellen. Weil er beides zuläßt, ist er am besten geeignet, die fehlende Verbindung der bisher vorliegenden getrennten Ansätze herzustellen. Wie sich zeigen wird, leistet er aber weit mehr als den bloßen Brückenschlag zwischen zwei verschiedenen wissenschaftlichen Richtungen bestehender Art. Durch ihn erfassen wir die menschliche Leibesgestalt als lebendige Einheit und als gegliederte Ganzheit. Der Erscheinungsbegriff umfaßt die menschliche Leiblichkeit sowohl nach ihrer statischen wie nach ihrer dynamischen Seite hin.

ERSTER HAUPTTEIL

AUFBAU UND
GLIEDERUNG DER LEIBESERSCHEINUNG

> »So wollen etliche Meister, die Seele sei allein im Herzen.
> Dem ist nicht so, große Meister haben darin geirrt: Die
> Seele ist ganz und ungeteilt zugleich im Fuße und im Auge
> und in jeglichem Gliede ...«
>
> »Auch Sie ist in allen ihren Gliedmaßen und in einem
> jeglichen ganz: Daher sind alle Gliedmaßen für die Seele
> nur eine einzige Stätte ...«
>
> *Meister Eckehart*

Der erste Hauptteil hat die wichtigsten unterscheid- und abhebbaren Organsysteme der Erscheinung zum Gegenstand. Es wird aufgezeigt, was die einzelnen Systeme nicht allein zur Konstituierung des lebendigen Leibes, sondern auch zum Aufbau von Seele, Wesen und Charakter beitragen. Den leiblichen Systemen entsprechend und in diesen verwurzelt, werden jeweils bestimmte seelische Konstanten herausgearbeitet sein. Nochmals ist davor zu warnen, in den Konstanten ohne weiteres schon landläufige Charaktereigenschaften zu erblicken. Eigenschaften lassen sich erst aus mehreren seelischen Konstanten und Wurzeln aufbauen. Erst wenn wir uns über diese Konstituierung von Eigenschaftsbegriffen, wie z. B. Liebe, Begeisterungsfähigkeit, aber auch Schwerfälligkeit und andere klar sind, können wir sie als Ganze in einen sinnvollen und natürlichen Zusammenhang mit der Leibeserscheinung bringen. Es kann unternommen werden, ihre vielfältige Verwurzelung im Leiblichen aufzuzeigen und in allem Seelischen die notwendige Erdverhaftung und die durchgehende Erscheinungsbestimmtheit aufzuspüren.

Die alte Physiognomik suchte jedem äußeren Erscheinungsmerkmal in direkter Entsprechung ein seelisches Korrelat in Gestalt einer bestimmten Eigenschaft zuzuordnen. Für die Eigenschaften suchte sie umgekehrt an der Leibeserscheinung, so besonders am Schädel, diejenige Stelle auf, wo diese ihren »Sitz« haben sollen. Jeder derselben entsprach ein »Organ der Seele«, das an einer bestimmten Stelle der Großhirnrinde lokalisiert sein sollte. So führt GALL z. B. eine Reihe von Beweisen für die »Mehrheit der Organe der Seele«.

Er sagt: »Man kann bei Betrachtung dieses Ganges der Natur keinen Augenblick zweifeln, daß jeder Teil des Gehirns nicht verschiedene Verrichtungen und daß das Gehirn der Tiere und Menschen so viele Teile haben müsse, als sie unterschiedene moralische und geistige Kräfte, Künste, Fähigkeiten haben« (41). Nun stellen zwar der lebendige Organismus und das Gehirn ein ungemein differenziertes Funktionsgefüge dar, bestehend aus einer Reihe unterscheidbarer Elementarfunktionen. Dem steht aber ein geradezu unübersehbarer Katalog seelischer Eigenschaften gegenüber. Es ist ein unmögliches Unterfangen, für alle diese Eigenschaften einen »Sinn« zu entdecken, selbst wenn man den Schädel noch so gewissenhaft punktuell aufteilt. Es gibt zwar für das Sehvermögen einen Gesichtssinn, aber nicht in derselben Weise für Erwerbstüchtigkeit einen Erwerbs-»Sinn«, für Orientierungsfähigkeit einen Orts-»Sinn«, für Liebesfähigkeit einen Liebes-»Sinn« usw. (42).

Die genannten komplexen Eigenschaften — denn so ist das Wort »Sinn« bei GALL gemeint — liegen auf einer ganz anderen Seinsebene als die im leiblichen Organismus angelegten Funktionen. Lokalisieren lassen sich wohl Funktionen, niemals aber Eigenschaften. Letztere sind in ihrem Gefüge und in ihrer Verwurzelung viel zu komplex. Führungsfähigkeit, Belastbarkeit, Genialität u. a. können aus dem Zusammenwirken der allerverschiedensten seelischen Komponenten zustande kommen. Sie können schwerpunktsmäßig ebenso im Wollen wie im Temperament, im Denken wie in der schöpferischen Phantasie, in der Vitalität wie im Gemüt verankert sein. Niemals aber lassen sie sich auf den einfachen Nenner elementarer Funktionen bringen. Jede bedeutsame Lebensleistung beruht wechselweise mehr auf Spezialbegabung oder mehr auf Fleiß, Zähigkeit, Ausdauer, Beharrlichkeit, Kraft, Beweglichkeit, Übersicht, Energie, Tatkraft usw. Auch der »Erwerbssinn«, die »Kindesliebe«, die »Mordlust« und viele andere Eigenschaften der Physiognomiker setzen sich aus den verschiedensten Grundkomponenten zusammen.

Die naiven Zuordnungen zwischen wirklichen oder vermeintlichen leiblichen Funktionen und ihren Zentren zu komplexen seelischen Eigenschaften sind es gewesen, die einer eigentlichen Wesensdeutung des Erscheinungsmäßigen am meisten im Wege gestanden haben. Wir suchen deshalb im Anschluß an bestimmte Erscheinungsgegebenheiten zwar seelische Konstanten oder Wurzeln herauszuarbeiten, nicht aber komplexe Eigenschaften, wie dies die Physiognomiker taten (4).

I. DAS SKELETTSYSTEM

Mit gutem Recht stellen wir bei der Betrachtung der die lebendige Leibeserscheinung aufbauenden Organsysteme das Skelett an den Anfang. Ist es doch das knöcherne Gerüst, das der leiblichen Erscheinung bei Tier und Mensch die Eigentümlichkeit in Form und Gestalt verleiht. Wenn sämtliche anderen Leibesbestandteile entfernt oder der natürlichen Vergänglichkeit verfallen sind, ist das Skelett nach Größe, Form und Eigenart noch charakteristisch. Die Leibeserscheinung erhält ein gut Teil ihrer Eigenart sowie das Bleibende, Beständige und Feste ihrer Form durch die Skelettur vermittelt.

So wichtig die Beachtung des knöchernen Systems für die Charakterisierung der äußeren Erscheinung ist, so zweifelhaft ist seine Bedeutung für das Wesen und die Innerlichkeit des Menschen. Was soll die lebendige Seele schon mit der toten und starren Skelettur zu tun haben? Verdankt nicht gerade die Ausdruckspsychologie ihre Erfolge der methodischen Außerachtlassung der feststehenden Architektonik des knöchernen Gefüges? Und wußte nicht selbst GALL, daß es sich am menschlichen Schädel nicht um die knöcherne Substanz desselben, sondern um die dahinterliegenden Gehirnpartien handelt? Die Konstitutionstypologie geht zwar von dem knöchernen Grundgepräge aus, vermeidet aber jeden von Einzelheiten ausgehenden Schluß auf das Seelische.

Das Eliminieren des knöchernen Systems aus jeder seelenkundlichen Betrachtung ist verständlich. Die Knochen sind die einzige Gewebeart, die außer ihrem organischen Bestand, dem fibrillären Bindegewebe, zugleich noch anorganische, also tote Bestandteile in sich birgt. Verschiedene Kalksalze, phosphor- und kohlensaure Kalke sowie Fluorkalzium sind eingelagert und geben dem knöchernen Gewebe seine charakteristische Härte. Ob diese etwas mit der lebendigen Seele zu tun haben, ist eine Frage, der nun von verschiedenen Seiten aus nähergetreten werden soll.

1. Der »passive Bewegungsapparat«

Die Physiologie nennt das Knochensystem im Gegensatz zur Muskulatur den »passiven Bewegungsapparat«. Die Knochen sind zwar »verstellbar«; die Ausführung einer Verstellung kann jedoch nur durch die Tätigkeit der Muskulatur erfolgen. Nun unterliegt der ganze Leib dem physikalischen Gesetz der Trägheit. Letztere muß bei jeder Vonortbewegung aktiv überwunden werden. Das knöcherne System, für die Vonortbewegung z. B. durch die Gliedmaßen von unbedingter Wichtigkeit, repräsentiert gerade der aktiv sich bewegenden Muskulatur gegenüber im besonderen das Moment der beharrenden Trägheit. Die Bezeichnung »passiver Bewegungsapparat« ist treffend und richtig.

Der gesamte Körper unterliegt zugleich den Fallgesetzen, also der Erdanziehung. Auch diese muß bei jeder Bewegung, ja schon bei natürlicher Körperhaltung und -stellung überwunden werden. Die aktive Überwindung der Erdanziehung erfolgt wiederum durch die Muskulatur, mit um so mehr Kraftaufwand, je größer die Gewichte sind. Zwar sind auch die Weichteile des menschlichen Leibes »schwer«. Am meisten aber ist es die Knochensubstanz, die innerhalb der Leibeseinheit die Wirkungen der Schwerkraft am stärksten in sich darstellt (44).

Unser lebendig beweglicher Leib unterliegt also den Kräften der Trägheit und der Beharrung, der Erdanziehung und der Schwere. Der Zwang zu deren praktischer Überwindung in jedem Bewegungsvorgang gilt für das Tier wie für den Menschen. Er besteht für jede Triebhandlung, für jede Zweckbewegung, für alles sogenannte Ausdrucksgeschehen. Weil das knöcherne System dabei stets eine passive Rolle spielt, können wir sagen: je massiver, derber, kräftiger, schwerer, plumper, gröber das Knochensystem ausgebildet ist, je »knochiger« also eine Leibeserscheinung sich darstellt, desto mehr passiver Widerstand setzt sich jeder Bewegungsweise in dem doppelten Sinne der Trägheit und der Schwere entgegen. Die Überwindung von Trägheit und Schwere gelingt in um so beschränkterem Maße und erfordert um so mehr aktive Kräfte, je stärker das knöcherne System innerhalb eines Leibesganzen akzentuiert ist. »Knochigkeit« ist also gleichzusetzen mit einer Betonung des Momentes der Passivität und Schwere, steht allem dem entgegen, was wir umgekehrt unter dem Beweglichen oder dem Leichten meinen.

Zur Veranschaulichung seien zwei tierische Gattungen verglichen: der Elefant und das Reh. Der Elefant ist nicht nur der Größere, er ist zugleich der Schwere, der Derbe, der Knochige, der Plumpe, der Massige. Demgegenüber ist das Reh leicht, grazil, zart, schlank. Der Unterschied wird noch deutlicher, wenn wir uns die Bewegungsweisen vergegenwärtigen. Der Elefant bewegt sich vergleichsweise schwer, langsam, gewichtig, aber auch wuchtig und kraftvoll, wohingegen das Reh leicht und elegant die Schwerkraft überwindet und Widerstände überspringt. Der Elefant könnte sich mit dessen Beweglichkeit, Raschheit, Flinkheit und Behendigkeit niemals messen. Selbst wenn beide Tiere derselben Triebregung folgen, also z. B. zur Tränke gehen, ist doch ihr Bewegungsausdruck ein anderer. Die Seele des Elefanten ist eine andere als diejenige des Rehes. Der unterschiedliche Bewegungsausdruck sagt uns das schon unmittelbar und ohne wissenschaftlichen Nachweis.

Wenn das Reh »leicht« ist und der Elefant »schwer«, so bedeutet dies keineswegs für den ersteren an sich einen Nachteil oder für das letztere einen Vorteil. Beide Tiere fristen in ihrer Art und mit ihren ihnen von der Natur verliehenen Mitteln in ihrer besonderen Umwelt ihr Leben. Wo das Reh entflieht und Widerstände überspringt, also seine Leichtigkeit und Beweglichkeit einsetzt, da kann der Elefant mit Hilfe seiner Massigkeit, seiner Wucht, seiner Schwere und Kraft zertreten, zertrampeln, umwalzen, zerdrücken, beiseiteschieben. Der Elefant hat durch die hier im besonderen herausgehobene Eigenart seiner Leibesgestalt Möglichkeiten, die das Reh nicht hat und umgekehrt. »Wollte« das Reh wie der Elefant Bäume niedertreten oder »wollte« der Elefant wie das Reh meterweite und -hohe Sprünge machen, so würden beide Tiere vor einer unübersteiglichen Grenze ihrer selbst stehen.

Der Bewegungsausdruck des Elefanten ist auch nicht deswegen anders als derjenige des Rehes, »weil« eben die Elefantenseele eine vergleichsweise trägere, schwerere usw. ist. Es könnte nämlich mit demselben Recht gesagt werden, die Elefantenseele ist so, »weil« eben der Elefantenleib ein schwerer und massiger ist. Elefantenleib und Elefantenseele, ebenso wie Rehleib und Rehseele, sind eine lebendig ineinander und durcheinander existierende Einheit. Die Grenzen und die Möglichkeiten der Leibeserscheinung sind zugleich auch diejenigen der Seele.

Die gewonnenen Erkenntnisse auf den Menschen angewendet, besagt hier: betonte Knochigkeit der Leibeserscheinung geht einher mit einem Moment des Beharrens und der Schwere auch im Seelischen, ihr Gegenstück mit einem solchen des Leichten und Beweglichen.

Schweres und Beharrendes, Leichtes und Bewegliches sind Konstanten, die sich irgendwie auch im seelischen Eigenschaftsgefüge aufweisen lassen. Ob wir wirklich die Eigenschaften der Schwerfälligkeit, der Beharrlichkeit, der allseitigen Leichtigkeit oder Beweglichkeit vor uns haben, hängt mit von einer Reihe anderer Momente ab: zunächst einmal von der Beschaffenheit des »aktiven Bewegungsapparates«, also der Muskulatur.

In Analogie zu den Extremausprägungen des knöchernen Systems sind auch im Seelischen entsprechende Teilmomente aufzuzeigen für die folgenden Eigenschaftskomplexe und deren vielfältige Übergänge: Schwerfälligkeit im Handeln, Denken, Entschlüssefassen, Passivität, Trägheit, Beharrungsvermögen, Beharrlichkeit im Durchführen und im Zielesetzen, Gewichtigkeit und Wucht, u. U. auch Behauptungsvermögen, Durchschlagskraft, Belastungsfähigkeit, Trotz, Treue und — auf dem entgegengesetzten Pol — Beschwingtheit, Gewichtlosigkeit, u. U. auch Anpassungsfähigkeit, Wechselhaftigkeit usw. Wir spüren sogenannte Erdgebundenheit gerade in der Beschaffenheit des knöchernen Systems besonders verankert, wenn wir Bilder gebrauchen wie: »den bläst der Wind nicht um«, »dieser ist ein Federgewicht«, »sie ist leichtfüßig wie ein Reh«. Wir spüren etwas von derselben in dem trotzigen Spruch Luthers: »Hier steh ich, ich kann nicht anders!«. Die in Natur und Erscheinung verwurzelten Möglichkeiten und Grenzen seiner wuchtigen Seele leuchten in plastischer Klarheit auf.

2. Das Stützsystem

Das knöcherne System, der passive Bewegungsapparat kann mit ebensoviel Recht auch das »Stützsystem« genannt werden. Als einziges Organsystem ist es von sich aus fähig, seine feste Form und seinen Halt in sich selbst zu wahren. Darüber hinaus sind alle Weichteile des Leibes direkt oder indirekt an dem knöchernen System aufgehängt, werden durch dieses mitgetragen und mitgehalten. Die quergestreifte Muskulatur z. B. setzt über die Vermittlung der Sehnen an dem festen Knochengerüste an. Dieses leiht und überträgt seinen eigenen Halt und seine Eigenform auch den übrigen Leibesbestandteilen. Letztere würden sonst schon infolge ihrer eigenen Schwere in sich zusammensacken. Deren gestaltliche Eigenform wird gleichsam passiv gewahrt und fällt ja nicht nur der aktiven Anstrengung der Muskulatur zur Last. Sofern die Muskeln nur dafür sorgen, daß alles im labilen Gleichgewicht übereinander gebaut bleibt, geben die Knochen der Gesamterscheinung von selbst Haltung und feste Form.

Ebendenselben Beitrag leistet das Knochensystem zu den Bewegungen. Die Muskelbewegungen, an sich aus lauter Einzelzuckungen bestehend, sind bloße Kontraktionen, und zwar von beiden Seiten her. Erst dadurch, daß die Muskeln durch Vermittlung sehniger Bänder an bestimmten Stellen des festen knöchernen Systems ihren »Ansatz« finden, bekommen die Bewegungen ihren Zusammenhang und ihre Richtung. Rückhalt und Ansatz an dem feststellbaren knöchernen System geben den Muskelzuckungen erst ihren eindeutigen Bewegungssinn. Durch die Ansatzweise der Muskeln und durch das relative Festgestelltsein des Oberarms z. B. wird nur der Unterarm bewegt und einsinnig gegen den Oberarm gezogen. Die Bewegungen der Muskeln erhalten ihre klare Bestimmtheit dadurch, daß »Ursprung« und »Ansatz« derselben in dem knöchernen Grundgefüge liegen. Und nicht zuletzt trägt der passive Widerstand des Knochensystems dazu bei, daß aus der Summe der zuckenden Einzelinnervationen der Muskulatur eine stetige, überhaupt in sich zusammenhängende und anscheinend kontinuierliche Gesamtbewegung wird.

Noch andere wichtige Funktionen kommen hinzu. Empfindliche Organe sind gegen mechanische Einwirkungen, also gegen Druck, Stoß, Quetschung, geschützt durch Einbettung in einen knöchernen Mantel. Das hochempfindliche zerebrospinale Nervensystem z. B. hat in Schädel und Rückgrat seine schützende Umhüllung. Das knöcherne System gewährt nicht allein passiven Schutz, sondern ermöglicht umgekehrt auch aktive mechanische Wirkung nach außen. Die Glieder des Leibes können als Werkzeuge für Schlag oder Stoß benützt werden, weil sie eine stabile knöcherne Grundlage haben. Zwar können die Muskeln und auch einige andere Gewebeformen sich einigermaßen selbst festigen und schützen gegen mechanische Einwirkungen, aber keine Gewebeart kommt an Festigkeit und an Härte an das knöcherne System heran. Es hat selbst eine hohe Zertrümmerungsfestigkeit und ist umgekehrt in der Lage, als Werkzeug zur Zertrümmerung von festen Widerständen eingesetzt zu werden.

Zusammenfassend kann man sagen: je ausgeprägter das knöcherne System einer Leibesgestalt ist, desto mehr sind in ihr die Momente des Eigenhaltes, des festen Insichstehens, der Belastbarkeit, der Klarheit und Richtungsbestimmtheit sowie die Ausgeglichenheit in den Bewegungen, aber auch die passive sowie aktive Widerstandsfestigkeit betont und gewährleistet. Umgekehrt ist eine

Leibesgestalt um so leichter dem Insichzusammensinken oder -brechen, der Labilität oder Unruhe ausgesetzt, je weniger das knöcherne System ausgeprägt ist.

Betonte Knochigkeit der leiblichen Erscheinung bedeutet eine der natürlichen Grundlagen für die Momente seelischer Festigkeit und Stabilität, natürlichen Halthabens sowie passiver und aktiver Widerstandsfähigkeit.

Dies sind wiederum nur Konstanten, wie sie sich aus der natürlichen Eigenart des leiblichen Gefüges ergeben. Als Teilwurzeln sind sie mitkonstituierend in Eigenschaftsbegriffen der folgenden Art: der Festigkeit, der Standhaftigkeit, des Haltes, des Insichruhens, des Insichstehens, der Stabilität, der Belastbarkeit, der Ausgeglichenheit, der Bestimmtheit (in den Grundlagen anders, im Effekt vielleicht ähnlich wie Beherrschung), der Robustheit, der Widerständigkeit, der Schlagkraft, des Trotzes, der Knorrigkeit, der Wucht, der Markigkeit, der Kraft usw. Die Gegenstücke dazu sind: Labilität, Haltlosigkeit, Unfestigkeit, Schwäche, unruhige Bewegtheit, vielleicht auch Ängstlichkeit, Zimperlichkeit, Kraft- und Gewichtlosigkeit. Naturgemäß berühren sich die hier aufgezeigten Konstanten aufs engste mit denen, die wir bereits oben aufgeführt haben. Hier liegen z. B. die natürlichen Wurzeln für die Bevorzugung der derben Faust durch manche Menschen auch vielleicht im geistigen Kampf im Gegensatz zur leichteren und gewandteren Fechtweise.

3. Der form- und gestaltgebende Faktor

Durch die Skelettur sind im wesentlichen die Maße, die Formeigentümlichkeiten, die Gliederungsweise und das Grundgepräge der leiblichen Erscheinung vorgezeichnet. Die Unterscheidungen nach Typen und Rassen, Altersstufen und Geschlechtern sind klar und bestimmt bereits in der knöchernen Grundgestalt verankert.

Die Leibeserscheinungen aller lebendigen Wesen haben je nach Lebensweise und Lebenszweck ihre sinnvolle gestaltliche Eigenart. Die Formen sind den jeweiligen Zwecken gemäß. Dabei ist der Bauplan aller höheren Tiere im Grunde genommen der gleiche. Ein und dasselbe Thema ist in unendlicher Mannigfaltigkeit immer neu und in jeweils höchst zweckvoller Weise abgewandelt. Dieselben Einzelknochen haben von Gattung zu Gattung nach Form, Größe, Eigenart, Maßverhältnissen ihre Sonderprägung. Immer werden die empfindlichen Organe geschützt, immer können die notwendigen Bewegungen ausgeführt werden, sei es das eine Mal Springen, das andere Mal Klettern usw. Das Knochengefüge bietet jedesmal den für die jeweilige Fortbewegungsweise notwendigen Muskeln Ansatzpunkte und Lagerungsflächen. Man vergleiche die Muskulatur der Vögel, der Landtiere, der Fische, und man wird sogleich die besondere Zweckmäßigkeit der jeweiligen Prägungs- und Gliederungseigenschaft auch des knöchernen Gefüges einsehen. Die Eigenart der knöchernen Grundform ist auch Voraussetzung für Differenzierungsgrad und -weise der Muskulatur.

Leicht verständlich wird der biologische Zweck der knöchernen Grundform, wenn man sich vergegenwärtigt, was Formverbildungen durch Krankheiten bedeuten. Es gibt z. B., verursacht durch zu geringe Kalkabsonderung, rachitisch mißgeformte Schädel, verkrümmte Gliedmaßen, verkümmerte Becken und Brustkörbe. Formverbildete Gliedmaßen bedeuten nicht nur einen Schönheitsfehler, sondern sind auch eine biologische Behinderung. Mit normal entwickelten Beinen bewegt es sich leichter fort als mit verkrümmten Gliedmaßen. Eine Frau mit normalem Becken kann leichter gebären als eine solche mit rachitischem. Die Organe im normalen Brustkorb haben jederzeit ihre natürliche Lage und Form; sie können ohne Hemmung und Verklemmung arbeiten. Durch die normale knöcherne Grundform sind die inneren Organe nicht nur geschützt, sondern es ist ihnen auch ihr voller Funktions- und Bewegungsspielraum gewährleistet. Der gut entwickelte menschliche Leib ist dazu geschaffen, das Gehen und Stehen, das Beugen und Strecken, das Biegen und Drehen, das befreiende Aufatmen sowie die freie, ungehinderte Arbeit der inneren Organe zu ermöglichen.

Was bedeutet dies seelisch? Nehmen wir an, ein gesundes Kind erhält eine freudige Nachricht, oder es wird beschenkt. Alsbald werden wir es in einen Freudenrausch ausbrechen sehen. Dieser macht sich Luft in lebhaftem Laufen und Springen, in strahlendem Lachen usw. Das verkrüppelte Kind wird zwar auch so etwas wie eine innere Freude erleben, aber es kann diese nicht voll ausleben. Das Springen und Lachen, die befreiende rhythmische Bewegung der Gliedmaßen und des Atems sind behindert. Selbst wenn es »wollte«, wäre es nicht in der Lage, das freudige Erleben im vollen und uneingeschränkten Sinne auszuschöpfen. Es mischt sich ein Gefühl der Beklemmung und des Nichtkönnens, ein Beigeschmack des Wehmütigen ein. Die leibliche Beeinträchtigung bedeutet zugleich auch eine seelische. Mit Recht wurde auf die sogenannten »Organminderwertigkeiten« und die damit verbundenen »Minderwertigkeitsgefühle« hingewiesen.

Im knöchernen Grundgefüge der Leibeserscheinung sind Spannweite und Begrenzung des seelischen Erlebens mit abgesteckt. bzw. mit gewährleistet. In ihm sind Grade und Richtungen der Differenzierung mit vorgezeichnet.

Die aufgezeigten Konstanten leisten ihren Beitrag zu den folgenden Eigenschaften: Natürlichkeit, Ungehemmtheit, Unbefangenheit, Freimütigkeit, Zwanglosigkeit, Gelöstheit, Geradheit, Unverbogenheit, Ausgeglichenheit, Vorbehaltlosigkeit, natürliche Selbstbejahung und Selbstsicherheit, Gesundheit des Selbstgefühls, Ungebrochenheit, Beschwingtheit usw. Auf dem Gegenpol stehen Eigenschaften wie: Gehemmtheit, Befangenheit, Gezwungenheit, Beklommenheit, Verbogenheit, Verklemmtheit, Behindertheit, Unsicherheit, innere Gebrochenheit u. a. Die letzteren sind mitbeteiligt an Minderwertigkeitskomplexen, wie sie die Individualpsychologie herausgestellt hat. Aus dem Erlebnis unabänderlicher körperlicher Behinderung wird auch eine Anschauung verständlich, die im menschlichen Leib einen »Kerker« sieht, der den freien Seelenschwung behindere. Im Umfeld unserer Konstanten liegen außerdem noch die folgenden Eigenschaften: Geformtheit, Differenziertheit, Geprägtheit, Ungeformtheit, Plumpheit, Unbeholfenheit, Linkischheit, Grobheit, Schwere.

4. Die Gelenkigkeit

Form und Gepräge, Festigkeit und Halt würde die Leibeserscheinung durch das knöcherne Gefüge auch dann erhalten, wenn dieses aus einem einzigen Guß wäre. Der Körper wäre dann unbeweglich wie eine Statue aus Stein, Holz oder Metall. Die Beweglichkeit des Gesamtleibes und seiner Glieder wird ermöglicht durch die Unterteilung und Gliederung und durch gegenseitige Verstellbarkeit der Einzelteile des passiven Bewegungsapparates. Das Skelett des menschlichen Körpers besteht aus rund 200 verschiedenen Einzelknochen und -knöchelchen. Ihre Verbindung zum Ganzen und zur Einheit kann auf mehrfache Weise gewährleistet sein. Einzelne Knochenplatten sind durch Nahtverbindungen ineinandergefügt, andere sind durch knorpelige Verbindungsstücke aneinandergeheftet. Die häufigste und wichtigste Verbindung knöcherner Einzelteile geschieht jedoch durch Gelenke (45, 46).

Der Sinn aller Gelenkverbindungen liegt in der Ermöglichung der beweglichen Verstellbarkeit des passiven Bewegungsapparates. Es gibt Gelenke mit drei, mit zwei oder aber mit nur einem »Freiheitsgrad« (47). Ein Gelenk mit drei Freiheitsgraden ist das Hüftgelenk. Es gestattet als Bewegungen des Beines erstens ein Heben und Senken, zweitens ein Vor- und Rückwärtsbewegen und drittens noch ein Drehen um die eigene Achse (Kreiselachse). Ein Gelenk mit nur zwei Freiheitsgraden ist das kombinierte Ellbogengelenk, das ein Beugen und Strecken einerseits wie ein Drehen andererseits erlaubt. Einzelne Fingergelenke haben nur einen Freiheitsgrad und gestatten nur ein Beugen und Strecken. Die gelenkige Verstellbarkeit läßt eine Unzahl von Gradabstufungen und von Kombinationen zu. Die absolute Verstellbarkeitsgrenze liegt an dem Punkte, wo eine Bewegung infolge knöcherner Hemmung nicht mehr weitergeführt werden kann, ohne ein Auskugeln, Zerbrechen oder sonstigen Schaden zu bewirken. Es gibt auch noch eine Bänder- und eine Muskelhemmung. Letztere hat durch Übung und Training die größten Möglichkeiten einer Spielraumerweiterung bis zur tunlichsten Annäherung an die stets absolute knöcherne Hemmung.

Die Gelenkigkeit der einzelnen Lebewesen ist sehr verschieden, sei es durch die Ungleichheiten knöcherner Hemmungen, sei es durch den verschiedenen Elastizitätsgrad der Bänder oder durch das unterschiedliche Geübtsein der Muskulatur. Bemerkenswert sind die Unterschiede der Arten und des Alters. Auch Verschiedenheiten der Geschlechter lassen sich beobachten: so gelingt es beispielsweise den Frauen besser als den Männern, das Ellbogengelenk auf über 180 Grad zurückzubiegen.

Die Bedeutung der Gelenkigkeitsgrade und -arten können wir uns am besten am Tiervergleich klarmachen. Musterbeispiele für Gelenkigkeit und Wendigkeit sind die im engen Käfig gefangenen Löwen oder Tiger. Um ihren Bewegungsdrang zu befriedigen, vollziehen sie unaufhörlich Achterbewegungen auf äußerst beschränktem Raume. Sprechendes Gegenstück ist das Rindergespann des pflügenden Bauern, der am Ende der Ackerfurche die größte Mühe aufbringen muß, um seine Tiere in die Gegenrichtung zu wenden. Den Rindern ist das mühelose Ausführen von Bewegungsschleifen, dieses elegante Wenden, Sichbiegen, Drehen, Ausweichen, Umkehren der genannten Großkatzen gänzlich unmöglich. Das Rind, besonders im Rückgratsystem ziemlich ungelenkig, ist dazu geschaffen, immer den geradesten Weg einzuschlagen. Dieser ist in seiner Umwelt auch entschieden der zweckvollste. Die Geradeausbewegung garantiert bei der Flucht die möglichst rasche Vergrößerung des räumlichen Abstandes zwischen Beute und Räuber. Die Katzenarten dagegen umgehen und umschleichen ihre Beute, um die beste Ausgangsstellung für den Sprung zu finden. Außerdem machen sie sich klein, ducken sich und passen sich dem Erdboden an. Solche Bewegungsfiguren sind dem fliehenden Rinde – und dem den Pflug ziehenden – nicht möglich; sie wären auch gar nicht zweckvoll.

Wie die Leibeseigenart sind auch die »Seelen« beider Tiergruppen verschieden, entgegengesetzt kann man sagen, soweit es sich dabei um den Gegensatz von Räuber und Beute handelt. Die Seele des Rindes ist, als Widerspiel seiner leiblichen Erscheinungseigenarten, gleichsam eingeengt auf eine Richtung, welche es trotz größter Widerstände immer einzuschlagen sucht. Der Mensch nennt es störrisch oder steif, eigenwillig, eigensinnig, »bockig«. Der Katzenseele liegt hingegen das Ausbiegen und Ausweichen, das Sichwenden und Entwinden, das Sichducken und Sichanpassen, das Lauern bis zu dem für die Beute überraschenden und tödlichen Sprung. Vermenschlichenderweise werden Katzentiere deshalb auch »falsch« genannt.

Verallgemeinert und damit auch auf den Menschen übertragen, können wir sagen: in dem Ausmaß und der Eigentümlichkeit der Gelenkigkeit des Leibes sind Grade und Arten der aktiven wie passiven Anpassung auch im Seelischen vorgezeichnet.

Eine Konstante solcherart ist in den folgenden Eigenschaften enthalten: Beweglichkeit, Schmiegsamkeit, Geschmeidigkeit, Biegsamkeit, Anpassungsfähigkeit, Gelenkigkeit, Nachgiebigkeit, Schmeichelhaftigkeit, Verstellbarkeit, Falschheit, Devotheit, Hündischkeit. Auf dem Gegenpol stehen Unbeweglichkeit, Steifheit, Starrheit, Sturheit, Eckigkeit, Eingeengtheit, Verbohrtheit, Engstirnigkeit, aber auch Ehrlichkeit und Geradheit, Trotz, Hartnäckigkeit, Unnachgiebigkeit.

5. Die Elastizität

Wir gingen davon aus, daß das knöcherne System als einziges in größerem Umfang anorganisch tote Substanzen eingelagert hat. Es würde seinen Zweck als passiver Bewegungsapparat, als Stützsystem und als Träger der Körperform erfüllen, auch wenn es nur etwas gänzlich Totes wäre. Es ist aber zugleich auch etwas organisch Lebendiges.

Diese seine Lebendigkeit kommt vor allem in zwei Momenten zum Ausdruck: in seiner Fähigkeit zu wachsen und in seiner Elastizität.

Im embryonalen Zustand entwickelt sich das knöcherne System am spätesten. Seine Funktionen werden zunächst von dem Knorpelgewebe, welches das spätere Knochensystem gleichsam im Modell vorformt, ausgeübt. Es findet keine Umwandlung von Knorpel- in Knochensubstanz statt. Erstere baut sich vielmehr richtiggehend ab und wird durch letztere ersetzt.

Knorpel ist eine organische Substanz von verhältnismäßiger Festigkeit, zugleich aber in höchstem Maße druck- und biegungselastisch. Im Körper des Erwachsenen finden wir überall da noch Knorpel, wo Druck, Stoß oder Reibung mechanisch auszuhalten sind. Dies ist z. B. in den Gelenkflächen der Fall, die mit Knorpeln ausgekleidet sind. Schon während des fetalen Zustandes und erst recht hernach findet eine dauernde und fortschreitende Ersetzung knorpeliger durch knochige Substanz statt. Hand in Hand damit läßt die hohe Beanspruchbarkeit auf Druck- und Biegungselastizität allmählich nach. Hingegen steigern sich die Formbeständigkeit sowie die Härte.

Die fortschreitende »Verknöcherung« bzw. Entknorpelung bedeutet jedoch keinen völligen Verlust der Elastizität. Zwar wird die knöcherne Substanz durch die Einlagerung von anorganischen Kalksalzen fest und hart. Aber ihr organischer Bestandteil — fibrilläres Bindegewebe, eine leimgebende Substanz — ist in hohem Maße biegsam und elastisch. Fällt man den Kalk aus, der dem Knochen Form, Festigkeit, Tragfähigkeit und Härte verleiht, kann man den »Knochen« um den Finger wickeln. Umgekehrt wird der Knochen spröde und brüchig und zerfällt wie Staub, wenn die organische Substanz ausgebrannt ist. Das Ineinander beider Substanzteile ist es also, welches dem Knochengewebe seine organische Funktion ermöglicht, nämlich Elastizität und Biegsamkeit neben Festigkeit, Härte und Formbeständigkeit zugleich zu gewährleisten.

Der lebendige Charakter des knöchernen Systems erweist sich klar am Aufbau der Knochengrundsubstanz durch knochenbildende Zellen, sogenannte Osteozyten. Diese legen sich aneinander und scheiden Knochengrundsubstanz ab. Zugleich findet ein ständiger Ab- und Umbau statt. Auch das knöcherne System hat die Fähigkeit zu wachsen, was ein dauerndes An- und Wiederabtragen der scheinbar so toten Substanz zur Folge hat. Es wächst organisch mit der gesamten Leibeserscheinung mit, der beste Beweis dafür, daß es nicht bloß als eine Verkörperung des Anorganischen und Toten angesehen werden darf. Trotz des ständigen Umbaues ist es jederzeit voll funktionsfähig.

Die Veränderung des knöchernen Systems und seines funktionalen Vorläufers, des knorpeligen, hat allerdings im Laufe der Gesamtlebensentwicklung eine eindeutige Richtung. Der Keimling entwickelt zunächst nur Knorpel. Die fortschreitende Entwicklung bringt eine immer weiter gehende »Verknöcherung«. Innerhalb des knöchernen Systems vollzieht sich weiterhin eine Verschiebung der Substanzteile. Mehr und mehr setzt eine relative Vermehrung der anorganischen Bestandteile ein: ein Vorgang, der ganz wörtlich genommen mit »Verkalkung« zu bezeichnen ist.

Mit den Vorgängen der Verknöcherung und der Verkalkung ändern sich naturgemäß die Eigenschaften des Systems. Der gesunde jugendliche Körper hat bereits eine genügende und ständig wachsende Festigkeit. Darüber hinaus ist er aber noch in einem hohen Maße elastisch biegsam. Soweit Schäden in gewissen Grenzen bleiben, verwachsen sie sich wieder. Dies entspricht dem noch hohen Anteil knorpeligen Gewebes am Stützsystem. Der Körper des Erwachsenen hat die Eigenschaften der Festigkeit und der Elastizität zugleich und in harmonischer Ausgewogenheit. Der alternden Erscheinung sagt man nach, daß die Knochen spröde werden, daß Brüche nicht mehr leicht heilen, kurz, daß die Elastizität nachlasse. Entsprechend den sich wandelnden Eigenschaften des knöchernen Systems kann der junge Mensch seinem Leib andersartige Beanspruchungen zumuten als der erwachsene oder gar der alternde. Dem vermehrten Lebensdrang der Jugend steht ein Leib zur Verfügung, der infolge seiner hohen Elastizität und plastischen Formbarkeit Laufen, Springen, Klettern und Fallen erlaubt. Ganz anders der Greis. Er kann sich, selbst wenn er wollte, viele Bewegungen des jugendlichen Körpers, wie z. B. Balgen oder übermütiges Tollen, nicht mehr gestatten. Der Erwachsene mit einem gleichzeitig ausgewogenen Maße von Festigkeit und Elastizität steht in der Mitte. Die seelischen Eigenschaften der Jugend, der Reife und des Alters sind so zweifellos auch eine spiegelbildliche Entsprechung der verschiedenartigen Beanspruchbarkeit des eigenen Leibes. In der natürlichen Eigenart der jugendlichen Seele ist die plastisch-elastische

Formbarkeit des leiblichen Stützsystems mit enthalten, genau wie in der alternden Seele dessen Spröde und Brüchigkeit zum mitkonstituierenden Moment werden.

Das Maß von formelastischer Plastizität und Lebendigkeit der Seele ist mit verankert in dem Grade der jeweils vorhandenen Wachstumselastizität des knöchernen Systems.

Diese seelische Konstante schwingt mit in Eigenschaftsbezeichnungen wie: Lebendigkeit, Plastizität, Elastizität, Formbarkeit, Jugendlichkeit, Festigkeit, Formbeständigkeit, Härte. Aber auch in Nachgiebigkeit, Weichheit, Biegsamkeit, Unfestigkeit, in Starre (Grundsätzlichkeit), Unelastizität, Verhärtung, Versteifung, Sprödigkeit, Erstarrtheit, Verknöchertheit, Verkalktheit, Sterilität, Senilität treffen wir sie an. Ins Umfeld dieser Eigenschaften gehören: Unbekümmertheit, Unbefangenheit, Selbstvertrauen, Selbstsicherheit, Zuversichtlichkeit, Ungebrochenheit, Mut, Ängstlichkeit, Vorsicht, Unsicherheit, Zaudern und Zögern.

Charakterologisch hätte es wenig Sinn, die genannten Eigenschaften anzuwenden, wenn es sich dabei nur um verschiedene Stadien einer organischen Entwicklung handeln würde. Von nicht nur entwicklungsbedingten sondern auch individuellen Verschiedenheiten künden uns die Erscheinungen der Rachitis, der Zahnkaries, der Kalkabtragungen bei Schwangerschaft usw. Je nach dem Wechsel des »Kalkspiegels« im Blute wird Kalk entweder normal abgelagert, übermäßig abgesetzt, zu wenig abgelagert oder gar abgetragen. Sicherlich bestehen individuelle und zeitliche Schwankungen. Vielleicht erscheint es in späteren Zeiten einer mehr organisch gebundenen Seelenkunde nicht mehr lächerlich, wenn man bei Menschen mit beispielsweise auffallend frühzeitigem und starkem Zerfall der knöchernen Zahnsubstanz auch nach einer entsprechenden seelischen Begleitseite sucht.

Ins Ganze gesehen verläuft die seelische Entwicklung entsprechend der leiblichen. Der Entwicklungsweg beginnt bei der absoluten, nach allen Seiten offenen Plastizität in der befruchteten Keimzelle. Er geht weiter über die zunehmende Verfestigung und Bestimmtheit der Form hin zur Erstarrung, zur absoluten Verknöcherung und Verkalkung. Entsprechend geht auch die Seele aus einem unbestimmten Zustande allseitiger Plastizität und Formbarkeit hervor, gewinnt mehr und mehr Charakter und Prägung, bis zuletzt schließlich alles in eine unlebendige Erstarrung einmündet. Verknöcherung und Verkalkung sind Begriffe, die im übertragenen Sinne eigentlich mehr auf seelische Zustände und Besonderheiten angewendet werden als auf leibliche. Sie sind nichts anderes als eine Form oder eine Seite des Absterbens, des Todes der lebendigen, plastischen und elastischen Seele.

Der Schluß dieses Kapitels legt die Frage nahe, welche Gesamtbeziehung zwischen dem knöchernen System der Leibeserscheinung und dem Wesen der Seele überhaupt besteht.

Wir vergegenwärtigen uns noch einmal diejenigen Konstanten, die wir im Anschluß an das knöcherne Leibesgefüge herausstellten. Es handelte sich um Momente wie das des Gewichtigen, des Festen, des Haltes, der Stabilität, der Widerständigkeit usw. Wir erinnern weiterhin an die Abgrenzung der seelischen Möglichkeiten, an die Absteckung der Differenzierungseigenart und -richtung, an die Arten und Grade des Anpassungsrahmens, an das Grundgepräge und an die Form. Wollten wir all das unter einen Hut bringen, würden wir am ehesten noch auf den Begriff des Charakters verfallen, dessen wörtliche Grundbedeutung Gepräge heißt. Weitere und ebenfalls wichtige Momente des Charakters, also das Sittliche, ebenso die Temperaments- und Willensaktivität, die Triebanlage, überhaupt alle dynamischen Charaktermomente sind nicht enthalten. Es handelt sich um Teilmerkmale mehr formaler und statischer Art. Wir denken dabei innerhalb des gewachsenen Naturcharakters besonders an Momente wie Gewichtigkeit, Schwere, Festigkeit, Stetigkeit, Halt, inneres Beharrungsvermögen, Stabilität, Form und Gepräge, Begrenzung der individuellen Möglichkeiten, Elastizität und Anpassungsfähigkeit. Es handelt sich um Begriffe, die innerhalb der Charakterologie vorwiegend für die formale Charakterbeschreibung Verwendung finden.

Im Sinne einer rein formalen Analogie könnten wir sagen: der Charakter ist das „Knochengerüst“ der Seele, ebenso wie man das Knochengerüst den „Charakter“ der Erscheinung nennen könnte. Seien wir uns jedoch der Vorläufigkeit einer solchen Formulierung bewußt! Wir würden uns sonst der vollen Bedeutung, die das knöcherne Gefüge erst im lebendigen Zusammenspiel mit den übrigen körperlichen Systemen erhält, durch vorzeitige und einengende Feststellungen verschließen. Besonders wichtig ist dieses Zusammenspiel mit der Muskulatur, der wir uns in dem anschließenden Kapitel zuwenden wollen (48, 49, 50, 51, 52, 53, 54, 55, 56, 57, 58, 59, 60, 61).

II. DIE MUSKULATUR

Die Bedeutung des muskulären Systems für die Erschließung der seelischen Seite des Lebendigen ist unbestritten. Es ist ja nicht wie das Skelett »starr« und »tot«. Bewegen wir uns, sind wir tätig, arbeiten wir, immer sind unsere Muskeln irgendwie in Funktion. Selbst feinere leibliche Geschehnisse — wir bekommen eine Gänsehaut, oder es sträuben sich uns die Haare — werden bewirkt durch die Zusammenziehung bestimmter — in diesem Falle sogenannter glatter — Muskelfasern. Unser Leben hört in dem Augenblick auf, in dem der unermüdlich arbeitende Herzmuskel seine Tätigkeit einstellt (62).

Die muskuläre Substanz macht rund zwei Fünftel der gesamten Körpermasse aus.

Histologisch können drei Muskelarten unterschieden werden, nämlich die quergestreifte, die glatte und im besonderen noch die Herzmuskulatur. Bei der ersteren wird in der mikroskopischen Untersuchung durchscheinendes Licht so gebrochen, daß der Eindruck der Querstreifung entsteht. Ihre Fasern sind in der Regel dick und lang. Sie kann sich rascher zusammenziehen als die glatte Muskulatur und wird durch die motorischen Zentren innerviert. Für die glatten Muskeln ist eine bewußte Innervation nicht möglich; ihr Bewegungsgeschehen verläuft unwillkürlich. Der Herzmuskel nimmt eine Sonder- und Zwischenstellung ein.

Die quergestreifte Muskulatur steht im Gegensatz zu der glatten meist direkt oder doch indirekt in Verbindung mit dem Skelett. Außer den Schließ- oder Ringmuskeln (Sphinkteren) haben alle quergestreiften Muskeln ihren Ursprung und Ansatz an bestimmten Stellen des Skeletts. In diesem Kapitel haben wir es hauptsächlich mit dieser quergestreiften »Skelettmuskulatur« zu tun. Die glatte Muskulatur, beispielsweise der Muskelhäute der Eingeweide, der Blutgefäße oder der äußeren Haut, bleibt fast gänzlich außer Betracht. Ihre Beiseitestellung bedeutet aber nicht, daß sie für den Ausdruck des Seelischen belanglos wäre.

1. Der »aktive Bewegungs- und Haltungsapparat«

Wegen seines totalen Ausgeliefertseins an die Kräfte der Massenträgheit und der Erdanziehung wurde das knöcherne System als

»passiver Bewegungsapparat« bezeichnet. Die Muskulatur ist das genaue Gegenstück dazu. Mit ihrer Hilfe kann sich der lebendige Organismus aktiv in Bewegung setzen, kann er Außenkräften aktiv entgegenwirken. Mit Recht wird sie in der Bewegungslehre als »aktiver Bewegungsapparat« bezeichnet. Aber »Anfang und Ende von Bewegungen sind Haltungen« (63). Es ist deshalb unvollständig, nicht zugleich auch vom »aktiven Haltungsapparat« zu sprechen. Die Muskulatur ist als aktiver Bewegungs- und Haltungsapparat die Repräsentation der Eigenkraft des lebendigen Leibes. Die Formulierung »Eigenkraft« ist mit Absicht gewählt. Gemeint sind nämlich nicht Kraft überhaupt oder gar schon Lebenskraft bzw. Vitalität (64). Die Begriffe der letzteren sind weiter und inhaltlich umfassender.

Das Muskelgewebe besteht aus langgestreckten, faserigen Zellen. Mechanischer Beanspruchung gegenüber hat es die Eigenschaft höchster Elastizität, sei dies nun im besonderen Zug- oder Druckelastizität (65, 66). Der Muskel hat außerdem die Eigenschaft, sich auf einen nervösen Erregungsreiz hin zusammenzuziehen; er kann sich bis auf die Hälfte seiner normalen Länge verkürzen. Mit Erlöschen des Reizes dehnt er sich wieder. Die »Kontraktibilität« der Muskulatur ist die Voraussetzung dafür, daß der lebendige Organismus sich aktiv zu bewegen und damit allerlei Kräfte wie z. B. Trägheit, Schwere, Reibung, Zug oder Druck zu überwinden vermag.

Zusammenziehung und Wiederdehnung sind nur die eine Seite der muskulären Tätigkeit. Die Kraftwirkung verläuft in der Faserrichtung. Es gibt aber noch eine Kraftwirkung des Muskels, welche quer zur Faserrichtung geht, entsprechend den querelastischen Eigenschaften der Muskelsubstanz. Die Innervation braucht nicht so zu erfolgen, daß er sich zusammenzieht und verkürzt; der zuvor weiche Muskel kann sich auch härten. »Hart wird der erregte Muskel bei Einwirkung eines wirklichen oder vermeintlichen Widerstandes« (67).

Beide Formen muskulärer Leistungsweise kommen in der Wirklichkeit meist ineinandergehend vor (68). Mit der Kraftentfaltung bei Verkürzung ist zugleich eine gewisse Härtung verbunden und umgekehrt. Bei jeder muskulären Innervation, die im Effekt zu einer Bewegung führt, liegt der Akzent auf der Verkürzung; bei jeder »Haltungsleistung« ruht der Schwerpunkt auf der Härtespannung. Im einen Falle dient die muskuläre Kraftentfaltung mehr der aktiven Überwindung hemmender Gegenkräfte: der Schwere, der Trägheit, der Reibung. Im anderen Falle werden durch Außenkräfte eingeleitete Bewegungen, seien dies Fall oder Sturz, in ebenso aktiver Gegenspannung aufgehalten. Letztere Leistungsform der Körpermuskulatur ist ebenso bedeutsam wie die erstere. So wird z. B. »die Sicherheit der Gelenkmittelstellungen durch Muskelkraft gewährleistet. Bei der Wirbelsäule spricht man (daher) von einem Muskelkorsett, das ihm den Halt gibt« (69). Von dieser aktiven Haltungsleistung der Muskulatur wird noch zu reden sein.

Zur seelischen Seite muskulärer Kraftentfaltung übergehend, denkt man zuerst an den »type musculaire« der früheren Physiognomik. Man versteht unter diesem nur einen Menschen mit besonders akzentuierter Muskelentwicklung. In der populären Formulierung »Muskelmensch« tritt das rein Quantitative der Betrachtungsweise zutage. Etwas Richtiges ist an ihr, wenn die Verbindung Muskelmensch-Kraftmensch hergestellt wird. Sie beruht auf der einfachen physiologischen Tatsache, daß ein Muskel um so leistungsfähiger ist, je dicker er ist (70). Die Bedeutung derselben läßt sich leicht beweisen. Wir denken an zwei gleichaltrige Knaben, der eine mit gut entwickelter, kräftiger und gespannter Muskulatur, der andere mit einer schlecht entwickelten und schlaffen. Indem der eine den anderen niederringt, erzwingt er Bewegungen gegen die schwächeren Gegenkräfte des anderen. Zugleich setzt er dem Angriff der Gegenkräfte mehr Spannung, Härte, Resistenz gegenüber und kann von diesen nicht gebeugt werden.

Am Beispiel der beiden ringenden Knaben ist es nicht schwer, sich auch die seelische Seite der physischen Über- oder Unterlegenheit zu vergegenwärtigen. Das Erlebnis des Sieges steigert das Kraft- und Selbstgefühl; die Niederlage infolge Schwächlichkeit dämpft und beeinträchtigt es. Mit der Stärke und Leistungsfähigkeit des muskulären Systems ist auch seelisch das Bewußtsein des Selbstkönnens und der Eigenkräftigkeit verbunden.

Diese seelische Konstante der Eigenkraft kann sich in Eigenschaftsbezeichnungen der folgenden Art erweisen: kräftig, kraftvoll, tatkräftig, leistungsfähig, widerstandsfähig und -kräftig, hart, schlagkräftig, fest, aktiv, ausdauernd, straff, tragfähig, durchhaltend oder aber schwächlich, matt, spannungsarm, weich, dünn, schlaff usw. Immer wenn von Tat- und Haltungsleistung die Rede ist, schwingt etwas von der persönlichen Eigenkraft mit. Fülle oder Mangel an Eigenkraft sind aber auch Voraussetzung für folgende

·Eigenschaften: Kraftgefühl, gehobenes Lebensgefühl, Selbstvertrauen, Mut, Geradheit, Großmut, Ungebrochenheit, Aktivität, Lebendigkeit, Lebensbejahung, Gehaltenheit; Ängstlichkeit, Kleinlichkeit, unter Umständen auch Lebensverneinung, Zauderhaftigkeit usw.

2. Die tonische Dauerspannung

Im letzten Abschnitt setzten wir stillschweigend und selbstverständlich voraus, daß die Skelettmuskulatur als aktiver Bewegungs- und Haltungsapparat der zentralen Steuerung des motorischen Nervensystems unterliegt. Muskuläre Leistungen werden dabei von Fall zu Fall, eben bei Innervation, vollbracht. Diese Leistungsform der Muskulatur ist aber nicht die einzige. Es gibt außerdem noch eine nicht zu übersehende andere, die nicht willkürlich herbeigeführter Innervation unterliegt. Es handelt sich um eine sehr beachtliche Dauerinnervation nicht willkürlicher Art, die wir Tonus nennen. Dieser verleiht der Leibeserscheinung ihre bleibende Gespanntheit.

Der von willkürlicher Steuerung und Nervenerregung unabhängige Tonus ist die hauptsächlichste Leistungsform der glatten Muskulatur. Diese befindet sich dauernd in einem bestimmten Spannungszustand, ohne daß dazu gesonderte Innervation, gesteigerter Stoffwechsel oder erhöhter Sauerstoffverbrauch erforderlich wären. Die dabei geleistete Arbeit ist nicht gering; allein die Aufrechterhaltung einer bestimmten Gefäßweite, durch den Tonus gewährleistet, würde ein Viertel des Gesamtstoffwechsels benötigen (71). Hauptsächlich sind es Trage- und Halteleistungen, die die glatte Muskulatur auf diese Weise vollbringt. Die »Tragerekorde« der glatten sind um ein Vielfaches größer als diejenigen der quergestreiften Muskulatur.

Die Erscheinung tonischer Dauerspannung ist nicht auf die glatte Muskulatur beschränkt. Auch die quergestreifte verfügt über eine solche, obwohl man über deren Zustandekommen noch nicht viel Sicheres weiß. Es handelt sich um einen Zustand, der nicht bewußter Regelung unterliegt, was jedoch nicht ausschließt, daß er gewisse Schwankungen zeigt. »Der Tonus wechselt in seiner Stärke nach Alter, Geschlecht, Konstitution, Stimmung, Ermüdung, Wohlbefinden. In tiefem Schlafe, in der tiefen Narkose oder in der Ohnmacht läßt er wohl nach, ganz schwindet er aber erst im Tode« (72).

Der gewöhnliche muskuläre Tonus ist keine Bewegungsleistung, sondern normalerweise eben ein »Haltetonus«. Man spricht auch von statischer im Gegensatz zu kinetischer oder Bewegungsinnervation.

Wir können in dem normalen Haltetonus eine Antwort der Muskulatur auf die ebenfalls dauernde Einwirkung außermuskulärer Kräfte sehen (73). »Der Muskel erzeugt größere Spannungen, wenn er passiv auf eine bestimmte Länge gedehnt wird, als wenn er sich gegen eine Spannung bis zu dieser Länge aktiv verkürzt. Es tritt also eine Sperrung auf, deren Ursache allerdings noch ungeklärt ist« (74). Diese »Sperrvorrichtung« wirkt sich beispielsweise in den Gefäßwänden als Antwort auf den dauernden Blutdruck aus, an der quergestreiften Skelettmuskulatur aber auf den ständigen Angriff der Schwerkraft. An der Dauerantwort der Skelettmuskulatur auf die Dauerwirkung der Schwerkraft ist der Grad der tonischen Spannung besonders gut zu erkennen. Ist ein Muskel infolge hochgradiger Ermüdung oder sonstiger Ursachen völlig erschlafft, folgt er dem Zug der Schwere, weil sein Tonus nachläßt. Am knöchernen System befestigt, fällt er zwar nicht, aber er »hängt durch«. Hängebauch und Hängewange sind Zeichen eines schwachen Tonus. In der Ermüdung, in der Erschöpfung, in der Ohnmacht kennen wir das Hängenlassen des Kopfes, der Glieder, der Augenlider, das Abklappen des Unterkiefers usw. Im »schleppenden Gang«, in der Erscheinung des »Absackens« setzt sich die Schwerkraft durch, weil die tonische Dauerspannung, die dem Körper seine Frische und Spannkraft verleiht, nachzulassen oder aufzuhören beginnt.

Von selbst erkennen wir die Bedeutung, die der muskuläre Tonus auch in seelischer Hinsicht hat. Die natürliche Aufgabe gerade des Haltetonus der Skelettmuskulatur ist es, dem Dauerangriff der Schwerkraft eine ebensolche Dauerantwort als Sperre entgegenzusetzen. Dies bedeutet die Gewährleistung der natürlichen körperlichen Haltung. Gibt das knöcherne System einen Halt im Sinne des Stützens, so wird »Haltung« doch erst durch das muskuläre System gewährleistet. Damit ist eine weitere der verschiedenen Wurzeln des komplexen Haltungsbegriffes aufgedeckt. Selbst noch die Haltung im ethischen Sinne läßt sich in Analogie zu der soeben gefundenen ursprünglichsten und natürlichsten Haltungskonstante bestimmen als eine Sperrkraft, die sich allen von außen oder innen ansetzenden, niederziehenden Kräften entgegenstellt.

In der tonischen Dauerinnervation ist noch ein anderes gegeben.

Indem sich der Muskel im Zustande einer Spannung, also einer leichten Verkürzung und Härtung befindet, ist er ständig vorinnerviert. Er befindet sich in Leistungsbereitschaft. Die Ausdruckspsychologie hat deswegen recht, wenn sie in einem herabgesetzten Tonus, soweit er als eine Art habitueller Ermüdung anzusehen ist, den Mangel an Tatbereitschaft sieht. So kann LERSCH z. B. aus dem verhängten Auge nicht allein auf den Mangel an optisch apperzeptiver Bezogenheit sondern auch auf willensmäßige Stumpfheit, auf »Mangel an Bereitschaft zu irgendwelcher Tätigkeit« schließen (75).

Eine weitere mit dem Tonus gegebene Eigenheit kann als Kehrseite der genannten Bereitschaftshaltung angesehen werden. Spannung ist der Gegensatz von Entspannung, von Lockerheit, von Gelöstheit. Indem die Muskulatur dauernd in gewissem Grade und in gewisser Richtung vorinnerviert ist, engt sich der Möglichkeitsrahmen ein. Das Einengende wird besonders klar an Zuständen extrem hoher Spannung: an der Verkrampfung, der Erstarrung (Schreckstarre), der Versteifung. Die Sperrfunktion wirkt sich so aus, daß keine Auswege mehr vorhanden sind. In der Erstarrung ist der Beweglichkeitsrahmen auf Null reduziert. STREHLE, der unter den »allgemeinen Merkmalen des körperlichen Verhaltens« u. a. das Problem der »Spannung und Lösung« behandelt, sieht mit Recht unter den Begleiterscheinungen zentrierter Spannung auch eine »Einengung des Bewußtseins« (76).

Mit dem Zustande erhöhter Spannung, erhöhter Haltungsbereitschaft ist also die Neigung zu verstärkter Einengung des Bewegungsrahmens verbunden und umgekehrt. Gewiß artet das negative Extrem eines schwächlichen Tonus in mangelnde Bereitschaft und in Labilität aus. Aber das Extrem verhärteter Spannung geht in Sperrung, Verkrampfung, Versteifung und Erstarrung über. Dazwischen hat jeder unterscheidbare Grad tonischer Dauerspannung charakterologisch ebenso seine positiven wie seine negativen Seiten.

Die seelische Konstante, um die es uns hier geht, aber fassen wir so: der muskuläre Tonus ist aufzufassen als die leibliche Seite einer latenten inneren Haltungs- und Bereitschaftsspannung. Zugleich sind durch ihn die Enge oder Weite des seelischen Aktionsrahmens mit abgesteckt.

Entsprechend beziehen sich die hierher gehörigen Eigenschaftsbegriffe auf Spannungseigenschaften, auf Haltungseigenschaften, auf Zustände der seelischen Bereitschaft und schließlich auf die

Weite oder Enge des aktuellen Bewußtseins. Allgemeine Spannungseigenschaften haben wir vor uns in den folgenden Begriffen: gespannt, spannungsreich, fest, hart (hier anders akzentuiert als die Härte, die wir aus dem knöchernen System ableiten); spannungslos, spannungsarm, locker, weich, unfest, lässig, labil. Haltungseigenschaften meinen wir in den Prädikaten straff, fest, gehalten, ungehalten, nachlässig, locker, natürlich, steif, gezügelt, beherrscht. Auf den Bereitschaftszustand deuten folgende Eigenschaftsbegriffe hin: frisch, gespannt, aktiv, gestrafft, aktionsbereit, lässig, faul, träge, matt, müde, schlapp, schlaff, erschöpft. Das Maß der aktuellen inneren Weite meinen wir in Begriffen wie: gelockert, gelöst, geöffnet, beweglich, anpassungsfähig, weit, offen, lebendig, eingeengt, gesperrt, verkrampft, erstarrt, versteift, willensbestimmt, zielgerichtet usw. (77).

3. Die passive Zugfestigkeit

Sowohl die motorische Muskelinnervation als auch die tonische Dauerspannung bewirken eine Zusammenziehung und Härtung. Kehrseite und notwendige Ergänzung dieser Leistungsform ist die passive Zugfestigkeit.

In dieser passiven Beanspruchung, in dem Widerstand gegen die Gefahr des Zerrissenwerdens wird die elastische Muskulatur allerdings noch bedeutend übertroffen durch das Sehnengewebe. Es ist deshalb zweckmäßig, Muskel und Sehne hier gemeinsam zu betrachten. Die Skelettmuskeln haben, so sagten wir schon, Ansatz und Ursprung an den Knochen, allerdings nicht direkt. Der Muskel geht nämlich an seinen Enden in sehniges Gewebe in Form von Strängen, Platten oder Bändern über. Diese sehnigen Ausläufer der Muskeln sind es, die an bestimmten Stellen der Knochen festgewachsen sind. Die Sehnen, bestehend aus straff gespannten parallel gelagerten Fibrillenbündeln, sind das Verbindungsstück zwischen Muskel und Knochen, in besonderen Fällen auch zwischen Muskel und Muskel, so z. B. bei der Sehnenplatte, die die Bauchmuskulatur verbindet. Die Sehnen haben physiologisch die Aufgabe, den aktiven Zug des Muskels auf den widerständigen Knochen zu übertragen. Jedermann kann das an den über seinen Handrücken führenden Sehnenzügen, die seine Fingerglieder von den am Unterarm sitzenden Muskeln aus bewegen, sehen. Ihre Festigkeit ist vor allem Zugfestigkeit.

Es gibt Menschen, deren Muskulatur durch die passive Beanspruchbarkeit auf Zugfestigkeit besonders ausgezeichnet ist. Ihre Muskeln sind nicht so sehr massig entwickelt. Jeder einzelne Muskelstrang ist jedoch straff gezogen und tritt deshalb unter der Haut leicht erkenntlich hervor. Wir sind gewohnt, solche Menschen »sehnig« zu nennen, während wir andere vielleicht als »fleischig« bezeichnen. Sehnige Gestalten machen einen hageren Eindruck; sie wirken dürr und schlank, vielleicht auch leicht und nicht besonders gewichtig. Für eine oberflächliche Betrachtungsweise wirkt der »Sehnige« schwächlich. Sehnige Menschen haben wenig Fettansatz; ihre Muskulatur ist zügig geformt, im einzelnen klar durchgeprägt; ihre Haltung ist gestrafft; ihre Bewegungen sind kurz und knapp. Sie prüfen alles auf Zug- und Zerreißfestigkeit.

Der Sehnigkeit und passiven Zugfestigkeit der Muskulatur entspricht auch eine seelische Festigkeit in der Sonderform des Zähen und Gestrafften.

Diese Konstante ist mit gemeint, wenn wir von der Zähigkeit als Eigenschaft sprechen. Die haltungsmäßige Parallele zur Zähigkeit ist die Gestrafftheit. Die Konstante des Zähen und Gestrafften findet sich in den Eigenschaften der Unnachgiebigkeit, Durchhaltefähigkeit, Ausdauer, Zerreißfestigkeit. Es sind Eigenschaften, die uns besonders angesichts des im allgemeinen »sehnigen« Engländers zu Bewußtsein kommen. Instinktiv weiß er z. B. seine Kriege hervorragend im Sinne von Zerreiß- und Durchhalteproben zu führen.

Wir weisen hier noch auf den Unterschied in Eigenschaften wie Beharrlichkeit und Zähigkeit, wie Gestrafftheit und Gespanntheit hin. Ihre erscheinungsmäßige Verwurzelung ist jeweils eine andere. Auch im Beharren liegt ein Moment der Passivität; es ist aber hervorgerufen durch die Wirkung der Schwere. Dies ist aber etwas anderes als die passive Beanspruchbarkeit durch Zug wie bei der Zähigkeit.

4. Die Differenzierung

Es wäre falsch, sich bei der Betrachtung der Muskulatur mit der Aufstellung einer Art Muskel-Kraft-Gleichung zu begnügen. Unser Organismus kann mit Hilfe seiner Muskulatur auf verschiedene Reizlagen nicht nur mit einem Mehr oder Weniger an Kraft reagieren. Er tut dies auch auf die qualitativ verschiedenste und differenzierteste Weise. Unsere Leibeserscheinung wird durch die Eigenart der Muskulatur in sich differenziert, wie sie durch das knöcherne System in sich gegliedert ist.

Differenzierung ist schon das Kennzeichen der Zellstruktur des muskulären Gewebes. Die langgestreckte Muskelzelle differenziert sich in einem inneren Teilungsprozeß durch Faser- und Fibrillenbildung aus. Im Gegensatz dazu ist beispielsweise die Wachstumsart der Knochen im wesentlichen ein Prozeß der Ablagerung und des Absetzens. Muskelbündel sind faserige Gebilde, ihre Dickenzunahme geschieht durch Vermehrung der Faserzahl. Das gesamte muskuläre System besteht aus einer großen Zahl von Muskelgruppen und von Einzelmuskeln aller Größen.

Die Bedeutung der Differenzierung soll nach zwei verschiedenen Seiten hin gesondert behandelt werden.

1. Das muskuläre Gewebe läßt sich in abgestufter Weise innervieren, je nach dem Effekt, den das Lebewesen gerade erreichen möchte. Zwar gilt für die Einzelfaser wahrscheinlich das sogenannte »Alles-oder-nichts-Gesetz«; wenn sie gereizt wird, löst sich der ihr mögliche Kontraktionseffekt ganz und ohne Rücksicht auf den Stärkegrad des jeweiligen Reizes aus. Dies gilt aber nicht für die funktionelle Einheit eines Muskels oder gar eines Muskelbündels. Je nach der Reizstärke werden mehr oder weniger Einzelfasern innerviert; der muskuläre Gesamteffekt erlangt alle denkbaren Abstufungen und Grade. Nicht bloß die Zusammenziehung, die Anspannung (Kontraktion) des Muskels läßt sich so auf die feinste Weise regulieren und steuern. Auch das Erschlaffen, das Nachlassen (Relaxation), das Wiederabklingen einer Spannung braucht nicht plötzlich und auf einmal zu geschehen. Die Struktur des muskulären Gewebes erlaubt auch hierin eine differenzierte Gradabstufung. »Der Funktionsunterschied zwischen Kontraktion und Relaxation besteht darin, daß bei der Kontraktion die Summe der Einzelbewegungen der Muskelfibrillen zunimmt, während sie sich bei der Relaxation vermindert« (78).

Diese Abstufbarkeit in Anspannung und Nachlassen des Muskels wird noch verfeinert durch das Zusammenspiel verschiedener Einzelmuskeln, die einander entweder als »Synergisten« unterstützen oder aber als »Antagonisten« gegenseitig hemmen und bremsen. Welche Verschiedenfältigkeit der Innervationsweise liegt beispielsweise in den folgenden drei Bewegungen: Backenstreich, drohende Geste des Zuschlagens, Liebkosen der Wange durch die Hand!

Durch die lebendig bewegliche Muskulatur drückt sich die Reiz-

und Situationsgemäßheit der seelischen Impulse aus, desgleichen deren Beherrschtheit, Einsatzweise, Zügigkeit.

Eine Konstante solcher Art begegnet uns in Eigenschaften wie: Differenziertheit, Undifferenziertheit, Verfeinertheit, Grobheit, Plumpheit, Ungeschlachtheit, Derbheit, Beherrschtheit, Gezügeltheit, Gehaltenheit, Gefaßtheit, Unbeherrschtheit, aber auch in Ungezügeltheit, Fassungslosigkeit, Gehemmtheit, Launenhaftigkeit, Hemmungslosigkeit usw. »Mit Kanonen nach Spatzen schießen«, »Auf einen groben Klotz gehört ein grober Keil«, »Es paßt wie die Faust aufs Auge« sind Sprachwendungen, in denen die Harmonie oder Disharmonie, welche zwischen Reiz und Reaktion, zwischen Situation und Situationsbeantwortung bestehen kann, gemeint ist. Je nach dem Differenzierungsgrad des Antwortenden wird die Reaktion passend oder unpassend sein.

Von hier aus fällt auch einiges Licht auf das Phänomen der Beherrschung. Der beherrschte Mensch bedient sich seines muskulären Apparates, um in Haltung und Bewegung Kräften, die entweder in ihm selber drängen oder denen er von außen her unterliegt, eine Bremse anzulegen. Beherrschung beruht darauf, daß einer Regung oder einem Impuls eine Hemmung entgegengesetzt wird. Der Zornige hingegen ist deshalb hemmungslos und unbeherrscht, weil er seinen Bewegungen freien Lauf läßt, ohne diese durch abgestufte Innervationsweise in den ausführenden Muskeln oder durch bremsende Gegeninnervation in den Antagonisten zu zügeln und bewußt zu führen. — Beherrschtheit kann allerdings auch einen Grad erreichen, bei dem die Gegeninnervationen die beabsichtigte Bewegung nicht nur sinnvoll zügeln sondern deren Zustandekommen überhaupt unmöglich machen. Die Bewegungsweise wird langsam, stockend, hört schließlich auf, und zwar ohne daß eine Entspannung der Muskulatur zustande kommt. Der Effekt der Bewegungslosigkeit ist nicht die Folge entspannter Ruhe, er ist das Ergebnis gegenseitig sich aufhebender antagonistischer Innervationen. Beherrschung und Hemmung liegen sehr nahe beisammen. Deshalb gehören Eigenschaftsbegriffe wie Gehemmtheit, Zauderhaftigkeit, Befangenheit, Unsicherheit ebenfalls in den augenblicklichen Zusammenhang.

2. Die persönliche Eigenkraft, wie sie durch den muskulären Apparat repräsentiert ist, kann nicht allein gefaßt, gezügelt, gehemmt und beherrscht werden. Sie hat auch die Fähigkeit der Steigerbarkeit.

Physiologisch hängt auch beim muskulären Gewebe die Erhaltung der Funktionstüchtigkeit vom dauernden Gebrauch ab. »Die stärkere Durchblutung des tätigen Muskels kann auch zur Vermehrung seiner eigenen Substanz führen. Bei keinem Organ des Körpers ist uns diese Erscheinung der Massenzunahme durch Tätigkeit (Übung) so geläufig wie gerade beim Muskel. In besonderen Fällen vermag sich die Dicke einzelner Muskeln um das Fünffache zu steigern« (79). Der Steigerbarkeit der muskulären Substanz entspricht eine Steigerbarkeit der körperlich-seelischen Eigenkraft. Solche Steigerung braucht sich nicht immer auf das Ganze beziehen; sie kann auch sehr spezielle Formen annehmen.

An sich ist der lebendige Leib eine »geschlossene kinematische Kette« (80). Eine Bewegung, an einer bestimmten Körperstelle ausgelöst, pflanzt sich über den ganzen Körper fort. Ein Ausholen des Armes zum Schlag bedingt z. B. eine Verschiebung des Gesamtgleichgewichts im Körper. Überhaupt muß in jedem Bewegungsstadium eine neue Gleichgewichtslage hergestellt werden. Dies wird passiv ermöglicht durch die Verschiebbarkeit des gelenkigen knöchernen Systems, aktiv reguliert durch Spannungsverlagerungen in der Körpermuskulatur. Darüber hinaus muß der zuschlagende Arm noch ein festes Widerlager finden, von dem aus der Schlag wirkungskräftig geführt werden kann. Er findet dies in den Knochen und Muskeln des Schultergürtels. Wird er nicht durch Schulter- und Rückenmuskulatur festgestellt – sondern etwa erst im Becken –, kommt kein gezielter Schlag zustande. Der Körper kippt oder fällt gar um. Jede Bewegung muß von irgendeiner Stelle von einem letzten festen Widerlager aus geführt werden. Art und Umfang der Bewegung lassen dieses Widerlager als letzten Bewegungsursprung verschieden sein. Besagter Schlag kann nur mit dem Unterarm bei festgestelltem Oberarm geführt werden. Er kann ebenso nur mit der Hand oder, beispielsweise beim Abklopfen der Zigarettenasche, nur mit dem Zeigefinger erfolgen.

Je nach Art, Ziel, Wucht, Umfang eines zu führenden Schlages pflanzt dieser sich durch den ganzen Körper fort, oder er wird auf bestimmte Partien lokalisiert. Man vergegenwärtige sich die Schläge des Holzhackers, des Paukenschlägers, des Trommlers, des Pianisten! Der Holzhacker arbeitet unter Einsatz seiner Bauch-, Rücken- und Oberarmmuskulatur. Die muskuläre Innervation pflanzt sich fort bis zu den Beinen und Füßen hinab. Der Paukenschläger hingegen kann seine Tätigkeit stehend, sitzend oder gehend ausüben; denn seine Schläge werden hauptsächlich nur vom Oberarm ausgeführt.

Beim Trommler sind Unterarm und Handgelenk in besonderem Maße tätig. Beim Pianisten schließlich ruht die Hauptanstrengung auf der Fingermuskulatur; eine Fortpflanzung der Bewegung zur Bauch- und Rückenmuskulatur ist nicht nötig.

Bei jeder dieser Betätigungen ruht die Hauptlast der Anstrengung jeweils auf einer bestimmten größeren oder kleineren Muskelgruppe. Die Innervation der übrigen Gruppen ist nur unterstützend, lenkend oder feststellend. Wer eine dieser Tätigkeiten ausübt, macht durch den dauernden Gebrauch bestimmte Einzelmuskeln oder Muskelgruppen in besonderer Weise leistungsfähig, steigert sie in ihrer Leistungstüchtigkeit. Die Leistungssteigerung kann in einer Erhöhung der Kraft, in einer Hebung der Schnelligkeit des Reagierens und schließlich in einer Verlängerung der Beanspruchungsdauer bestehen. Meist gehen Steigerung der Kraft, der Schnelligkeit und der Ausdauer ineinander über, wie es das Beispiel der Fingermuskulatur des Pianisten zeigt.

Die Steigerung der muskulären Kraft ganz allgemein oder auch in speziellen Richtungen nennen wir Übung. Nicht nur Gezügeltheit oder Beherrschtheit, sondern auch Geübtheit ist eine besondere Differenzierungsweise der lebendig beweglichen Muskulatur.

Eine Geübtheitskonstante ist in folgenden Eigenschaften enthalten: Differenziertheit, Geschicklichkeit, Schnelligkeit, Ausdauer, Kräftigkeit, Flinkheit, Gewandtheit, Virtuosität, Anpassungsfähigkeit, Flottheit, Flüssigkeit, Leichtigkeit, Lockerkeit, Beweglichkeit. Von Ungeübtheit geben Zeugnis: Langsamkeit, Undifferenziertheit, Ermüdbarkeit, Plumpheit, Schwerfälligkeit, Ungeschicklichkeit.

Undifferenziertheit im Sinne des Ungeübten liegt immer dann vor, wenn eine Sonderbeanspruchung nicht lokalisiert werden kann. Die beanspruchte Muskelpartie verfügt allein nicht über die nötige Kraft, die notwendige Schnelligkeit oder die erforderliche Ausdauer. Die Muskelpartien größerer Einheiten oder gar des ganzen Körpers müssen zum Gelingen der Leistung mitinnerviert werden. Solche Mitinnervation aller Muskeln ist aber zugleich auch ein Zeichen der ganzheitlichen Beantwortung eines Reizes. Wer mit dem ganzen Körper so wie ein Kind bei irgendeiner isolierten Tätigkeit dabei ist, ist es auch mit der ganzen Seele. Dieses Dabeisein der Seele in ihrer Ganzheit fehlt meist bei dem positiven Extrem der Geübtheit, bei der Virtuosität. Der Virtuose ist im Sinne der Geübtheitskonstante überdifferenziert. Die spezielle Beanspruchung, der er sich hingibt, ist in einem Maße von seinem übrigen körperlich-seelischen Zustande abgelöst, daß sie in die Nähe des Mechanischen rückt. Mechanisierung, Überdifferenzierung, Spezialisierung führen zur Auskreisung und Ausscherung aus der lebendigen Ganzheit und werden damit zur Seelenlosigkeit.

5. Die Wahlbeweglichkeit

v. BAYER weist darauf hin, daß ein Muskel für andere, »die entweder durch Ermüdung oder Lähmung ausfallen, einspringen« kann. »Beim Ausgleich von Bewegungsstörungen spielt die Substitution« eine große Rolle. Neben der Substitution tritt die Kompensation, also das Kräftigerwerden eines Ersatzmuskels, in Wirksamkeit. Gegenseitige Vertretbarkeit ermöglicht zugleich muskuläre Wahlbeweglichkeit. Diese geht nach v. BAYER weit über das hinaus, was man sich bisher über die gleichsinnige Wirkung verschiedener Muskeln dachte« (81).

Innerhalb des muskulären Systems bestehen die vielfältigsten Möglichkeiten der Wahlbeweglichkeit, welche neben Beherrschbarkeit und Übbarkeit den individuellen Bewegungsausdruck entscheidend beeinflussen.

Eine Muskelgruppe springt für eine andere ein, wenn diese durch Lähmung oder aus sonstigen Gründen ausfällt. Muskuläre Wahlbeweglichkeit haben wir besonders dann vor uns, wenn eine Bewegung, welche durch einen kleinen Muskel ausgeführt werden kann, statt dessen durch einen größeren getätigt wird. Ein klassisches Beispiel dafür ist durch PIDERIT und LERSCH in die ausdruckspsychologische Literatur eingegangen (82, 83). Die Offenhaltung des Auges zwecks Herstellung der optischen Umweltbezogenheit wird durch einen kleinen Muskel, den sogenannten Augendeckelheber, bewirkt. Ist dieser z. B. infolge hochgradiger Ermüdung erschlafft und erlahmt, wird zusätzlich der größere und stärkere Stirnmuskel innerviert. Letzterer zieht das der Schwerkraft nachgebende, hängende Augenlid hoch und hält das Auge offen. Das sich dabei ergebende besondere Ausdrucksbild kann als bekannt vorausgesetzt werden. Es gibt nun Menschen, welche immer den Stirnmuskel als Hilfsmuskel des Augendeckelhebers unterstützend mit einsetzen. Nach PIDERIT und LERSCH ist darin ein habitueller Ermüdungszustand zu sehen, eine Armut an Spannung, geringe Tatbereitschaft, oft gleichzusetzen mit Trägheit. PIDERIT spricht vom Ausdruck des

»indolenten geistesträgen Menschen«, schließt auf »geistige Beschränktheit« und auf einen »schwerfälligen Verstand«.

PIDERITS Erklärung dazu lautet: »Daß hierbei die Tätigkeit des Augendeckelhebers weniger zur Geltung kommt als die seines Hilfsmuskels, könnte auffallend erscheinen, erklärt sich aber dadurch, daß der Stirnmuskel größer und kräftiger ist als der Augendeckelheber, welcher nicht lange über das gewöhnliche Maß hinaus gespannt gehalten werden kann, ohne zu ermüden.« Und LERSCH formuliert: »Nun werden (nach PIDERIT) die kräftigen Muskeln leichter, d. h. unter geringerem Aufwand innerviert als die schwachen, sie stehen in höherer Innervationsbereitschaft.« Damit ist beiläufig eine wichtige seelische Gesetzmäßigkeit aufgedeckt. Tatsächlich läßt sich beobachten, daß immer dann, wenn aus irgendeinem Grunde, sei es Ermüdung, Ungeübtheit, Trägheit, Bequemlichkeit, Schwäche usw., Versager eintreten, die Innervation des kleineren Muskels durch diejenige des größeren ersetzt oder doch unterstützt wird. Der ermüdete Radfahrer arbeitet nicht mehr nur aus den Fußgelenken; er »tritt« mit den Oberschenkeln, ja sogar mit dem gesamten Oberkörper. Im Grunde handelt es sich um dasselbe, wie wenn jemand aus Mangel an Fähigkeit und Bereitschaft sich auf seinen »großen Bruder« verläßt oder mit diesem droht.

In der muskulären Wahlbeweglichkeit kommt eine bestimmte Ökonomie der vorhandenen körperlich-seelischen Eigenkräfte zum Ausdruck. Ganz entsprechend stellt auch v. BAYER im Zusammenhang mit derselben fest, daß innerhalb des lebendigen Organismus ebenso das »Prinzip der Ökonomie« wie das »Prinzip der Reserven« gewahrt sei.

Psychologisch lassen sich von hier aus Aussagen machen über den allgemeinen Spannungszustand, die Spannkraft, die verfügbaren Spannungsreserven, die Bereitschaft, Willigkeit und Fähigkeit zu Anspannung und Anstrengung, über die augenblickliche oder dauernde Frische, die Müdigkeit, Trägheit oder Bequemlichkeit eines Menschen. Die Erreichung eines Zieles kann im Effekt auf verschiedene Weise, mit stärkerer oder geringerer »Anstrengung« erreicht werden. Charakteristisch ist jeweils das Wie. Der sogenannte Willensmensch innerviert anders als der Stimmungsmensch, der überlegte und nüchterne Verstandesmensch wiederum anders als der Temperamentsbestimmte. In der muskulären Wahlbeweglichkeit erweist sich u. a. auch die Stellung, die die Eigenkräfte im Gesamtkräftehaushalt der Seele einnehmen.

6. Gruppierung und Schwerpunktsbildung

Schon aus der muskulären Wahlbeweglichkeit ergibt sich die Möglichkeit der Verschiebbarkeit des Innervationsschwerpunktes. Die wenigsten Bewegungen erfordern nur die Innervation eines einzigen, eigens dafür vorhandenen Muskels. Die Regel ist das Zusammenspiel einer mehr oder weniger großen Gruppe von Muskeln.

Eine der wichtigsten Aufgaben bestimmter Muskelgruppen ist die Bereitstellung der Sinnesorgane, so des Gesichts-, des Gehörs-, des Geruchs- oder des Geschmackssinnes. Im Umfeld dieser Organe und auf diese zweckmäßig zùgeordnet finden sich Gruppen von Muskeln, dazu da, durch ihr Zusammenspiel eine optimale Reizanpassung zu ermöglichen. Wie mit den Sinnes- ist es mit den übrigen Leibesfunktionen, so mit dem Gehen, dem Greifen usw. Immer ist eine zweckmäßig zusammenspielende Muskelgruppe der eigentliche Bewirker.

Weil die Muskelgruppen im Dienste wichtiger Lebensfunktionen zusammengeordnet sind, können aus deren Form und Entwicklungsgrad bedeutsame Schlüsse gezogen werden. Die Entwickeltheit oder Unentwickeltheit einzelner Muskelgruppen geben einen Hinweis darauf, welche Funktionen in der Lebensweise eines Wesens besonders unterstrichen oder aber in auffälliger Weise vernachlässigt sind. Man sieht, ob eine Gattung mehr in einer Gesichts- oder Gehörswelt lebt, in welchem Element sie sich bewegt usw.

Die Muskelgruppierungen bei den Vögeln sind z. B. anders als bei den Land- oder Wassertieren. Auch innerhalb der Gattungen, insbesondere beim Menschen, gibt es die verschiedenartigsten Akzentuierungen. Die einzelnen Leibesteile, vornehmlich die Gesichtspartien, sind deshalb in ungleicher Art »sprechend«. Es gibt Menschen, bei denen vorzüglich das Auge und der Blick sprechen. Bei anderen liegt eigentlich »alles« in den Zügen des Mundes. Nicht zuletzt sind es bei vielen die Hände, die als ein Hinweis auf Charakter und Wesen erlebt werden. Der Ausdrucksschwerpunkt liegt immer dort, wo die lebendigsten, die entwickeltsten, die differenziertesten Funktionen liegen. Ausdruckskraft und -feinheit sind da am stärksten, wo die Bereitstellung der Organe durch eine entsprechend entwickelte, beherrschte, geübte und verfeinerte Muskulatur am vollkommensten stattfindet. Die Sprache hat ein sicheres Gefühl für Ausdrucksschwerpunkte. In einem Falle sagt sie: »Er strahlt über

das ganze Gesicht«, im anderen aber: »Er lacht über das ganze
Gesicht«. Das eine Mal äußert sich die Freude mehr über das Auge,
das andere Mal mehr über die Mundpartie.

In der verschiedenen Entwickeltheit muskulärer Gruppen tun
sich auch verschiedene Arten seelischer Empfänglichkeit und Gerichtetheit kund.

Es ist hier vorläufig noch schwer, von bestimmten Eigenschaftsbegriffen zu sprechen, in die diese seelische Konstante als Moment
eingeht. Die Voraussetzungen dafür müssen in späteren Kapiteln
erst geschaffen werden. Wir können aber Hinweise erblicken auf die
Empfänglichkeit und Geöffnetheit für bestimmte Seiten oder Erlebnisweisen der Welt, auf die Aufnahmebereitschaft, auf die Re-
aktions- und Handlungseigenart usw. Wir können es wagen, von
»interessiert«, »begabt«, »veranlagt« für bestimmte Erschließungs-
weisen der Welt zu sprechen. Wir können sagen, welches der Haupt-
zugang zum Erleben der Welt ist. Wir können feststellen, ob Aufnehmen, Erleben, Beeindrucktwerden oder aber willensmäßige Bewältigung vorherrschen.

7. Zusammenschau

Auch bei der Muskulatur entsteht wie beim Skelettsystem die
Frage nach einer Art Generalnenner für das bisher Behandelte.
Aber hier ist gleiche Vorsicht am Platze.

Wir fanden in der Muskulatur die Trägerin der Eigenkraft und
des Selbstkönnens, der lebendigen Haltungs- und Bereitschaftsspannung, des Grades und der Weise seelischer Festigkeit und Zähigkeit. Die Muskulatur ist weiterhin dasjenige Organsystem, das
bewußter Zügelung und Beherrschbarkeit, übungsmäßiger Differenzierung und Entfaltbarkeit besonders unterliegt. Sie ist in sinngemäßer Weise auf wichtige Funktionsrichtungen hingeordnet.

Dies alles zusammenschauend, finden wir eine Reihe wichtiger
Konstanten, die das Phänomen des Willens wenn auch nicht voll,
so doch zu bedeutenden Teilen konstituieren. Die quergestreifte
Muskulatur ist das vorzüglichste Instrument des Willens; ihre Beschaffenheit ist vorzüglichster Träger des Willensausdruckes. Dabei
bleiben Fragen wie z. B. diejenige der Motivbildung, der Entscheidung, des Entschlusses, des Willenszieles noch außer Ansatz.

Trägerin der Eigenkraft und der Eigenbeweglichkeit ist die Muskulatur entwicklungsmäßig schon sehr frühzeitig. Im zweiten Monat

läßt sich beobachten, daß sich der Keimling durch irgendwie ausgelöste Muskelkontraktionen bewegt, hebt, senkt, krümmt. Mit dem Entstehen muskulären Gewebes hat sich das embryonale Lebewesen bereits das Werkzeug und Mittel zur Eigenbeweglichkeit zu schaffen begonnen. Ein höchst wichtiger Vorgang ist sodann das Einwachsen der motorischen effektorischen Nervenendigungen in die einzelnen Muskelgruppen, welche aus den Ursegmenten des Keimlings hervorgehen. Diese Verbindung zwischen Muskel und Nerv ist eine sehr innige und bleibende. Man sprach schon von dem »konservativsten« Zuordnungsverhältnis im gesamten Organismus überhaupt. Fortan können Muskelkontraktionen auf Grund nervöser Erregungsreize ausgelöst werden; die kontraktible und differenzierte Muskulatur unterliegt der nervösen Steuerung. Die Muskulatur wird zum »Erfolgsorgan« motorischer Erregungen, die vom Zentralnervensystem ausgehen. Der Gesamtorganismus kann nicht mehr nur reflexartige oder reaktiv ausgelöste Bewegungen vollbringen; er kann zugleich seine triebhaften Regungen im Sinne aktiver Gesamthaltungen durch das zentral dirigierbare Zusammenspiel der Muskulatur verwirklichen.

Die Muskulatur ist die Apparatur, mit deren Hilfe der Gesamtorganismus nach außenhin geschlossen als einheitlich handelnder und tätiger auftreten kann. Jede nach außen gerichtete Zielverwirklichung erfolgt über die Innervation der quergestreiften Muskulatur. Triebziele werden verfolgt; affektive innere Regungen fließen über Muskelinnervationen nach außen ab. Spezifisch menschlich ist darüber hinaus die willkürlich bewußte Beweglichkeit. Durch die Innervation der quergestreiften Muskulatur sind sowohl die eigentlichen Zweckbewegungen und Willenshandlungen möglich, als auch die sogenannten »niederen Willensformen« (84). Möglich sind sowohl »äußere« Wallungen – wie Vonortbewegungen, Brechung von Widerständen, Beseitigung von Hemmnissen –, als auch »innere« Willensakte – Aufmerksamkeitsvorgänge, Anstrengungen beim Denken.

Die aktive Haltungsleistung ist nur die Kehrseite der aktiven Bewegungsleistung der Muskulatur. Sie dient der eigenaktiven Behinderung von Bewegungen, die durch andere Kräfte ausgelöst werden, etwa durch Schwere und Trägheit. Daß diese Haltungsleistung nicht willkürlich gesteuert werden braucht, haben wir bei der Betrachtung der tonischen Dauerspannung gesehen. Nun gibt es auch Bewegungstendenzen, die nicht so sehr, wie z. B. die Schwerkraft, von außen kommend erlebt werden. Wir meinen von innen wirkende Antriebe: Strebungen, Triebe, Begehrungen, affektive Regungen, die den Menschen überkommen. Auch dieser Dynamik gegenüber, die übrigens vom Standpunkt des bewußten Ichs aus oft als fremd, als aus dem »Es« kommend erlebt wird, gibt es ein Halten und ein Bremsen. Es ist das »Sich-in-der-Hand-haben«, das »Sich-nicht-gehen-lassen«, das »Sich-zusammen-nehmen«, das »Herr-über-sich-sein«, das »Sich-in-der-Gewalt-haben«. Gegenstücke sind das Ungehaltene, das Ungezügelte, das Unbeherrschte. Haltung im Sinne von Beherrschung hat von vornherein einen bewußten und damit spezifisch menschlichen Akzent. Sie setzt die bewußte Innervation und Steuerung der Muskulatur voraus, weshalb bei der Beherrschung der Ton immer auf der eigentlichen, auf der bewußten Willensleistung liegt (85, 86, 87, 88). Der Wille bedient sich auch dabei der quergestreiften Muskulatur. Die körperlich-seelische Eigenkraft, die Spannfähigkeit, die Zugfestigkeit, die differenzierte Beherrsch- und Übbarkeit sind Grundlagen für das, was wir unter »Willenskraft« verstehen. Im Wollen wird die dem Ich verfügbare Eigenkraft eingesetzt, sei es zur Erreichung äußerer Ziele, sei es zur Lenkung, Zügelung, Beherrschung innerer triebhafter Regungen.

Zusammenfassend läßt sich sagen: die Muskulatur ermöglicht als aktiver Bewegungs- und Haltungsapparat sowohl die nicht bewußt innervierten Vorformen der Haltung als auch sämtliche aktiven Bewegungen und Handlungen. Für den Menschen ist sie das Instrument des bewußten Willens. Ihre Stärke und Beschaffenheit, ihre Zusammenordnung ist die erscheinungsmäßige Seite der Stärke, der Beschaffenheit und der Gerichtetheit des Willens.

Erinnern wir uns zurück an die Rolle des Charakterbegriffes am Schlusse unseres Kapitels über die Skelettur. Dem Beitrag zum »gewachsenen Charakter« dort entspricht ein solcher zum »Willenscharakter« hier.

8. Skelettsystem und Muskulatur

Keines der in künstlicher Herauslösung behandelten körperlichen Systeme besteht in der lebendigen Wirklichkeit für sich allein. Lebendig und wirklich ist immer nur das Ineinander und Zusammen aller Systeme. Wollen wir zur Wirklichkeit hin, müssen wir nach der künstlichen Herauslösung sogleich mit dem Wiederaufbau des lebendigen gefügehaften und funktionalen Ineinanders beginnen. Über die einzelnen Systeme kommen wir immer nur zu Konstanten.

Diese konstituieren zwar die Eigenschaften mit, sind aber nicht selbst Eigenschaften. Konstanten sind Wurzeln, welche sich zu Hauptwurzeln und schließlich zu Stämmen vereinigen müssen.

Ebenso wie die Skelettur über sich selbst hinauswies, so tut es auch die Muskulatur. Dies zeigte sich schon bei den Muskelgruppen, die im Dienste bestimmter Funktionsträger, beispielsweise der Sinneszentren, stehen. Die Sehne wies uns bereits auf das Zusammen und Ineinander von Muskulatur und Skelettur hin, dem wir uns nun eingehender zuwenden wollen.

Wir kommen dadurch in drei Hinsichten der lebendigen Vollwirklichkeit und damit auch gesättigteren Eigenschaftsbegriffen näher. Die lebendige leib-seelische Wirklichkeit wird durch das Zusammenspiel von Skelettur und Muskulatur weitgehend bestimmt im Hinblick auf die Form und das Gepräge, auf die Haltung und auf die Bewegung.

1. Das Knochensystem gibt der Erscheinung den Rahmen. Die Muskulatur bringt einen wesentlichen Teil der Füllung hinzu. Die Leibeserscheinung gewinnt durch Muskulatur und Skelettur gemeinsam ihre charakteristische äußere Bestimmtheit. Durchgegliedertheit, Schärfe der Prägung und Proportioniertheit des knöchernen Gefüges zusammen mit Entwicklungsgrad, Differenziertheit, Gespanntheit, Straffung, Gruppierungsakzenten der Muskulatur verleihen der Erscheinung als ganzer den Charakter des Bestimmten, des Geprägten, des Festen, des Gehaltenen, des Durchgeformten bzw. umgekehrt des Unbestimmten, des Verschwommenen, des Verwaschenen, des Uncharakteristischen, des Ungeformten. Analog zum Leiblichen und Erscheinungsmäßigen ist es im Seelischen und im Wesen. Teilweise können wir dieselben Eigenschaftsbegriffe ohne weiteres übernehmen. Bestimmtheit, Geprägtheit, Charakter, Geformtheit u. a. sind Eigenschaften, deren Konstanten im knöchernen wie im muskulären System gleichermaßen verwurzelt sind.

2. Auch die Haltungseigenschaften haben ihre zwiefache Wurzel. In der gespannten, der gestrafften, der stabilen, der festen, der müden, der trägen, der schlaffen, der gesunden, der aufrechten, der lockeren, der natürlichen Haltung stecken Konstanten, die sich leicht ergeben aus der Stützfunktion des knöchernen Gefüges und aus dessen Festigkeit. Zu dem knöchernen Halt muß aber das aktive Halten der Muskulatur hinzutreten, so deren Gespanntheit, deren sehnige Straffung, deren Kraft.

3. Am deutlichsten ist dieses Zusammenspiel von Skelettur und Muskulatur in der Bewegung. Die lebendigen Bewegungen der Organismen sind im Gegensatz zu allen mechanischen nur verständlich aus dem Ineinander und Zusammenwirken des aktiven und des passiven Bewegungsapparates, genauso wie das auch für die wirklichen und lebendigen Haltungen zutrifft. Wenn die Ausdruckspsychologie auf die Mitbeachtung des architektonischen Rahmens der Erscheinung bewußt verzichtet, verlegt sie sich selber den Weg zum vollen Verständnis des Bewegungs- wie des Haltungsausdrukkes. Deshalb gelingt es ihr nicht, den Ausdruck des Natürlichen, des Anmutigen, des Graziösen, des Leichten, des Plumpen, des Lockeren, des Linkischen, des Unbeholfenen, des Ruhigen, des Zwanglosen, des Schwerfälligen, des Eleganten in Bewegung und Haltung zu erklären.

Die Bewegungen des lebendigen Leibes, sei es das Schreiten der Beine, das Schwingen der Arme oder das Neigen des Kopfes, sind nach Ausdrucksgehalt und Ergebnis niemals allein zu verstehen aus der Innervationsweise der kontraktiblen Muskulatur. »Wäre die Selbstbewegung allein maßgebend, so verliefe sie vermutlich anders als in der Wirklichkeit« (89). Die wirkliche, die lebendige Bewegung ist die Resultante aus dem zusammenfließenden Ergebnis von Muskelzuckungen und aus den Wirkungen der Kräfte der Trägheit und Beharrung, denen der gesamte Leib einschließlich der Muskeln selbst unterliegt. Besonders aber geben die Knochen zu dem eigenkräftigen Zug der Muskeln in jeder ·Bewegung einen Beitrag: sie hemmen ihn einerseits, beschleunigen ihn aber auch, wenn nämlich beide Kraftrichtungen sich überdecken. Die muskuläre Eigenkraft und die Kräfte der passiven Trägheit, also der Schwere und Beharrung, können sich in jeglicher Form überlagern, hemmen, entgegenstehen, fördern und kreuzen.

Die individuelle Eigenart lebendigen Bewegungsausdruckes ist immer aus einer bestimmten Überschneidungsform beider Kräftegruppen zu verstehen. Wir wollen aus den unendlich vielen, fließenden Übergängen drei Formen, drei besondere Akzentverteilungen herausheben:

a) Trägheit und Schwere können verhältnismäßig stärker akzentuiert sein als die muskulären Eigenkräfte. Das knöcherne Gefüge ist besonders gewichtig und kraftvoll entwickelt. Und vielleicht steht dem keine entsprechend kräftige, gespannte, gestraffte und differenzierte Muskulatur zur Seite. Der Gang wird schleppend und schwer, der Kopf hängt, alle Bewegungen sind langsam, mühsam, zähflüssig. Der Beitrag von Schwere und Massenträgheit zu jeder Bewegung ist unverhältnismäßig groß. Es entsteht das wirkliche Erscheinungsbild der Schwerfälligkeit, der »Schlaksigkeit«, der Lahmheit, der Trägheit, der Müdigkeit, der Faulheit, der Langsamkeit.

b) Die gegenteiligen Bewegungs- und Eigenschaftsbilder haben ihren Grund in einer besonders betonten »Muskelaktivität«. Die Skelettur ist vielleicht weniger stark entwickelt, das knöcherne Gefüge ist leichter. Der muskelaktive Bewegungsanteil ist verhältnismäßig größer. Bedenken wir noch, daß die rein muskuläre Bewegung eine Summe kurz aufeinanderfolgender Einzelzuckungen ist, dann verstehen wir Bewegungseigenschaften der folgenden Art: aufgeregt, unruhig, gespannt, gewollt, forciert, aktiv, heftig, eilig, schnell, eifrig, gewaltsam, verkrampft, gewollt, bewußt usw. als vorwiegend »muskelaktiv«. Eigenschaften wie Unruhe, Betriebsamkeit, Eiligkeit, Geschäftigkeit, Fahrigkeit, Aktivität, Gewolltheit, Labilität haben einen Bewegungsausdruck mit stark akzentuiertem Anteil der aktiv muskulären Eigenbeweglichkeit innerhalb der wirklichen Gesamtbewegung.

c) In der Mitte zwischen der vorwiegend schwere- bzw. trägheitsbestimmten und der vorwiegend muskelaktiven steht die »natürliche« Bewegungsweise. Es ist diejenige, die uns beim Kinde und beim wildlebenden Tiere in so schöner Weise anmutet. Optimal im Effekt des Zusammenwirkens beider Kräftegruppen ist sie zugleich am sparsamsten hinsichtlich des Aufwands an Eigenkraft. So wie die Haltung aus einer in sich selbst ruhenden Gleichgewichtslage entspringt, so baut jede Bewegung die Kräfte der Trägheit und der Schwere zugleich im positiven Sinne ein. Die natürliche Pendelbewegung der Unterschenkel z. B. wird beim Gehen durch die muskuläre Eigenkraft gleichsam nur angestoßen und entsprechend gelenkt. Trägheit und Schwere werden zwar auch überwunden, aber nicht nur überwunden; sie werden als positive Kräfte mit in den wirklichen Bewegungsverlauf aufgenommen. Die vollendete Harmonie zwischen außerkörperlichen Kräften und zwischen muskulären Eigenkräften läßt Leistungen vollbringen ohne besondere Ermüdung, verleiht Bewegung und Haltung, Anmut und Schönheit. Die Sprünge des Rehes z. B. sind ebenso schön, wie sie zugleich eine optimale Leistung darstellen. Wenn wir Bewegungsweisen natürlich, ungezwungen, leicht, gelassen, locker, anmutig, schön, ungekünstelt, graziös, selbstverständlich, ruhig nennen und aus ihnen auf Natürlichkeit, Kindlichkeit, Schönheit schließen, so erklären sich diese Ausdrucksformen aus dem vollkommenen Ineinanderspielen muskulärer Eigen- und von außen wirkender Fremdkräfte.

Bemerkenswert ist die Abwesenheit der Bewußtheit bei der vollen Natürlichkeit im Bewegungsausdruck. Bewußte Nachahmung des natürlichen Bewegungsausdruckes wirkt meist gewollt, gekünstelt, betont gelassen, betont selbstverständlich, betont elegant, betont natürlich. Mancher Schauspieler hat nicht mehr die echte, sondern nur diese gewollte und gekünstelte Natürlichkeit. HEINR. V. KLEIST hat in seinem berühmten Aufsatz »Über das Marionettentheater« diese Tatsachen sicher und treffend erkannt*).

4. Wir beschließen mit einer, wenn auch noch nicht endgültigen Betrachtung über die Kraft: Wir nannten die muskuläre Kraft mit vollem Bedacht Eigenkraft. Trägheit, Schwere, Zentrifugalkraft, Reibung u. a. sind Außenkräfte, die aber das leibliche Sein, dessen Haltungen und Bewegungen ebenso mitbestimmen. Die lebendige Erscheinungswirklichkeit ist ein Zusammen beider Kraftformen, der eigenen und der äußeren. Auch die lebendigen wirklichen Kräfte eines Lebewesens, der Inbegriff seiner »Lebenskraft«, haben nicht nur eine, sondern mehrere Wurzeln (90).

Das knöcherne Grundgerüst der Pranken katzenartiger Raubtiere ist besonders massig entwickelt. Desgleichen ist es die Muskulatur. Beides zusammen macht die Pranken hervorragend zum Schlagen geeignet. Der Prankenschlag, der die Beute trifft und deren Gefüge zertrümmert, bekommt seine Wucht, seine Schwere, sein Gewicht, seine ganze Mächtigkeit, Gefährlichkeit und Wirksamkeit aus dem Zusammen und Ineinander der passiv wirkenden Außen- und der aktiv wirkenden Eigenkräfte. Die wirkliche Kraft des Löwen ist nicht nur muskuläre Eigenkraft, sondern eine besonders eindringliche Vermählung von Eigenkraft und Außenkraft, von Muskelkraft und Schwerkraft. Schon die Fabel nennt ihn deshalb zwar nicht das größte Tier, doch das kräftigste und mächtigste. Sie schreibt ihm königliche Eigenschaften wie Macht, Mut, Großmut, Selbstvertrauen, Würde zu.

Auch beim Menschen bedeutet das mächtige Entwickeltsein des

---

*) Gertrud Kietz, eine Schülerin von Lersch, veröffentlichte eine beachtenswerte ausdruckspsychologische Einzeldarstellung mit dem Titel: „Der Ausdrucksgehalt des menschlichen Ganges". (3. Aufl. Leipzig 1956)

knöchernen Gefüges verbunden mit entsprechender Entfaltung der Muskulatur eine Steigerung der natürlichen und wirklichen Kraft. Eigenschaften wie Tatkraft, Schlagkraft, Widerstandskraft, Festigkeit, Wucht, Gewichtigkeit erfahren erst aus solchen Überlegungen ihre richtige Deutung.

Diese vorläufige Betrachtung über die »Kraft« muß späterhin noch ergänzt werden. Eine grundsätzliche Erkenntnis ergibt sich schon jetzt: Das, was dem Menschen an Kräften, an »Lebenskraft« zu Gebote steht, ist nicht identisch mit der muskulären Eigenkraft, über die er selbst verfügen kann. Es erfüllt sich aus einem Insgesamt von Kräften, denen er zwar unterliegt, an denen er zugleich auch positiv teilhat. Positive Teilhabe ersteht an allen Kräften des gesamten Kosmos. Eine derselben ist z. B. auch die Schwerkraft.

III. DIE VEGETATIVEN ORGANSYSTEME

Skelettur und Muskulatur stellen gemeinsam den Bewegungs- und Handlungsapparat dar. Er gewährleistet Lage, Haltung, Veränderungen des Organismus gegenüber der Außenwelt. Der Handlungsapparat, insbesondere dessen aktive Seite, und die später zu behandelnden Sinnesorgane gehören zu den sogenannten animalischen Funktionssystemen. »Die animalischen Funktionen stellen sich ... als diejenigen Leistungen dar, welche im Dienste des Gesamtindividuums vollzogen werden. Ihr Resultat ist die Schaffung von Umweltbedingungen des Individuums in seiner Einheit innerhalb seines Lebensraumes« (91). Von den animalischen Funktionen sind die vegetativen zu unterscheiden. »Die vegetativen Funktionen ... werden dadurch charakterisiert, daß sie sich im Dienste der Gewebselemente vollziehen. Das Resultat der Gesamtheit der vegetativen Funktionsbedingungen ist die Schaffung eines Milieus innerhalb des Organismus, in welchem die Zellen ihre geeigneten Lebens- und Funktionsbedingungen finden« (92).

Der Unterscheidung animalischer und vegetativer Funktionssysteme entspricht die Verschiedenheit der nervösen Versorgung. Im »animalischen System« gehören Skelettmuskulatur, Sinnesorgane und Zentralnervensystem näher zusammen. Die vegetativen Organe unterliegen dem sympathischen und dem parasympathischen Nervensystem. Dem ersteren wird eine steigernde, anregende, stimulierende, dem letzteren eine mehr hemmende und bremsende Wirkung zugesprochen. Beide Systeme unterstehen nicht der Steuerung des Ichzentrums und des Bewußtseins. Unseren Blutdruck zu steigern, die Schlagfolge unseres Herzens zu regulieren, in jedem Augenblick unsere Atemtätigkeit zu überwachen, die Sekretion unserer Drüsen zu fördern oder zu stoppen, unsere Verdauungsvorgänge vollkommen zu überwachen, steht nicht in unserer Hand.

Trotz der Unabhängigkeit der vegetativen Funktionen von der zentralnervösen Steuerung besteht ein enges Ineinanderwirken animalischer und vegetativer Geschehnisse. »Das Besteigen eines Berges z. B. ist eine animale Leistung, d. h. diese vom zentralen Nervensystem dirigierte Arbeitsleistung der Skelettmuskulatur führt zu einer Veränderung im Lebensraume des Gesamtindividuums. Dabei ergibt sich die Stimulierung bestimmter vegetativer Funktionen (Verstärkung und Beschleunigung der Herzaktion, Blutdrucksteigerung und Aktivierung der Atmung) als eine zur Leistung der Arbeit notwendige Hilfsfunktion, welche den Zweck hat, die die Arbeit leistende Muskulatur mit sauerstoffhaltigem Blut zu versorgen« (93).

Die vegetativen Systeme bestimmen im besonderen das innerleibliche Leben; sie sind im Inneren des Leibes gelagert. Das vegetativ Bedeutsame ist an der Leibeserscheinung äußerlich meist nicht unmittelbar sichtbar. Man sieht von außen weder die Verbrennungsvorgänge der inneren Atmung, noch die Stoffwechselvorgänge, noch das Kreislaufgeschehen. Wenn innerleibliches Geschehen trotzdem auch äußerlich in Erscheinung tritt – und dies ist ohne Zweifel der Fall –, so geschieht dies zumeist auf eine indirekte Weise. Aus diesen Tatsachen ergibt sich vornab eine methodische Folgerung: Wir können bei der Herausstellung von Konstanten nicht so wie sonst von konkreten, äußerlich sichtbaren Erscheinungsmerkmalen ausgehen. Diese werden erscheinungsmäßig teilweise in der Luft hängen. Dieser Mangel wird sich erst später bei der Behandlung der Haut beheben lassen. Der indirekte erscheinungsmäßige Ausdruck der innerleiblichen vegetativen Funktionen geschieht nämlich zu einem wesentlichen Teil über die Haut. Er tritt hervor in Phänomenen, wie z. B. die Gänsehaut, das Erröten, das Erblassen u. a. m.

Wir werden im folgenden aus dem Gesamtkomplex der vegetativen Funktionen als wichtig und beispielhaft drei Systeme herausgreifen: das Kreislauf-, das Atmungs- und das Verdauungssystem.

1. Das Kreislaufsystem

Es läge nahe, das Herz als besonders wichtiges Organ herauszugreifen und zu behandeln, schreibt ihm doch auch der Sprachgebrauch eine besonders große seelische Bedeutung zu. Man kann es jedoch nur als wichtigen Teil innerhalb eines Funktionsganzen, nämlich des Kreislaufsystems, ansehen. »Das Herz ist seiner Herkunft nach nichts anderes als ein Stück des Gefäßschlauches, welches sich gegen ihn durch Erweiterung der Lichtung und Zunahme der Wandmuskulatur an Kraft und Dicke absetzte« (94). Es ist entwicklungsgeschichtlich ein besonders ausgezeichneter Teil des elastischen Röhrensystems der Blutgefäße. Als der pumpenartige Motor des Gesamtsystems ist es ein Hohlmuskel von eigentümlicher Beschaffenheit. Sein zelliges Gewebe kann weder rein der glatten noch der quergestreiften Muskulatur zugerechnet werden.

Die zentrifugal verlaufenden Schlag- und die zentripetal verlaufenden Blutadern bilden ein Röhrensystem; an ihren Bestandteilen sind elastische Bindegewebe und glatte Muskelfasern besonders hervorzuheben. »Die Muskulatur der Arterien teilt sich mit den elastischen Fasern und Häuten in den Widerstand gegen den Innendruck seitens des Blutes. Die glatten Muskeln vermögen in jedem beliebigen Dehnungszustand den gleichen Widerstand zu leisten« (95). Die Gefäßröhren sind nämlich nicht bloß ein passives Leitungssystem für den Blutstrom. Zwar nicht als eine Art »peripheres Herz« aufzufassen, ist es doch ihre Aufgabe, den Blutstrom nicht bloß zu leiten, sondern zugleich zu regulieren. »Der Blutdruck innerhalb der Gefäße wird vor allem durch den Kontraktionsgrad der Arterien beherrscht« (96). Die nervöse Veranlassung der Weitenänderung der Gefäße geschieht durch die Vasomotoren. Die regulierende Tätigkeit innerhalb der Gefäßleitungen ist ungemein wichtig; sie ermöglicht eine zweckmäßige Steuerung des Blutstromes im Sinne wechselnden örtlichen Bedarfs.

Zwischen das Hin- und Rückleitungssystem sind – gleichsam als Gegenpole des Herzens – aufs feinste verteilt die Haargefäßnetze eingeschaltet. Sie sind die Stätten des Nähr- und Sauerstoffaustausches. »Man hat mit Recht die Haargefäße als den Umschlaghafen zwischen den im Blut- und Lymphstrom an- und abtransportierten Gütern und dem Hinterland der Gefäße, den Geweben und Organen des Körpers bezeichnet. Der Austausch geht im allgemeinen nach den physikalischen Gesetzen der Filtration, Diffusion und Osmose vor sich« (97). In den Haargefäßen verweilt der Blutstrom am längsten. Der Blutdruck ist in ihnen sehr herabgesetzt; denn »der Gesamtquerschnitt sämtlicher Kapillaren wird auf 1500 cm² geschätzt, d. h. dem Zwei- bis Dreihundertfachen des Aortenquerschnittes« (98). Eine wichtige Nebenfunktion der Haargefäße ist es nämlich, Blut in erheblichen Mengen zu speichern.

Im Anschluß an dieses physiologische Vorspiel ist die Bedeutung der Kreislaufvorgänge zunächst in biologisch-leiblicher und dann in seelischer Hinsicht aufzuhellen. Den Zusammenhang mit dem Seelischen bestätigen bereits vorliegende Versuche über das Verhältnis der Angst, der Freude, der Erwartungsspannung zu Variationen des Blutdruckes, der Pulsfrequenz usw.

Der Kreislauf entwickelt sich zunächst außerhalb der eigentlichen Embryonalanlage, dann von verschiedenen Stellen aus auch innerhalb derselben. Es bildet sich nicht nur ein Kreislauf. Der Sinn der Kreisläufe besteht vorerst in einer Verbindung zwischen der Embryonalanlage mit extraembryonalen Stellen, im Plazentarkreislauf insbesondere mit der mütterlichen Plazenta. Im postfetalen Kreislauf besteht die Aufgabe in der Herstellung einer Verbindung zwischen den verschiedenen Organen und Teilen des Organismus, um den lebenswichtigen Austausch zwischen denselben zu ermöglichen.

Der biologische Sinn aller Kreislaufphänomene ist die Herstellung von Austauschverbindungen als Voraussetzung für die Existenz vielzelliger lebenseinheitlicher Ganzheiten.

Es ist schon der Sinn des Wasserkreislaufs in der Natur, die Pflanze mit dem nährenden Grund und mit der sie umgebenden Atmosphäre zu einer Lebenseinheit und Ganzheit zusammenzuschließen (99). Der Kreislauf verbindet Keimling und mütterlichen Organismus zu einer lebenseinheitlichen Ganzheit. Der innerkörperliche Kreislauf aller höheren tierischen Organismen ermöglicht zwischen den vielen differenzierten und spezialisierten Organen einen Austausch der Gase, der Nähr- und der Abfallstoffe (100, 101).

1. Die Tatsache des Kreislaufes zeigt, daß kein Organismus, kein Organ allein und auf sich selbst gestellt existieren können. Alles steht in einem lebenstragenden Zusammenhang, in einem Austauschverhältnis, ist verbunden im Nehmen und im Geben. Wenn der rhythmische Schlag des Herzens, den wir schon bei dem 1,5 cm großen Keimling mit 60 bis 70 Pulsationen pro Minute feststellen können, aufhört, hört auch das Leben auf (102). Leben und Herz-

schlag, Leben und Kreislauf, d. h. aber Leben und ganzheitliches Verbundensein nach innen und außen sind schlechthin identisch.

Die Natur hat dafür gesorgt, daß die Herztätigkeit nach Möglichkeit jeder störenden Beeinflussung entzogen ist. Das Herz hat seine »Automatik« in sich. »Seine Rhythmizität ist also nicht gebunden an die Funktion anderer Stellen des Körpers, auch nicht, wie wir das bei anderen rhythmischen Vorgängen im Körper, z. B. bei der Atmung, antreffen werden, an bestimmte Stellen des Zentralnervensystems« (103). Das Herz schlägt entweder, oder es schlägt eben nicht mehr. Der Herzmuskel kennt nicht wie die Skelettmuskulatur einen differenzierten Einsatz im Verhältnis zur Stärke des Reizes und deren Abstufungen. Er gehorcht dem »Alles-oder-Nichts-Gesetz«. Seine Fasern sind besonders innig miteinander verflochten und bilden ein »Synzytium«. Er reagiert nur als ein Ganzer.

Die seelischen Entsprechungen der Kreislaufphänomene sind von lebenstotaler Bedeutung und werden stets in diesem Sinne erlebt. Es handelt sich um Regungen und Erlebnisweisen, die den ganzen Menschen angehen, um seelische Zustände, die ihn in seiner Totalität erfassen und durchdringen, an kein Wenn oder Aber, an keine Bedingungen geknüpft und voraussetzungslos sind, die ablaufen wie das Leben selbst. Es handelt sich um all das, was dem Sprachgebrauch entsprechend »von Herzen«, »von innen« kommt, »aus einem hervorbricht«, »einen überkommt«. Wir denken an eine Konstante, die gleichermaßen in der Liebe, im Haß, in der Leidenschaft, in der Hingabe, im Zorn, in der Wut, in der Freude, in der Trauer, in der Sehnsucht, im Schmerz oder in sonstigen Affekten und Gemütsbewegungen steckt. Alle diese Seelenregungen und Zustände sind von einem Absolutheitscharakter: Sie sind entweder überhaupt und echt vorhanden oder aber gar nicht. Sie entziehen sich einer Kontrolle aus anderen seelischen Bezirken. Liebe oder Güte z. B. sind weder an Bedingungen noch an Zeit gebunden. Wie der Schlag des Herzens sind sie »unermüdlich«, »nimmermüde«, »unversieglich«.

2. Im Kreislaufgeschehen wird die Blutflüssigkeit als Trägerin der für die Versorgung notwendigen Nährstoffe und Gase unaufhörlich durch den Körper gepreßt. Die Versorgung ist dem örtlich und zeitlich verschiedenen Verbrauch zweckmäßig angepaßt (104).

Die ungleiche Dichte des Kapillarnetzes ist auf die Ungleichheit des Normalverbrauches abgestimmt. Soweit der Blutverbrauch in den einzelnen Organen ein zeitlich verschiedener ist, kann sich die

Blutzufuhr der Lage zweckmäßig anpassen. »Der Blutverbrauch eines Organs bestimmt die Menge der Blutzu- und -abfuhr. Gewöhnlich sind viele Netzmaschen im Kapillargebiet halb oder ganz verschlossen. Erweitern sie sich, sobald das Parenchym mehr Blut verlangt, so strömt auch durch die Gefäße mehr Blut hinzu, um die Kapillaren zu füllen. ... Die nervöse Regulation richtet sich jeweils so ein, daß Bedarf und Angebot sich decken. ... Das Bestimmende ist die Leistungsfähigkeit des Organs, sein Umsatz an Energie ... beim nichtarbeitenden Organ liegen viele Kapillaren brach, beim arbeitenden (oder entzündeten) füllen sich immer mehr Kapillaren; beim Meerschweinchen ist die innere Oberfläche der Haargefäße beim arbeitenden Muskel bis zu 250mal größer als beim ruhenden« (105).

Die gerade nach Bedarf wechselnde Blutversorgung der einzelnen Organe macht es möglich, daß die 4 bis 5 Liter Blut beim Menschen ausreichen und je nach der Anstrengungsart des Gesamtorganismus zweckmäßig verschoben werden. Die Blutverschiebung läßt sich experimentell nachweisen. v. Wyss hat in entsprechenden Versuchen gefunden, »daß bei einer körperlichen Leistung eine Abkühlung der Kopfhaut, d. h. eine Gefäßkontraktion eintritt«. Er gibt dem »Vorgang die Deutung einer Umsteuerung des Blutes von der Haut des Kopfes nach der die Arbeit leistenden Skelettmuskulatur« (106). Schon in der embryonalen Entwicklung findet eine Steuerung des Blutstromes nach den Stellen des vorherrschenden Wachstums statt. Beim menschlichen Embryo sind z. B. Gehirn und obere Körperpartien besser mit sauerstoffhaltigem Blut versorgt als der übrige Körper.

Die Blutverschiebung gewährleistet innerhalb des Organismus eine zweckmäßige Regulierung und Zuteilung der vorhandenen Nähr- und Verbrennungsstoffe. Die zweckmäßige Steuerung des Blutstromes im Sinne lokalen und zeitlichen Bedarfes hängt eng zusammen mit den seelischen Umsteuerungen in dem besonderen Sinne der Bereitschaft, der Einstellung, der Gerichtetheit unserer Gesamtseele.

Blutverschiebungen vollziehen sich im Gleichklang mit der seelischen Einstellung auf bestimmte Aufgaben und Richtungen. Die mobilen Kräfte des Organismus und der Seele werden gleichsam dahin gesteuert, wo ein besonderer Einsatz notwendig ist. Blutverschiebungen finden statt bei bestimmter Muskelarbeit, bei geistiger Anstrengung und vor allem schon bei der Erwartung bestimmter Tätigkeiten (107). Sie sind Begleitmoment der Affekte und der Aufmerksamkeitsvorgänge. Insonderheit alle Zustände und Regungen der Seele, die den Menschen als ganzen betreffen, sind von sinnvollen Umsteuerungen begleitet. Je mehr etwas »von ganzem Herzen« kommt, mit »ganzer Seele geschieht«, je mehr wir »ganz oder wirklich dabei sind«, desto stärker ist es organisch unterbaut durch eine entsprechende Steuerung des Gesamtblutstromes. Dies ist der Fall in allen Gemütsbewegungen und Affektlagen, also z. B. bei Liebe, Haß, Trauer, Freude usw.

3. Eine Blutverschiebung mehr genereller Art ist es, wenn das Blut überhaupt in Richtung Körperoberfläche abgeschoben oder umgekehrt ins Körperinnere zurückgestaut wird. Blutbewegung in zentrifugaler Richtung bedeutet Füllung und Weitung der Hautkapillaren und ist merkbar an einer Rötung und verstärkten Erwärmung. Zurückstauung hat umgekehrt Verengung, Entleerung, Erblassen und Abkühlung zur Folge. Diese generelle Verschiebung nach außen bzw. nach innen ist möglich, weil die Kapillarnetze nicht nur Umschlagshäfen für den Stoffumsatz sind sondern zugleich die wichtige Funktion des Blutspeichers erfüllen (108).

Die Möglichkeit der Blutverschiebung nach außen unter die Körperoberfläche sowie der Speicherung und Rückstauung im Körperinnern steht im Zusammenhang mit der Wärmeregulierung des Organismus. Der Mensch gehört zu den sogenannten Warmblütern und hat konstante Bluttemperatur. Diese läßt sich im Fieber nur um ein geringes überschreiten, sonst droht Gerinnen des Blutes. Der Organismus muß sich ebenso vor Unterkühlung wie gegen Überhitzung und Wärmestauung bewahren können. Die Gesamtverschiebung des Blutes in der Richtung nach außen bzw. die Zurücknahme desselben ins Körperinnere dient mit zur Erhaltung des Wärmegleichgewichts.

Der zentrifugalen Außenverschiebung bzw. zentripetalen Rückstauung des Blutes entsprechen auch im Seelischen die Gleichgewichtserhaltung durch die Einleitung einer Gebe- und Nehmebeziehung zur Umwelt.

Ein innerer Überschuß erzeugt generell die Bereitschaft zum Abgeben an die Umwelt. Überall, wo es sich um eine Konstante des Überschußhabens, um eine innere Bereitschaft und ein Muß, um einen Drang zur Abgabe und zur Mitteilung handelt, drückt das die Sprache in entsprechenden Bezeichnungen aus: »Dank aus übervollem Herzen«, »überströmende Liebe«, »überquellende Freude«,

»überschwengliche Begeisterung«. Diese Wendungen zeigen die innere Fülle und den inneren Reichtum an. Von innen kommende Gebebereitschaft, inneres Entgegenkommen nennt die Sprache auch »warmherzig«; sie spricht davon, daß man sich für etwas »erwärmt«, daß man bei etwas »warm« wird; sie kennt »Herzenswärme«, »warme Liebe und Güte«, »heiße Liebe«. Auf der Gegenseite haben »kühl«, »kaltherzig« eine ähnliche Bedeutung wie »herzlos«, »ohne Herz«. Herzlosigkeit, Lieblosigkeit stehen dem Leben überhaupt entgegen: das Leben ist warm, der Tod ist kalt. So wie man sich für etwas erwärmen kann, kann auch »die Liebe erkalten«, kann sich ein Verhältnis »abkühlen«. Eine andere Außenwirkung desselben Sachverhaltes ist es, wenn jemand vor »Neid erblaßt«: dann wird der Blutstrom nach innen zurückgenommen; es ist das Gegenteil von Gebebereitschaft vorhanden. Auch »Zornesröte«, »Schreckensbleiche«, »in Liebe erglühen« u. a. sind sprachliche Bilder, in denen zugleich der Sachverhalt einer bestimmten Blutbewegung festgehalten ist.

Die Zusammenhänge zwischen den Variationen der Blutbewegung, also des Blutdruckes, der Pulsfrequenz und der Rhythmizität des Herzschlages mit seelischen Zuständen und Regungen wurden schon vielfachen psychologischen Betrachtungen und experimentellen Untersuchungen unterzogen. Will man jedoch über die Feststellung der vorhandenen Parallelen hinaus auch die Zusammenhänge verständlich machen, muß man immer von dem Ursinn des Kreislaufgeschehens ausgehen. Erst dann verstehen wir, warum es uns in den Zuständen der Freude, der Liebe, des Hasses, der Furcht, der Hoffnung, der Scham, der Seligkeit, der Verzweiflung, des Kummers, der Sorge, des Staunens, des Entsetzens, der Angst, der Erwartungsspannung, der gespannten Aufmerksamkeit, des Schrecks, des Zornes, der Wut usw. je nachdem entweder »warm oder kalt ums Herz« wird, warum sich uns das »Herz zusammenkrampft«, oder warum es »höher schlägt«, weshalb uns das »Blut zu Kopfe steigt« oder »in den Adern stocken bleibt«. Es handelt sich in Organismus und Seele um ein Überströmen oder um ein Sichstauen (109). Ausdrucksmäßig tut sich das kund in einem Sicherwärmen oder -abkühlen, in einem Erröten oder Erblassen, in einem Sichöffnen oder Sichverschließen u. dgl. m.

2. Das Atmungssystem

Die im Kreislauf zirkulierte Flüssigkeit ist das Blut, bestehend aus flüssigen und in ihr schwimmenden festen Bestandteilen. Das Blut hat in der Hauptsache zwei Aufgaben: es besorgt den An- und Abtransport von Gasen einerseits und von Nähr- bzw. Abfallstoffen andererseits. Wir behandeln zunächst die erste der beiden Aufgaben.

Das Blut ist Vermittler des Gasaustausches durch einen seiner festen Bestandteile, die roten Blutkörperchen. »Der wichtigste Bestandteil der roten Blutkörperchen ist ihr Farbstoff, das Hämoglobin. Es hat die Fähigkeit, den Sauerstoff der Luft zu binden« (110). Sauerstoff ist für jeden körperlichen Umsatz, der sich in energie- und wärmespendenden Verbrennungsprozessen vollzieht, unentbehrlich. Es gibt keinen Bewegungs- und Wachstumsvorgang, der nicht chemische Verbrennungen mit Hilfe des Sauerstoffes voraussetzt. Gebunden an den roten Farbstoff wird er an die Stätten des Stoffumsatzes herangetragen. Die dort entstehende Kohlensäure wird ebenfalls gebunden und durch den Blutstrom zurückgetragen. Innerhalb des kleinen Kreislaufes, des Lungenkreislaufes, erfolgt die Abstoßung der Kohlensäure und die Wiederanreicherung mit neuem Sauerstoff aus der Einatemluft. Der gesamte hiermit skizzierte Gaswechsel heißt Atmung. Er besteht aus zwei Vorgängen der Aufnahme von Sauerstoff und der Abgabe von Kohlensäure. In der Lunge finden eine Berührung und ein Austausch mit der einströmenden Außenluft statt. Dies ist die »äußere Atmung«. Der Verbrauch des Sauerstoffes bei den im ganzen Körper stattfindenden Verbrennungsprozessen und die Aufnahme der dabei freiwerdenden Kohlensäure in das Blut heißt »innere Atmung«. Beide Formen der Atmung entsprechen einander, ähnlich wie die polaren Funktionen des Herzens und der Kapillaren.

Die äußere Atmung vollzieht sich als Gasaustausch in den Lungen, in deren ungezählten kleinen Bläschen (Alveolen). Nasen- und Rachenhöhle, Kehlkopf, Luftröhre, Bronchien und deren Verästelungen sind dabei die Zu- und Abfuhrwege der Ein- und Ausatemluft. Die Lungen selber sind eine Art Gassäcke, zwecks Vergrößerung der inneren Oberfläche aufgelöst in Millionen oder gar Milliarden feinster und kleinster Bläschen. Ihre atmende Oberfläche wird auf 80–130 qm geschätzt (111).

»Die Lungen sind historisch wahrscheinlich aus den hydrostatischen Apparaten ähnlich der Schwimmblase (der Fische) hervorgegangen« (112). Die menschliche Lunge hat nicht mehr in dem Sinne wie bei den Fischen hydrostatische Funktionen, es sei denn bei der gelegentlichen Ausübung des Schwimmens. Trotzdem dürfte, wenn auch in veränderter Form, etwas davon erhalten geblieben sein.

Die Lunge ist das Organ des lebenswichtigen Gasaustausches, also der Sauerstoffaufnahme und der Kohlensäureabstoßung. Zugleich ist sie ein Gassack, der das Verhältnis von Körpervolumen und Körpergewicht mit beeinflußt.

Die Doppelfunktion der Lunge entspricht vermutlich ihrer doppelten Herkunft. Die folgenden Erwägungen verschaffen uns Klarheit über dieselbe: Der Gasaustausch bei einem normalen ruhigen Atemzug beträgt etwa 500 ccm. Diese gewöhnliche Austauschmenge kann erheblich gesteigert werden, und zwar durch verstärkte Ein- wie durch verstärkte Ausatmung. Durch verstärkte Einatmung können bis zu 1500 ccm »Komplementärluft« zusätzlich eingesaugt werden. Bei verstärkter Ausatmung kann ebensoviel »Reserveluft« zusätzlich aus der Lunge herausgepreßt werden. Die Summe der so im äußersten Falle austauschbaren Luftmenge nennt man die Vitalkapazität. Sie hat also einen durchschnittlichen Mengenumfang von 3500 ccm. Rund 1000 ccm »Residualluft« verbleiben auch bei verstärktester Ausatmung in der Lunge. Letztere ist also bei einem gewöhnlichen Gaswechsel von ½ Liter Luft ein Gassack mit rund 4½ Liter Fassungsvermögen (113, 114). Der größte Teil der in ihr enthaltenen Luft ist nicht Austauschluft, sondern »stagnierende Füll-Luft«. Stagnation ist nicht so zu verstehen, als ob diese Luft überhaupt nie zum Austausch käme. Nach neueren Forschungen wird bei jedem Atemzug der Teil der Alveolen mit stärkstem Kohlensäuregehalt entlüftet. Wichtig für uns ist, daß die Lunge als Austauschorgan einen weiten Spielraum hat, innerhalb dessen sie weniger oder mehr als bloßer Gassack funktionieren kann. Wenden wir uns zuerst der Lunge als Gassack zu:

1. Je mehr Luft wir in uns tragen, je mehr also unsere Lungen Gassack sind, desto »leichter« sind wir. Die Funktion der Lunge als Gassack hängt unmittelbar zusammen mit der Größe derselben. Die Natur macht von der gleichzeitigen Gassackfunktion in wechselnder Weise Gebrauch. Es bleibt der Zukunft vorbehalten, unter diesem Aspekt Tierarten wie etwa Elefant oder Gazelle auf ihr Körper- und Lungenvolumen zu vergleichen. Durch den wechselnden Anteilsatz der Luft ergeben sich auch im menschlichen Körper

verschiedene Proportionen zwischen Körpervolumen und Gewicht. Je nachdem sprechen wir von »dick«, von »rund«, aber trotzdem nicht von »schwer«. Auch subjektiv lebt der Mensch aus einem Gefühl um die eigene Schwere, das eigene Gewicht, die eigene Leichtigkeit, Gewichtlosigkeit usw.

In Analogie zum Leiblichen ist mit dem Verhältnis zwischen Lungen- und Körpervolumen auch seelisch eine Proportion zwischen natürlichem Auftrieb (hier rein passiv gemeint) einerseits und zwischen natürlicher Schwere (Gewichtigkeit) andererseits gegeben.

Der Konstantenpol von Auftrieb und Leichtigkeit, Schwere und Gewichtigkeit ist überall da mitenthalten, wo wir von getragen, beschwingt, gehoben, gedrückt, lastend, niedergedrückt usw. sprechen. Solche Eigenschaftsbezeichnungen wenden wir besonders häufig überall da an, wo wir uns bemühen, Stimmungen zu kennzeichnen. Unsere Konstante ist eine der wichtigsten leiblichen Stimmungsgrundlagen. Stimmungen können weitgehend als Erlebnisweise des eigenen Leicht- oder Schwerseins aufgefaßt werden. Man spricht mit Recht und durchaus anschaulich von einer Stimmungsskala und von Stimmungslagen. Man spricht von Hochstimmung, von gehobener Stimmung, von gedrückter, lastender, schwerer Stimmung (115). In seiner Stimmungslage erlebt sich der Mensch der lastenden Erdenschwere entweder verhaftet oder enthoben. Freude, Jubel, Trauer, Schwermut, Heiterkeit, Müdigkeit, Gedrücktheit, Beschwingtheit, Niedergeschlagenheit, Getragenheit, Enthobenheit, Enthusiasmus, Fröhlichkeit, Ernst sind immer zugleich Stimmungen. Die ausdrucksmäßige Symptomatik der Stimmungen enthält eine Weitung oder Verengung, eine Hebung oder Senkung des Brustkorbes und deutet damit auf das wechselnde Lungenvolumen. Der Zusammenhang zwischen Lungentuberkulose und krankhafter seelischer Euphorie ist wohl kein Zufall.

Das Lungenvolumen braucht keine tote, keine absolute Größe zu sein. Je mehr es durch die Gasaustauschfähigkeit mitbestimmt ist, desto mehr verschwindet das Moment der »Stagnation«; Austausch ist ein Ausdruck der Lebendigkeit des Organismus. Dies wird uns klar an den Bildern starr geweiteter und eingedrückt flacher Brustkörbe. Erstere verharren gleichsam in festgefrorener Einatem-, letztere in festgefrorener Ausatemstellung. Verhältnismäßige Größe bzw. Kleinheit des Volumens sind nicht mehr der Ausdruck einer elastischen, sondern einer starren Grenze des Lebendigen. Bezeichnenderweise unterscheidet die Sprache nicht nur Stimmungslagen nach ihrer wechselnden Höhe, sondern auch nach ihrer Qualität. Elastisch lebendig sind die ernsten, tiefen, frohen Stimmungen; erstarrt sind die leeren, seichten, flachen, oberflächlichen.

2. Als Atemorgan ist die Lunge in höchstem Sinne lebenswichtig. Die vorwissenschaftliche Auffassung setzt den ersten Atemzug mit dem Beginn des Lebens gleich. Alle Lebensvorgänge, also Bewegung, Wachstum u. dgl. sind von chemischen Umsetzungen, d. h. Verbrennungen begleitet. Jede Verbrennung braucht außer den brennbaren Stoffen den Sauerstoff. Dieser wird durch die Atmungstätigkeit laufend der Außenluft entnommen und dem Körperinneren zugeführt.

Die Lebensprozesse gestalten sich um so intensiver, je besser die Sauerstoffversorgung des Blutes durch die Atmung ist. Erstere hängt weniger von der Größe der Lunge als Luftsack als von der Intensität des Gesamtaustausches ab. Dazu gehören die regelmäßige Tiefe der Atmung und die elastische Anpassungsfähigkeit an den wechselnden Bedarf. »Ein enger Brustkorb mit guter Atemtechnik kann mehr leisten als ein weiter mit schlechter« (116).

Besonders das Gehirn ist sehr empfindlich für den Sauerstoffgehalt des Blutes. Daneben sind es vor allem die Umsetzungen in den Muskeln, die einen hohen Sauerstoffbedarf entfalten. Der Sauerstoffverbrauch des arbeitenden Muskels kommt einem Vielfachen gegenüber dem des ruhenden gleich. Die Lunge paßt sich dem gesteigerten Sauerstoffverbrauch durch verstärkte Ausschöpfung der Vitalkapazität, d. i. durch Vertiefung oder Beschleunigung der Atmung, elastisch an. Weil die Muskeln Hauptverbraucher des Sauerstoffes sind, besteht ein enges konstitutionelles Wechselverhältnis zwischen der Entfaltung und Entwickeltheit der Muskulatur mit derjenigen der Atmungsorgane. Je größer die Nötigung oder die ursprüngliche Lust zu muskulärer Kraftentfaltung ist, desto kräftiger müssen sich die Atemorgane (und natürlich auch wieder die Atmungsmuskulatur) entfalten. Von hier aus wird die innere Stimmigkeit des athletischen Körperbautyps verständlich: kräftige Entfaltung der Muskulatur und betonte Entwickeltheit des die Lunge beherbergenden Brustkorbes bedingen sich wechselseitig. Umgekehrt fallen Flachbrüstigkeit und Mattigkeit der Atmung konstitutionell zusammen mit entsprechend schlecht entwickelter Körpermuskulatur.

Mit der Leistungsfähigkeit der Atmungsorgane für den Gasaustausch stehen seelisch in Analogie das Maß an entfaltbarer Energie sowie der Grad von Frische und kraftvoller Lebendigkeit.

Eine Konstante dieser Art ist in den folgenden Eigenschaften mit enthalten: Energie, Tatkraft, Frische, Spannkraft, Elastizität, Schwung, Eigenkraft. Auf der negativen Seite stehen: Energielosigkeit, Schwächlichkeit, Kraftlosigkeit, Mattigkeit, Schwunglosigkeit, Schlappheit, Spannungsarmut, Unfrische, Halblebigkeit usw. Im natürlichen charakterologischen Umfeld dieser Eigenschaften können sich befinden: Mut, Zuversicht, Selbstvertrauen, Männlichkeit, Belastbarkeit; Mutlosigkeit, Verzagtheit, Unsicherheit.

Die Intensität und die Geregeltheit der Sauerstoffversorgung stehen im Hintergrund, wenn die Sprache in treffenden Wendungen davon spricht, daß einer den »längeren Atem« gehabt habe, daß ihm »die Puste ausgegangen« sei, daß er »ganz außer Atem gekommen« ist. Mit dem »längeren Atem« ist eine Form der Ausdauer und des Haushaltens mit den Kräften gemeint. Was Ausdauer im Sinne des längeren Atems bedeutet, können wir uns am Bilde zweier Ringer vergegenwärtigen. Der Kampf ist oft dann entschieden, wenn der eine unter Ausstoßung der Ausatemluft zusammenklappt.

Mit der ausdruckspsychologischen Deutung der Atmungsvorgänge hat sich STREHLE befaßt. Er zieht aus der unterschiedlichen Akzentuierung beim rhythmischen Wechsel zwischen ein- und auswärts gerichteter Bewegung charakterologische Schlüsse.

3. Kreislauf- und Atmungssystem

Herz- und Atemtätigkeit werden in einem besonders nahen Verhältnis zueinander gesehen. Das Leben währt vom »ersten bis zum letzten Atemzug«, bis zum »letzten Herzschlag«. Herz- und Atemtätigkeit haben ihre besondere Rhythmizität. Unterbrechungen gibt es beim Herzschlag überhaupt nicht, bei der Atemtätigkeit nur auf beschränkte Zeit.

Wie zahlreiche Untersuchungen zeigen, sind die Variationen der Herztätigkeit, also die Änderung des Blutdruckes oder die Schwankungen der Pulsfrequenz eng mit den Variationen der Atembewegung, also deren Beschleunigung oder Verlangsamung, deren Vertiefung oder Verflachung, verflochten. W. WUNDT brachte diese Varianten in Zusammenhang mit den Dimensionen der Gefühle und deren Verlaufsformen. Neuere Versuche bestätigen das Zusammen bestimmter seelischer Regungen und Zustände mit den

Varianten der Atem- und Herzbewegung (117, 118, 119). Eine Zusammenschau der Ergebnisse zeigt, daß der Schwerpunkt dabei immer auf derjenigen Seite des Seelenganzen liegt, die wir die affektive nennen. Auch KRETSCHMER stellt fest: »Jedenfalls aber ist das enge Zusammenarbeiten zwischen Affektivität und vegetativem Nervensystem einer der wichtigsten Punkte in den körperlich-seelischen Beziehungen überhaupt« (120). Und v. WYSS sagt: »Nun ist es gerade das Charakteristikum der Emotionen oder der eigentlichen Gemütsbewegungen, daß sie sich in heftigsten Erregungen des vegetativen Nervensystems äußern« (121). v. WYSS und KRETSCHMER denken hier an das ganze vegetative System. Natürlich dürfen in den affektiven Seelenlagen außer Atmung und Herztätigkeit die weiteren vegetativen Begleitphänomene, beziehen sich diese nun auf Darm, Blase, Drüsenfunktionen, Schweißabsonderung usw., nicht übersehen werden. Die Kreislauf- und Atmungsvorgänge scheinen uns aber im besonderen mit den Zuständen und Bewegungen des Gemütslebens verbunden zu sein.

Mit voller Absicht wird hier vom Gemüt und nicht etwa von Gefühlen gesprochen. Wir folgen damit dem Sprachgebrauch, der nicht ohne tiefe Berechtigung von »Herz und Gemüt« spricht. Schon W. WUNDT hat beobachtet: »In der Tat ist es charakteristisch, daß, so arm die Sprache an Namen für einzelne Gefühle, so groß ihr Reichtum an Benennungen verschiedener Affekte ist« (122).

v. WYSS hat die Affektivität, die wir hier mit Gemütsbewegung gleichsetzen möchten, als den »subjektiven Ausdruck der wechselnden Bereitschaft des Organismus« bezeichnet. »Wir finden nämlich bei näherer Betrachtung zweierlei Hauptgruppen von Symptomen, welche darauf hinweisen, daß das Wesentliche an der Wirkung eines Affektivreizes das Verhalten des Gesamtindividuums gegenüber der Außenwelt ist. D. h. ein Reiz kann das Individuum zu einem nach außen gerichteten Handeln veranlassen oder aber zu einem Zurückziehen, zu einer Abkehr von der Umwelt« (123). Damit ist das Entscheidende über den Grundcharakter aller Affekte oder Gemütsbewegungen gesagt. In ihnen drückt sich entweder eine positive Bereitschaft aus, sich der Außenwelt gegenüber aufzuschließen und zu öffnen, ihr entgegenzukommen, mit ihr in Berührung zu treten und in eine Austausch- und Gebeverbindung zu kommen. Oder aber es herrscht die Tendenz, sich diese Beziehungen zu versagen, sich abzukehren, sich zurückzuziehen, sich in sich selbst zurückzustauen. Wir haben damit den wesentlichen Grundzug aller

Gemütsbewegungen freigelegt. Immer finden wir in ihnen einen dieser beiden Grundzüge, nämlich das Haben bzw. das Versagen einer Bereitschaft. Beide Richtungen können sich auch überschneiden. Freude, Fröhlichkeit, Vergnügtheit, Hoffnung, Sehnsucht, Leid, Trauer, Betrübnis, Kummer, Gram, Angst, Liebe, Haß, Sorge, Schreck, Bestürzung enthalten außer ihren anderen Wesensmomenten immer als bestimmende Komponente etwas von den genannten Bereitschaftsformen in sich. Affektivität ist immer Bereitstellung bestimmter Energien für Handlungszwecke oder Bereitschaft zur Abgabe eines inneren Überschusses an Energie oder an Wärme. Das Negativ dazu sind Rücknahme, Rückstauung, Versagen. Der wirkliche Affekt pflanzt sich über die entsprechenden Gerichtetheiten hinaus in die Skelettmuskulatur fort; erst daraus ergibt sich das volle Ausdrucksbild desselben.

Die beste deutsche Bezeichnung für Affektivität ist Gemütsbewegung. Den Gemütsbegriff selber verwenden wir für den Reichtum, die Fülle und die Tiefe der Innerlichkeit. Es ist soviel vorhanden, daß nach außen etwas überfließen oder abgegeben werden kann. Gemüt wird deshalb auch als Wärme erlebt. Der Sprache ist dies gleichbedeutend mit »ein Herz haben«, »etwas übrig haben für andere«. Wer Gemüt hat, ist reich und kann aus seinem inneren Reichtum schöpfen, kann die Umwelt teilnehmen lassen, kann gütig sein, kann geben und schenken, ohne sich zu verausgaben oder zu versiegen. Gemüt haben bedeutet, einen Überschuß an Innerlichkeit und an eigentlichem Leben besitzen.

Nicht zufällig ist der Begriff des Gemüts demjenigen des Mutes verwandt. Die natürliche Wurzel des Mutes ist eine Affektform im Sinne einer positiven Bereitschaft. So wie Gemüt positive Bereitschaft aus innerer Fülle und aus dem Reichtum des Herzens ist, so ist Mut eine Bereitschaft aus der Fülle der Kräfte, um das Leben und seine Aufgaben zu meistern. Insofern ist Mut immer Lebensmut überhaupt. Mut haben heißt, sich bereit finden zur Tat und zur Lebensmeisterung aus dem Bewußtsein des Könnens und des Krafthabens heraus, aus dem Wissen, daß man es sich zutrauen und daß man es wagen kann. Gemüt und Mut sind zwei Sonderformen ein und derselben inneren Bereitschaft und Möglichkeit, nach außen entweder zu geben und zu schenken, oder aber zu wirken und zu tun. Was in einem Falle Wärme ist, ist im anderen Kraft. Wenn man will, kann man das Gemüt die mehr weibliche Form des Mutes, den Mut aber die mehr männliche Form des Gemütes nennen. Sich

»in Liebe verschenken«, sich »in der Tat verzehren« sind nur zwei verschiedene Äußerungsformen von einem und demselben.

Die tiefste Form allen Gemütes ist die Liebe, die wir damit auch dem Mut an die Seite stellen können. In aller Liebe steckt zugleich Mut, steckt ein Wagen und ein Bejahen von innen heraus und unabhängig von äußeren Bedingungen (124). In allem Mut liegt letzten Endes Liebe, liegt ein Wagen seiner selbst, ein Sichverbrauchen, ein Sichvergeben an die Tat nach einem inneren Gesetz. Beide, Gemüt und Mut, stehen mit dem Ursinn des Lebens, das sich bedingungslos wagt, aus sich selbst und seinem Reichtum schöpft, in besonders naher Beziehung. Sie sind zugleich Lebensbejahung im ganzheitlichen, überindividuellen Sinne. Mit dem Kreislaufgeschehen stehen sie deshalb naturgemäß in besonders engem Zusammenhang. Ebenso eng ist die Beziehung zum Atmen, welches ja ein Verbrennen und Verbrauchen zwecks Aufbau und Wachstum oder äußerer Energieentfaltung ist. Liebe und Mut sind Bereitschaft zum Leben, sind Lebensmut. Die Sprache nennt den Mutigen »beherzt«, wenn dieser »festen Herzens« seines Weges geht, wenn er »herzhaft« zupackt, wenn er sich »ein Herz faßt«. In diesem Sinne bedeuten Herz und Gemüt soviel wie Mut und Gemüt, wie Mut und Liebe.

Wir können alle diejenigen Gemütsbewegungen, die eine positive Bereitschaft zum Geben, Sichaufschließen und Sichwagen darstellen, auch als »Mutformen« bezeichnen. Mut und Liebe sind die Prototypen der positiven Form von Gemütsbewegungen. Das Gegenstück wären die »Angstformen«. Angst ist der Prototyp derjenigen Affekte, die eine Zurücknahme, ein Zurückhalten, ein Zurückstauen, ein Versagen der Bereitschaft zum Geben oder zum Tun und Wagen darstellen. Angst ist immer zugleich Lebensangst. Das Leben wird als bedroht erlebt. Der Lebensstrom, das Lebensgeschehen – im Organismus durch Herz- und Atembewegung besonders repräsentiert – sind in ihrem natürlichen Fluß behindert. Der körperliche Ausdruck der Angst ist zwar noch von weiteren vegetativen Sensationen begleitet, so z. B. vom Angstschweiß. Trotzdem ist die Beziehung zu dem Atmungs- und Kreislaufsystem besonders unmittelbar. »Angst, Angoisse, Angor ist sprachlich verwandt mit Enge. Enghaben ist gleichbedeutend mit Angst vor Erstickung. Damit ist schon sprachlich eine Beziehung zwischen dem Lufthunger und der Angst gegeben« (125). Wenn wir Angst haben, ist uns »bang ums Herz«; wir haben Atemnot. Die ineinandergehenden Hemmungen der Atem- und der Herztätigkeit werden als unmittelbarste

Lebensbedrohung erlebt; sie führen zu Lebensangst. »Auf jede Erschütterung, welche unsere Existenz bedroht, antwortet die Herztätigkeit und die Atmung.« Wir sagen: »ich ersticke vor Angst« oder »es fährt mir eiskalt über das Herz«, »das Herz steht mir still vor Schreck« oder »jetzt kann ich wieder frei atmen« (126). Angst ist nicht inneres Reichsein und Vermögen, sondern Armut und Unvermögen. Schreck dagegen ist die mehr in sich zurückgestaute ursprüngliche Bereitschaft; man spricht von »zurückschrecken«.

Neben den Gemütsbewegungen stehen auch die Gemütszustände in engem Zusammenhang mit der Beschaffenheit des Kreislaufsystems und der Atmung. Gemütszustände sind hauptsächlich die Stimmungen. Gewiß sind diese nicht allein an Herz und Atmung gebunden; bekanntlich sprechen wir auch von »Verstimmung« des Magens. Die Rhythmizität der Herz- und Atembewegung als fortlaufender Zustand und weniger als Bewegung erlebt, legt mit den Grund zu unserer sei es ruhigen, ausgeglichenen, unruhigen oder aufgeregten Stimmung.

Stimmung und Gemütsbewegung (Affekt) gehen vielfach ineinander über. Freude und Trauer z. B. sind Affekte, soweit sie den von uns benannten Bereitschaftscharakter als Konstante enthalten. Nach außen treten sie dann als Bewegung oder als Bewegungshemmung in Erscheinung. Sie sind aber zugleich Stimmungen, soweit in sie Zustände unseres Inneren als Konstanten in sie eingehen, die als Gehobenheit, Auftrieb, passive und lastende Gedrücktheit, der Schwere verfallen sein usw. erlebt werden. Freude, Trauer, Zorn, Wut, Schreck usw. enthalten als wirkliche und ganzheitliche Erlebnisformen eine Stimmungs- und eine Affektkonstante, sie sind Gemütszustand und Gemütsbewegung zugleich. Unsere Unterscheidung von Stimmung als Gemütszustand und von Affekt als Gemütsbewegung ermöglicht es, den besonderen Charakter konkreter Seelenlagen wie etwa der folgenden näher zu bestimmen: »vergnügt« und »stillvergnügt«, »stille Freude« und »laute Freude«, »freudig erregt« und »freudig gestimmt« usw.

4. Das Verdauungssystem

Das Blut ist nicht nur der Transporter des Sauerstoffes. Es ist auch Träger und Verteiler der notwendigen Nahrungsstoffe. Es bringt Eiweiße, Kohlenhydrate und Fette an die Stätten des Bedarfs heran. Die Nährstoffe müssen ähnlich wie der Sauerstoff zunächst aus der Außenwelt in das Körperinnere hereingenommen werden. Dann erst gelangen sie in entsprechender Form in die Blutbahn und werden zu den einzelnen Körperzellen gebracht. Für die Hereinnahme der Nährstoffe und ihre zweckdienliche Umformung hat sich der Körper ein kompliziertes Organsystem, den Verdauungsschlauch mit seinen Anhanggebilden, geschaffen. Die Nahrungsstoffe haben einen langen Weg zu durchlaufen. Durch die Verdauung werden sie in einen aufnahmefähigen Zustand gebracht und dann in die Blut- bzw. Lymphbahn aufgesogen.

1. Durch die Nahrungsaufnahme verschafft sich der Organismus die Stoffe für den Aufbau seiner eigenen Substanzen und das Material für die vielfältigen Verbrennungsprozesse. Die Nahrungsaufnahme geschieht nicht wie die im laufenden Atemrhythmus sich vollziehende Luftschöpfung in jedem Augenblick. Wohl ist auch sie periodisch und regelmäßig, doch können die Pausen ungleich größer sein. Bei der Aufnahme vergifteter Luft oder bei Behinderung der Atemtätigkeit werden wir sehr rasch ohnmächtig, oder wir ersticken. Verhungern infolge von Nahrungsmangel erfolgt nicht so rasch. Die Verdauungsprozesse dauern an sich schon viel länger als die Aufnahme von Sauerstoff ins Blut. Außerdem dient die Ernährung im Normalfall gar nicht dem unmittelbaren Verbrauch sondern der Bevorratung. »Unser Körper lebt ja nur zum Teil oder vielleicht so gut wie gar nicht unmittelbar von den Stoffen, welche im Darm resorbiert werden. Diese werden vielmehr gespeichert, und der gewöhnliche Verbrauch wird aus den Vorräten gedeckt, die entsprechend ergänzt werden müssen, damit die Bilanz des Körperhaushaltes im Gleichgewicht bleibt. Der Hauptspeicher für die Kohlenhydrate ist die Leber..., sie verarbeitet sie zu Glykogen und gibt diese je nach Bedarf des Körpers an die abführenden Blutgefäße (Lebervenen) ab. Die Muskeln enthalten z. B. immer viel Glykogen in sich selbst, um die an sie herantretenden Forderungen durch sofortige Kontraktion erfüllen und diesen Energieverbrauch durch das an Ort vorhandene Glykogen decken zu können. Bei andauernden starken Muskelleistungen wird entsprechend viel Glykogen von der Leber auf dem Blutwege zu den Muskeln antransportiert. Ferner reguliert die Leber ganz vornehmlich den Stickstoffhaushalt. ... Außer Kohlenhydrat- und Eiweißkörpern vermag die Leber Fett zu speichern, ... Beim Menschen kommen außer dem Fettdepot in der Leber noch viele andere Ablagerungen in Betracht« (127).

Die Nahrungsaufnahme dient der Aufrechterhaltung des Stoffwechselgleichgewichts durch Beschaffung von Nähr- und Brennstoffvorräten.

Infolge der Erhaltung des Nährstoffgleichgewichts nimmt der Körper innerhalb kleinerer Zeiträume weder wesentlich ab noch zu. Ohne Beschaffung von Vorräten und Deckung des unmittelbaren Verbrauches aus denselben könnte der Körper keine sich über längere Zeit erstreckenden Anstrengungen vollbringen. Ist Neuaufnahme frischer und ausreichender Nährstoffe lange nicht möglich, vollzieht sich der Vorratsabbau in sinnvoll geregelter Weise. »Im Hungerzustand werden nacheinander zunächst die leicht verfügbaren Zuckervorräte in Blut, Muskeln und Leber zur Energiebereitung herangezogen, darnach werden die Fettdepots im Körper beansprucht und schließlich die im eigentlichen Sinne körpereigene eiweißhaltige Substanz verbrannt« (128). Kohlenhydrate, Fette und Eiweiße können sich bekanntlich ihrem Brennwert nach vertreten (129).

Die Folge fehlender oder nicht zureichender Nährstoffzufuhr ist Abmagerung. Aus der Art, wie sich diese vollzieht, ersehen wir indirekt, wieweit die einzelnen Körperorgane zugleich Nährstoffspeicher sind. »Die einzelnen Organe werden bei dem Abbau der Körpersubstanz verschieden stark herangezogen: das Fett – das besonders reichlich in den Unterhautbindegeweben gelagert ist – schwindet fast vollständig, die Leber vermindert sich etwa bis zur Hälfte, die Muskulatur bis zu einem Drittel, während Herz und Hirn nur mit etwa 3% an der Abmagerung beteiligt sind« (130).

Diese Betrachtungen setzen uns instand, das körperliche Erscheinungsbild der Dicke (im Sinne der Wohlgenährtheit) zu verstehen. Es finden sich reichliche Fetteinlagerungen über dem ganzen Körper verteilt in den Unterhautbindegeweben. Auch innerkörperlich ist in verschiedenen Geweben Speicherfett angesammelt. Hauptspeicherorgan ist aber die Leber. Sie steigert ihr Volumen und trägt zusammen mit weiteren Fett- und Vorratseinlagerungen wesentlich zu dem sichtbarsten Zeichen der Wohlgenährtheit, dem »Bauch«, bei. Eine weitere Verstärkung des Bauches erfolgt mit der Lenkung großer Blutmengen in die Eingeweide während der Verdauungstätigkeit.

Das Gegenstück des Erscheinungsbildes der Wohlgenährtheit ist das der Magerkeit und der Hagerkeit. Es hat nur geringe Fetteinlagerungen in den Bindegeweben der Unterhaut und sonstigen Orts; der sogenannte »Bauch« tritt nicht in Erscheinung.

Die Speicherung von Nähr- und Brennstoffen kann bei den Gattungen oder bei den Einzelindividuen auf verschiedene Weise geschehen. Ort und Art der Vorratshaltung sind nicht immer gleich. Die Vorräte können z. B. in der Form von Kohlenhydraten in den Muskeln zur Verbrennung bereitliegen; sie können vorzugsweise dem Aufbau eiweißhaltiger Substanzen dienen, wie dies bei den echten Wachstumsprozessen der Fall ist; sie können schließlich die Form der Fettmassierung annehmen.

Die Bevorratung ist ihrem natürlichen Sinn nach nicht Selbstzweck. Die Vorräte sollten vielmehr bereitstehen für den aktuellen Umsatz im Vollzug der Lebensprozesse.

Jeder Organismus besitzt eine ihm gemäße Gleichgewichtslage in seinem Nährstoffhaushalt. Seelisch entsprechen dem Vorhandensein oder Fehlen des Nährstoffgleichgewichts die Zustände der Sättigung bzw. des Hungers.

Eine entsprechende Konstante ist enthalten in seelischen Zuständen wie: gesättigt, befriedigt, satt, saturiert, ruhig, träge, faul, stagnierend, bzw. hungrig, gierig, unersättlich, unruhig, unzufrieden, unbehaglich.

Die Affinität der Sättigungskonstante zu den Eigenschaften der Ruhe, der Zufriedenheit, der Trägheit, der Faulheit, des Sichgenugseins, des Behagens ist organisch unschwer verständlich zu machen. Wenn es der Organismus auf Vorratshaltung anlegt, tut er dies, um sich der dauernden Herbeischaffung von neuen Nährstoffen und des damit verbundenen Aufwandes zu entheben. Je mehr gespeichert ist, desto weniger drängt die Neubeschaffung. Bei der unmittelbaren Nährstoffaufnahme ist zudem der Körper sehr stark mit sich selbst beschäftigt. Hat z. B. der Mensch täglich einen Grundumsatz von 1800 Kalorien, sofern er sich ruhig verhält, erhöht sich dieser allein durch die Verdauungsarbeit auf 2200 Kalorien. (Umsatz bei Schwerarbeit körperlicher Art bis zu 6000–7000 Kalorien.) Je ausgiebiger die Verdauungsarbeit ist, desto mehr Körperenergien zieht sie an sich. Im Zustande der Verdauung werden andere Ziele nicht oder doch nur im verminderten Grade erstrebt. Gesättigte Tiere geben sich der Ruhe zur Verdauung hin, um so ausgiebiger, je schwieriger das Verdauungsgeschäft ist.

Es besteht ein natürlicher Zusammenhang zwischen Verdauung und äußerer Ruhe sowie Ablehnung der Bewegungslust. Sättigung oder gar Übersättigung bewirken außerdem einen Schiebedruck der Baucheingeweide gegen das Zwerchfell. Der Bauch wird gegen die

Lunge hochgeschoben und behindert die Atmungstätigkeit. Atemtätigkeit aber bedeutet Umsatz, Verbrennung, Bewegung. Diese
Überlegungen lassen uns das Konstitutionsbild des Pyknikers als
in sich stimmig erscheinen. Sein Organismus sieht seine Gleichgewichtslage mehr in einer höheren Bevorratung als in der Bereitstellung von Bewegungsenergien gesichert. Der Pykniker ist der
organisch »gesättigtere Typ« gegenüber dem Athletiker und erst
recht gegenüber dem Asthenisch-Leptosomen. Deshalb liegen ihm
Eigenschaften wie Zufriedenheit, Ausgeglichenheit, Harmonie, Be-
haglichkeit und Humor näher als den beiden anderen Typen. Der
Pykniker hat sein subjektives seelisch-körperliches Gleichgewicht
in einem verhältnismäßig hohen objektiven Sättigungsgrad.

KRETSCHMER hat mit seiner Schilderung des zyklothymen Pyknikers bewußt oder unbewußt eine Ehrenrettung des sogenannten
Ernährungstyps, des »Bauchmenschen«, vollzogen. Dies geschah
mit Recht; denn der objektive Sättigungsgrad, welcher individuell
als Gleichgewichtslage erlebt wird, hat nicht unbedingt etwas mit
dem aufzunehmenden Nahrungsquantum zu tun. Zwar sind die
Vorräte relativ höher als bei anderen Typen, aber ihre Instand-
haltung erfordert nicht mehr, vielfach sogar weniger an Neuzufuhr.
Pykniker beanspruchen oft viel weniger Nahrung als sozusagen
chronisch hungrige andere Typen. Charakterlich ist gerade der
gesunde und normale Pykniker oft gutartiger, gebefreudiger, mit
mehr Herz und Verständnis für andere ausgestattet als mancher
Astheniker. Letzterer ist objektiv ungesättigter; er kann unter
Umständen mehr Gier entwickeln, viel ichhafter und herzloser sein
und weniger für andere übrig haben. Kunst und Karikatur stellen
Geiz, Gier und Unersättlichkeit erscheinungsmäßig dürr und mager
dar. Saturiertheit, selbstzufriedene Übersättigung hingegen tragen
pyknische Züge. Übertriebene Besitzgier kann ebenso dem chro-
nischen Bedürfnis nach Übersättigung entspringen wie der chro-
nischen Hungrigkeit der Geizigen, Neidischen, Habsüchtigen.

Soll an der populären Kennzeichnung »Ernährungsnaturell« etwas
Richtiges sein, muß eine andere Überlegung angestellt werden. Die
Gesättigteren haben vielleicht ein natürlicheres und positiveres
Verhältnis zur Quantität. Es ist ihnen Bedürfnis anzulegen, zu
sammeln, zu behalten und zu lagern; sie haben Sinn für das Viele,
für die Zahl und die Menge. All dies bedeutet ihnen an sich schon
etwas. Man vergleiche dazu die Charakteristik des zyklothymen
Pyknikers durch KRETSCHMER. Dieser ist eigentlich überall und

immer für das Viele, die Quantität, den Reichtum zugänglich, sei es, daß er irgend etwas sammle, sei es, daß er als Wissenschaftler ungeheuer viel Wissen anhäufe, ohne es vielleicht verarbeiten und umsetzen zu können. Der Sättigungstyp kann sich ganz natürlich auch an der Zahl seiner materiellen Güter freuen. Der chronisch Untersättigte hingegen hat zu der Zahl, zu der Fülle, zu allen Quantitäten kein ursprünglich positives Verhältnis. Er erlebt es vielleicht als persönlichen Mangel und wird aus diesem Grunde u. U. auch zum Sammler. In der Wissenschaft z. B. sind diese Sammler nicht die Menschen mit dem farbigen Gedächtnis. Sie schreiben auf und registrieren, sind immer eine Art Buchhalter aus Angst, daß ihnen etwas entgehen könnte. Die ihnen gemäße Lösung wäre der Verzicht auf Menge, Quantum, Zahl und Vielheit zugunsten einheitlicher Verarbeitung.

2. Die bloße Einverleibung der Nahrungsstoffe, die der Körper für seine Wachstums- und Lebensprozesse benötigt, bedeutet noch keine Übernahme derselben in das Blut und in die Körperorgane. Sie bedürfen noch der Umformung. Gerade die Eiweißstoffe, notwendig zum Aufbau der eigenen Substanz, können nicht direkt übernommen werden. Auch tierisches Eiweiß muß erst seiner Artspezifität entkleidet und in eine resorptionsfähige Form gebracht werden. Die direkte Einspritzung fremden Eiweißes als Serum in die Blutbahn verursacht stärkstes Fieber. Auch die Kohlenhydrate und die Fette, letztere allerdings am wenigsten, bedürfen erst einer Umwandlung, um in die Blut- bzw. Lymphbahnen aufgenommen werden zu können.

Diejenigen Vorgänge, die die Nahrungsstoffe aufnahmefähig machen sollen, nennt man Verdauung. Verdauung ist eine Arbeit, die den Organismus energetisch nicht unerheblich beansprucht.

Ob Nahrungsstoffe einverleibt und verdaut werden können, hängt von deren Beschaffenheit ab. Nicht alles ist dem Organismus dienlich und bekömmlich. Der objektiven Beschaffenheit der Nährstoffe steht aber auf der anderen Seite die subjektive Bereitschaft des Organismus gegenüber, die Verdauungsarbeit zu übernehmen. Das Gelingen von Einverleibung und Verdauung hängt von dem Zusammentreffen beider Momente ab.

Der Organismus hat Möglichkeiten, die zur Verfügung stehenden Nahrungsstoffe auf ihre Dienlichkeit und Bekömmlichkeit zu untersuchen. Dem Verdauungsapparat sind die Geruchs- und Geschmacksorgane vorgeschaltet. Sie lassen die zugeführten Nahrungsmittel nicht wahllos durch, sondern prüfen sie auf ihre Zuträglichkeit. Auch die übrigen Sinnesorgane sind in den Vorgang der Nahrungseinverleibung, sei es im prüfenden und warnenden oder auch im anregenden Sinne, eingeschaltet. PAULOWS Versuche mit Hunden ergaben, daß Speichelabsonderung, d. i. subjektive Bereitschaft zum Verdauen, auch durch optische und akustische Reize angeregt werden kann. Für den Menschen spielt der Anblick der Speisen eine nicht unerhebliche Rolle. Dieser allein kann dazu führen, daß z. B. »das Wasser im Munde zusammenläuft«. Schon beim Säugling kennen wir das Öffnen des Mundes, Leck- und Schluckbewegungen, die Mimik des Süßen und anderes. Die Ablehnung der Einverleibungs- und Verdauungsbereitschaft verrät sich im Verschließen oder Abwenden des Mundes, in der Mimik des Bitteren oder in der Umkehrung der Schluckbewegungen, nämlich dem würgenden Brechreiz. Der Organismus drückt es also deutlich aus, ob er ein Nahrungsbedürfnis hat oder ob er das Angebotene für unbekömmlich und unverdaulich hält.

Seelisch kennen wir die Bereitschaft, Fähigkeit und Willigkeit zu »verdauen« als Lust, Appetit, Wohlsein usw. Die seelische Seite der Versagung erleben wir in Unlust, Ekel, Überdruß, Widerwille, Übelkeit u. ä.

Wenn wir hier auf eine Art Lust-Unlust-Konstante stoßen, möchten wir uns an den ursprünglichen Sprachsinn halten und deshalb nicht von Lust- oder Unlust»gefühlen« sprechen.

Unsere Bereitschaft, etwas aufzunehmen und zu »verdauen«, es zu verarbeiten und einzuverleiben, etwas zu »mögen«, drückt sich aus in der »Lust« dazu. Ähnlich wie bei den Affekten und Gemütsbewegungen können wir hier von einer Konstanten- und Eigenschaftsgruppe der »Lüste« reden. Lust, Lüsternheit, Gelüste, Appetit bzw. Unlust, Widerwille, Widerstreben, Ekel, Ablehnung, Verneinung, Versagung, Lustlosigkeit gehören in diesen Zusammenhang. Es gibt z. B. Lust oder Unlust an der Arbeit, an der Erkenntnis usw. Damit bezeichnet die Sprache in sehr feiner Unterscheidung etwas anderes als mit Freude oder mit Mut. Arbeitsfreude und Arbeitslust sind nicht dasselbe. Ist die Lust krankhaft gesteigert, dann sprechen wir von Unersättlichkeit und von Gier. Diese strebt nach Einverleibung von allem und jedem und kennt keine Wahl mehr. Gierige prüfen nicht. Ihr Mund ist nicht selbständiges Instrument des Prüfens; er ist nur mehr das »Mundstück« des schlingenden Rachens. Die Mundformen der Menschen können mehr den Ausdruck der Prüf- oder mehr den der Schlingorgane tragen. Nicht zuletzt waren höhere Menschlichkeit und Gesittung immer auch mit einer besonderen Eßkultur verbunden, d. i. Ablehnung wahlloser Gier. Das Gegenteil der Gier ist apathische Lustlosigkeit.

Aufnahme und Verarbeitung der Nahrung sind lebenswichtig. Es hat seine Berechtigung, von Lebenslust bzw. von Lebensunlust zu sprechen. Wir haben hier von einer anderen Grundkonstante aus die Parallele zu Lebensmut und Lebensangst. Lebenslust und Lebensmut sind in ihrer Grundbedeutung ähnlich, aber nicht gleich. Die eine Form der Lebensbejahung bedeutet mehr ein Wagen des Lebens, die andere mehr ein Verlangen nach dem Genuß desselben. Lebenslust ist positive Bereitschaft, Leben in sich aufzunehmen, es zu genießen, es sich »einzuverleiben«, es auszuschöpfen. Lebenslust ist auch nicht dasselbe wie Lebensfreude, welche mehr einen Stimmungs- und Gemütsakzent hat. Ähnliche Unterscheidungen gelten auch für die Begriffe Lebensüberdruß und Daseinsekel, welche zu unterscheiden sind von Lebens- und Daseinsangst. Ebenso brauchen sich Lust und Hunger oder Unlust und Sättigung keineswegs zu decken.

Die Befriedigung des Nährstoffgleichgewichtes, Sättigung oder Lust an der Befriedigung strahlen auf das leiblich-seelische Gesamtbefinden aus. So wie die Versorgung mit reiner, sauerstoffreicher Luft in einen Gesamtzustand der Frische versetzt, entsteht hier ein Allgemeinzustand des Wohlseins und des Wohlbehagens. So wie Versorgung mit schlechter Luft zur Ohnmacht führen kann, so kann nichtzuträglicher Nährstoff Übelkeit zur Folge haben. Übelkeit verdirbt die Lust. Sich in irgendeiner Hinsicht übernehmen, führt oft zu pathologischen Übelkeitsreaktionen.

In den Umkreis unserer Konstante gehört auch der Ärger. Ärger und Magenverstimmung hängen bekanntlich nahe zusammen. An eine Art seelische Magenverstimmung ist gedacht, wenn einem »etwas schwer im Magen liegt«, wenn einem »die Galle übergeht«, wenn einem »eine Laus über die Leber gekrochen ist«. Es ist einem etwas widerfahren, was man nicht »verdauen« kann. Auch das »In-sich-Hineinfressen«, der Verdruß und der Überdruß gehören in diesen Zusammenhang.

Die Sprache wendet den negativen Begriff der »Verstimmung« gern für eine im Verdauungsgebiet wurzelnde Grundkonstante an, während wir doch Stimmung im Atmungssystem verankert sahen.

Sie deutet damit starke Integrationszusammenhänge an. Der entsprechende Stammbegriff aus dem Gebiet des Verdauungssystems lautet eigentlich Laune. Laune ist anderen Ursprungs als Stimmung; sie hat mit dieser jedoch das Passive, das Labile und das Nichtwillensmäßige gemeinsam.

Lust und Unlust, Hunger und Sättigung, Wohlsein und Übelkeit werden ausdrucksmäßig im Gesicht, besonders um die Mundpartie sichtbar. Ob und wieweit Lachen und Weinen von hier aus ebenfalls erklärt werden können, bliebe noch zu untersuchen.

Abschließend sei noch darauf hingewiesen, daß mit dem Ernährungshaushalt des Organismus der Flüssigkeitshaushalt aufs engste verbunden ist. Über Durst und Labung lassen sich ähnliche Betrachtungen anstellen wie über Hunger und Sättigung.

5. Zusammenschau

1. Die Behandlung der vegetativen Systeme nahm ihren Ausgang vom Kreislauf. Schon die Pflanzenwelt steht mit der übrigen Wirklichkeit z. B. durch den Kreislauf des Wassers in einem lebendigen Austauschverhältnis. Im tierischen und menschlichen Sein ist der Ursinn des Kreislaufes erhalten. Durch ihn und durch die übrigen vegetativen Systeme erfolgen Aufnahme und Abgabe von Wärme, Flüssigkeit, Gasen oder sonstigen Stoffen.

Das unaufhörliche Ziel alles Kreislaufgeschehens ist die Erreichung eines Gleichgewichtszustandes mit der umgebenden Welt. Dieser Zustand wird im Leben zwar ständig gesucht, doch nie erreicht. Wäre er wirklich erreicht, dann hörte die Lebensbewegung auf; absolutes Gleichgewicht ist gleichbedeutend mit Tod. Im Tode besteht kein Gefälle mehr, das ständiger Antrieb und Anlaß für eine Lebensdynamik sein könnte.

Das Leben kennt allerdings ein relatives und subjektives Gleichgewicht in Zuständen wie z. B. der Ausgeglichenheit der Stimmungslage, des Sattseins, des Gestilltseins, des befriedigten Triebverlangens. Stimmungen, Gelauntheit, Sättigung, Hunger, Stillung, Durst sind Begriffe, die entweder den Zustand des erreichten Gleichgewichtes oder denjenigen des bestehenden Ungleichgewichtes feststellen. Stimmungslagen sind Gleichgewichtsverschiebungen, sind Gleichgewichtsmarken, die allerdings objektiv verschieden hoch liegen können. Befriedigung, Ruhe, Sättigung, Gestilltheit, Ausgeglichenheit, gute Laune zeigen das erreichte relative Gleichgewicht an. Hunger, Durst, Begehren, Unruhe, Unausgeglichenheit verraten das bestehende Ungleichgewicht.

Das Ungleichgewicht als Ursache der Dynamik kann zwei verschiedene Gründe haben. Beruht es auf einem inneren Überschuß, dann besteht ein Gefälle von innen nach außen. Der umgekehrte Fall liegt bei einem Unterschuß mit einem Gefälle von außen nach innen vor. Den ersten Fall haben wir im Affekt, in der Gemütsbewegung. Die »Affektenseele« ist immer eine gebende Seele. Die nehmende Seele hingegen, der Unterschuß, führt zu einer Dynamik, die wir Trieb nennen (131).

Die Urdynamik aller Gemütsbewegungen, aller Affekte geht also von innen nach außen. Sie beruht auf einem Überschuß, ist ein Nachaußenwerfen von Wärme, von Kräften usw. Diese fließen ab, verzehren, verbrauchen oder entladen sich in äußerem Geschehen. Gemüt haben z. B. heißt, aus der Fülle seiner Innerlichkeit, aus seinem Reichtum abgeben und verschenken. In der Mutform drängen die inneren Kräfte als sich entladende Energien, als Kraftäußerung, als Tat nach außen. Die Ethik krönt dies mit der Tugend der Tapferkeit. Abströmen und Sichentladen können unterbunden und gehemmt sein; die Innerlichkeit wird dann zurückgestaut, auf sich selbst zurückgeworfen. Schreck oder Entsetzen sind Sonderformen zurückgestauter Affekte.

Die Triebdynamik beruht, so sagten wir, auf einem Mangel, einem Hunger, einem Verlangen, einem Begehren. Das Gleichgewicht wird durch Einverleibung, durch Hereinnahme, durch Verzehr, durch Verbrauch und Einbau herzustellen gesucht. Zur Vermeidung einer leiblich-seelischen Unterbilanz wird ein aktiver Ausgleich erstrebt. Suchen, Drängen und Streben zielen auf Einverleibung der benötigten Stoffe. KLAGES spricht von einem »lebensmagnetischen Zug«, der z. B. das dürstende Tier mit dem zu suchenden Wasser verbindet. Der Zug von innen wird als ein Getriebenwerden erlebt; das Erlebnis inneren Mangels treibt in ungeheurer Stärke nach Erfüllung. Die Triebe sind eine gewaltige seelische Kraft.

Triebbefriedigung bedeutet Verbrauch und Verzehr, Zerstörung von Gütern der Außenwelt. Demgegenüber ist die gebende affektive Dynamik Wurzel für Tat und Neuaufbau. Lehren, die z. B. den Willen allein auf die Triebe zurückführen, sind einseitig. Die großen schöpferischen Leistungen sind nicht erklärlich ohne ihren Hervorgang aus innerem Reichtum, innerem Überschuß, innerer Fülle.

Man kann nur die großen »Zerstörer«, nicht aber die großen Schöpfer einfach Triebmenschen nennen. Nicht alle Affektivität ist freilich aufbauend. Ungeordnete Affektivität ist ebenfalls zerstörend und destruktiv. Triebe wiederum können aufbauenden Charakters sein, z. B. besonders als Erkenntnistrieb. Destruktive Triebhaftigkeit und destruktive Affektivität wirken sich in ähnlicher Weise aus und führen beide nicht zu dem erstrebten Gleichgewicht.

Wir haben nun die Möglichkeit, charakterologische Begriffsbildungen wie triebstark, affektstark, triebschwach, affektschwach, affektlahm zu verstehen. In den Stärkeformen ist das Ausgleichsgefälle zur Umwelt ein besonders großes. Sie sind die Voraussetzung für eine intensive Lebensdynamik. Trieb- und Affektschwäche mit geringem Gefälle hingegen haben Leblosigkeit, Mangel an Leben, Halblebigkeit usw. zur Folge. Trieb und Affekt bedeuten seelische Dynamik, entspringend aus dem Ungleichgewicht. Ihnen stehen entsprechende Gleichgewichtsformen gegenüber. Die Stimmungsmenschen, die Kontemplativen, die Beschaulichen, die Zufriedenen, die Trägen sind mehr gleichgewichtsbestimmt als dynamischen Gepräges.

Affektivität und Triebhaftigkeit zusammen sind die Doppelwurzel der leiblich-seelischen Lebendigkeit überhaupt.

2. Der Kreislauf eint den Organismus von innen her zu einem Ganzen. Diese Tatsache ist das polare Gegenstück zu dem, das wir beispielsweise bei der Skelettmuskulatur unter dem Gesichtspunkte der Differenzierung abhandelten. Lokalisierung und präzise Eingrenzung sind im Bereiche des Kreislaufgeschehens nur scheinbar und peripher. Dasselbe gilt für den seelischen Entsprechungsbereich. Die Formen des Zumuteseins, der affektiven Regungen, der triebhaften Strebungen, die Zustände des Gesättigt- und Befriedigtseins durchschwingen und durchdringen den ganzen Menschen. Hunger und Durst, auch der Geschlechtstrieb überkommen das Lebewesen in seiner Totalität. v. Wyss liefert eine Begründung für den Hunger: »Wohl eine große Zahl derjenigen Erregungen, welche zur Entstehung des Hungergefühls führen, stammen direkt aus den Geweben und den Zellen selbst und werden durch vegetative Rezeptoren aufgenommen und durch Nerven weitergeleitet ... wir kommen zu dem Schluß, daß das Hungergefühl eine Reaktion des Organismus auf einen veränderten Gesamtzustand darstellt. ... Die Hungerreaktionen des Magens stellen gewissermaßen ein letztes peripheres Geschehen dar. Sie sind Teilerscheinungen jener Span-

nung, welche den Gesamtorganismus ergriffen hat« (132). Der
Hunger ist nicht bloß eine Sache des Magens; er entsteht auch bei
der Herausnahme desselben. Ähnlich verhält es sich mit dem Durst.
»Das imperative Bedürfnis sämtlicher Zellen und Gewebe nach
Wasser scheint uns von ausschlaggebender Bedeutung für die Entstehung des Durstgefühles zu sein. Wir stellen uns vor, daß jeder
Spannungszustand im Gesamtorganismus, dessen Bewußtseins-
korrelat das Durstgefühl ist, herbeigeführt werde durch afferente
Impulse, die von sämtlichen Geweben ausgehen. Daß gewissen Sensationen aus den Aufnahmeapparaten des Wassers noch eine besondere Bedeutung für die Entstehung des Gefühls zukommt, ist
keineswegs erstaunlich... Dazu mag allein schon die Gewöhnung
des Gewebes an den Reiz beitragen, der zu einer besonderen Ge-
websempfindlichkeit führt. Aber es besteht kein Zweifel, daß dieser
lokale Zustand der Zunge, des Rachens und des Schlundes so wenig
ausschließlich die Ursache des Durstgefühls ist wie die Leerkontrak-
tionen des Magens die alleinige Ursache des Hungergefühles darstellen« (133). Ähnlich wie mit Hunger und Durst steht es um die
Ermüdung als Folge der Anhäufung von Abfallstoffen, um die
Frische, das Schwindelgefühl, die Übelkeit usw.

Weil Hunger und Durst den Gesamtorganismus bis in die letzte
Zelle durchdringen oder, besser gesagt, aus diesem emporsteigen,
eignet ihnen auch eine so umfassende dynamische Gewalt. Das
ganze Lebewesen wird durch sie überkommen und in Bewegung
gesetzt. Ihre Stärke ist unwiderstehlich, mindestens im Bereiche
tierischen Seins. Nichterfüllung führt zu leiblich-seelischen Zuständen, die die ganze Existenz bis ins Innere erfassen und mehr
sind als sogenannte Unlustgefühle oder Schmerzen. Für dieses Er-
faßtsein der Seele bis in ihre innersten Fasern hat die Sprache den
Begriff der Qual geschaffen. Das dauernde Nichtbefriedigen elementarer Bedürfnisse, die mit dem Bestand des Lebens in seiner individuellen und gattungsmäßigen Form zusammenhängen, führt zu
Zuständen, die Schmerz oder Unlust durch ihren Totalitätscharakter
weit übertreffen. Das Tier und das Kind schreien auf und bäumen
sich vor Hunger. Das Brüllen der Tiere vor Durst oder dasjenige
weiblicher Tiere, denen die Milch nicht abgenommen wird, ist er-
schütternd. Die Brunst durchbebt den gesamten tierischen Organismus. Unsere Sprache kennt die Unwiderstehlichkeit und Stärke
aller seelischen Erscheinungen dieser Art; sie spricht von »brennender und heißer Liebe«, von »Heißhunger«, von »brennender und

heißer Gier«. Das Mittelalter schuf den Mythos von den Qualen der Hölle: ursprünglichste Lebensbedürfnisse wie Hunger, Durst, Liebe werden nicht befriedigt, obwohl ein ewig unstillbares Verlangen darnach erweckt wird.

Auf der positiven Seite stehen ebensolche seelischen Zustände ganzheitlich totaler Art. Sie sind weit mehr als »Lustgefühle«. Die Sprache spricht von Seligkeit, von Erfüllung, von Erlösung.

Die Antwort auf die abschließende Frage nach dem, was insgesamt von der vegetativen Seite unseres Seins zum Charakter beigetragen wird, lautet: Es ist der Totalitäts- und Ganzheitscharakter. Wo wir in seelischen Verläufen, sei es in der Erregung, in der Aufwühlbarkeit, in allen Gemütsbewegungen und Affekten, in unserer Triebhaftigkeit auf diesen Charakterzug stoßen, da ist die vegetative Seite unserer leiblichen Existenz besonders mitbeteiligt.

HARTMANN weist darauf hin, daß mit der Entstehung des innerleiblichen tierischen Kreislaufes, im Gegensatz zu dem »offenen« pflanzlichen, ein selbstisches Wesen entstanden ist, welches sich der Außenwelt gegenüber als etwas Selbständiges und Eigenes behaupten muß. Dieses ist nicht mehr Durchgang wie die Pflanze; es ist seiner Umwelt gegenüber etwas für sich, eine Welt und ein Kosmos in sich. Selbstbewahrung und Selbstbehauptung sind ihm ursprüngliches Lebensbedürfnis. Mit der Entstehung des innerleiblichen Kreislaufes und der Welt in sich ist zugleich all das geboren, was wir späterhin Innerlichkeit nennen. Der innerkörperlichen Eigenwelt entsprechen eine Innenwelt und eine Innerlichkeit. Stimmungen, Gemütsbewegungen, Lüste, Triebe, Hunger und Sättigung, Durst und Stillung gehören zugleich dem an, was wir Innerlichkeit nennen. LERSCH würde hier von dem »endothymen Grund« der Seele sprechen. Doch ist die Innerlichkeit der Seele nicht mit der Tatsache der vegetativen Systeme von selbst gegeben. Sie kann nur verstanden werden aus dem Zusammenspiel mit den übrigen körperlichen Systemen, nicht zuletzt mit dem Handlungsapparat.

6. Vegetative Organsysteme und Handlungsapparat

1. Wirkliche und lebendige Bewegung konnte oben nur verstanden werden aus dem Zusammenspiel des passiven Skeletts und der aktiven Muskulatur. Ebenso läßt sich der Ausdruck tatsächlicher

und wirklicher Affektivität, Triebhaftigkeit, Lebendigkeit nicht
verstehen ohne deren natürliche Verlängerung hinaus in den
äußeren Bewegungsapparat. Wirkliche Freude z. B. äußert sich
nicht nur in bestimmten Sensationen des vegetativen Systems, also
etwa in Pulsbeschleunigung oder lebhafterer Atmung; sie löst zugleich einen gesteigerten Bewegungsdrang aus. Trauer dämpft nicht
nur gewisse vegetative Funktionen herab, sondern auch die äußere
Beweglichkeit. Zu jedem Zustand unserer »Innerlichkeit« gehört
eine entsprechende Ausdruckstendenz. Umgekehrt deutet jedes
äußere Bewegtsein ein entsprechendes Verhalten des Inneren. Bevor
eine Bewegung eingeleitet wird, finden zum Zwecke der Bereitstellung entsprechende Blutverschiebungen statt. Schon im Zustande der Erwartung und der Aufmerksamkeit werden die notwendigen Nährstoffe sowie Sauerstoff herangetragen. Allein der zu
erwartende höhere Bedarf löst eine intensivere Atemtätigkeit aus.
So ist jede äußere Leistung innerorganisch durch entsprechende
Durchblutungs- und Durchatmungsvorgänge unterbaut. Umgekehrt
ist mit der inneren Zurücknahme, etwa beim Erblassen im Zustand
des Schrecks, auch eine äußere Zurücknahme verbunden, so das
Ansichreißen und Zurückzucken der Glieder, das Zusammenkauern,
das »Kleinerwerden«, das »Sichverkriechen«.

Schließlich kann alles wirkliche Handlungs- und Ausdrucksgeschehen nicht voll begriffen werden ohne die gleichzeitige Mit-
erfassung des affektiv-triebhaft-stimmungsmäßigen Hintergrundes.
Die Ausdruckspsychologie bedarf, soweit sie sich auf die Inner-
vationsweisen der Skelettmuskulatur einschränkt, von hier aus
einer nochmaligen Ergänzung. Eine vollkommene Erschließung des
Ausdruckes muß den Hintergrund des vegetativen Geschehens mit-
beachten, ja geradezu zur Grundlage nehmen. Der Mensch z. B.
kann nicht bloß in Analogie zu seinem bewußten Willen, er muß
von seinem totalen Lebendigkeitscharakter her verstanden werden.
Bei einer Aufhellung des Ausdrucks dürfen die Schwankungen des
Blutdruckes, der Pulsfrequenz, der Atemtätigkeit, der Wechsel der
Hautfarbe, die unterschiedliche Wärme- oder Flüssigkeitsabgabe,
die Variationen der Verdauungsvorgänge nicht übersehen werden.
Nicht nur die Skelettmuskulatur, auch die glatte bedarf der Mitbeachtung. Auch die Wirkungen bestimmter Drüsen und ihrer Aus-
schüttungen ins Blut – etwa des Adrenalins, der Schilddrüsensekrete
usw. – auf das sympathische Nervensystem und auf bestimmte
Partien der glatten Muskulatur haben ihre seelischen Auswirkungen.

So wird es verständlich, warum sich im Verein mit bestimmten seelischen Zuständen und Regungen beispielsweise Schwitzen, Zittern, Erröten, Erblassen, eine Gänsehaut, Haaresträuben und vielleicht auch Lachen und Weinen einstellen. Vielfältige Beobachtungen und Experimente über diese Zusammenhänge liegen bereits vor. Aber es handelt sich vorläufig nur um leiblich-seelische Korrelationsforschung. Die zentrale Sinngebung und 'die Möglichkeit der Verständlichmachung der Zusammenhänge stand noch aus.

2. Das innerorganische und innerseelische Geschehen fließen, wie soeben festgestellt, in die äußeren Erscheinungsformen über. Letztere sind die natürlichen Verlängerungen des ersteren. Innere und äußere Handlungsform verhalten sich wie der Hintergrund zum Bildinhalt, wie die Wurzel und der Stamm zum Geäst. Beim Tier fließen die Trieb- und die affektiven Regungen unmittelbar in sein äußeres Tun über. Das Innere setzt sich in Triebhandlungen und affektiven Bewegungsdrang um. Deshalb kennt das Tier eigentlich nur Triebhandlungen, nur Bewegungsweisen auf Grund und in Übereinstimmung mit seinem affektiven Zustand. Beim Menschen ist dies anders. Wohl ist auch sein äußeres Handeln unterbaut durch den inneren Drang seiner Lebendigkeit. Manche glauben sogar, daß 80% aller menschlichen Handlungen doch letzten Endes Triebhandlungen seien (134). Dies kann, aber es muß nicht der Fall sein. Die Skelettmuskulatur des Menschen ist auch das Instrument seines bewußten Wollens. Der Mensch kann sich das Weiterschwingen und das Überfließen des Innern nach außen auch versagen; er kann dem Inneren den muskulären Bewegungsapparat nicht nur nicht zur Verfügung, er kann ihn demselben sogar entgegenstellen. Das menschliche Innere löst sich nicht einfach in äußerer Bewegung auf. Es kann auch zurückgehalten, zurückgestaut, unterdrückt werden. Eine menschliche Triebregung braucht nicht zur Triebhandlung, eine affektive Erregung nicht zum Bewegungssturm zu führen. Das zurückgehaltene Innere wird eben dadurch erst zu dem, was wir menschliche Innerlichkeit nennen, die das Tier nicht hat. Es ist spezifisch menschlich, eine eigentliche Innerlichkeit in sich zurückzuhalten und in sich zu entfalten.

Ein Beispiel: STREHLE unterlegt den Ausdrucksbewegungen der Scham eine deutliche Abwehrtendenz, ein Sichversagen. Im Erröten hingegen – also in der Bereitstellung des vegetativen Systems – erblickt er die intime Bereitschaft zur »Berührung«; so deutet er die darin vorliegende zentrifugale Blutverschiebung. Das Ausdrucksbild der Scham zeigt also ein Sichwidersprechen von innerer und äußerer Bereitstellung. Beschämt sind wir, wenn uns entgegen unserer inneren Erwartung etwas Angenehmes widerfährt. Ähnlich ist es bei der Enttäuschung. Der Widerspruch zwischen den beiden Bereitstellungen ist möglich, weil das vegetative Nervensystem von unserem Wollen unabhängig ist, während die Innervationen der Skelettmuskulatur bewußter Steuerung unterliegen. Das Auseinanderklaffen der inneren und der äußeren Bereitstellung entsteht beim Menschen durch die Einschaltung seines Willens, hinter dem die Wirkungen der Erziehung stehen. Verhaltungsweisen des Tieres, die dem der menschlichen Beschämung nahekommen, finden sich denn auch nur unter dem Einfluß menschlicher Dressur.

Obige Ausführungen schaffen die Plattform für das Verständnis wirklicher und lebendiger Ausdrucksbilder, die von einer Ausdruckskunde, welche sich allein mit der Skelettmuskulatur befaßt, nicht recht aufgehellt werden können. Besteht zwischen Innerlichkeitsregungen und äußeren Handlungstendenzen keine Kluft, dann ist wie im tierischen Leben jede Handlung zugleich Affekt- oder Triebhandlung; sie ist unverfälschter Ausdruck des inneren Lebendigkeitscharakters. Je mehr eine Handlung zugleich Trieb- und Affekthandlung ist und der inneren Lebendigkeit entspringt, desto ungebrochener und kraftvoller steht der totale Mensch mit seinem ganzen Inneren hinter ihr. Die stärksten dynamischen Kräfte des Lebens liegen tiefer als der Wille. Viele Ethiken und Religionen erblicken einen Widerspruch zwischen Triebhaftigkeit und Affektivität auf der einen und (gutem) Willen auf der anderen Seite. Das Befolgen der natürlichen Gelüste z. B. wird zum »Sündenfall«. Es besteht eine Kluft zwischen Lebendigkeit und Wille, zwischen »Natur und Geist«. Verstehbar wird so das Ausdrucksbild menschlicher Befangenheit. Solange die ursprüngliche Übereinstimmung zwischen Hinter- und Vordergrund, zwischen Innerlichkeit und äußerem Streben besteht und erhalten bleibt, sprechen wir von Unbefangenheit. Das Kind erscheint uns noch unbefangen, »unverdorben«, »natürlich«, »nicht sündig«, »unschuldig«, »ehrlich«. Die Öffnung seiner Pupillen, sein Erröten oder Erblassen befinden sich noch in sinngemäßer Kongruenz mit den Ausdrucksbildern aus dem Bereich der Skelettmuskulatur.

Die Übereinstimmung bzw. Nichtübereinstimmung zwischen Innerlichkeitsausdruck und irgendwie bewußtseinsnahem äußerem Ausdruck wirft auch ein erhellendes Licht auf die Frage der Echtheit und der Unechtheit. Der Ausdruck der Trauer z. B. ist echt, wenn hinter den äußeren Ausdrucksgeschehnissen die entsprechenden innerlichen stehen. Echte Trauer umfaßt nicht nur die langsamen, schleppenden Gehbewegungen oder das gesenkte Haupt. Der Ausdruck gedrückter Stimmungslage, die Verlangsamung von Puls- und Atembewegung, Pupillenverengung, Trübung des Blickes u. a. mehr gehören dazu. Letztere aber können trotz guten Willens nicht kommandiert werden. Es gibt im Menschlichen einen Ausdruck unechter Trauer, unechter Freude usw., die nicht dasselbe sind wie Verstellung, Unwahrhaftigkeit oder Unehrlichkeit. Der Mensch kann mit seinem Willen nichts daran ändern, daß seine (taktvoll) geäußerte Freude oder Trauer nicht »von Herzen« kommen (135).

Die Umkehrung des unechten Ausdrucks – also ohne daß die echte innere Regung dahintersteht – liegt vor in der Ausdrucksunterdrückung und -beherrschung. Menschliche Trauer oder Freude z. B. können nur »still« bleiben, nur »im Herzen« vorhanden sein, »äußerlich nicht gezeigt« werden; man kann etwas »in sich hineindrücken«. Die bewußteste und gezüchtetste Form beherrschter Zügelung liegt vor in dem Ausdruck des »Diplomaten«. Die Beherrschbarkeit und Steuerbarkeit des äußeren Ausdruckes ermöglicht auch Verstellung und Heuchelei. In den Sphären des äußeren Ausdruckes spielt sich gerade deshalb etwas ab, weil eine andere Innerlichkeit dahintersteht. Erkennbar werden solche Erscheinungen für den Ausdruckskundigen dann, wenn er zwischen äußerer und innerer Bereitstellung zu unterscheiden gelernt hat.

3. Die Gesichtspunkte der Differenzierung bei der Skelettmuskulatur und der Ganzheitlichkeit in den vegetativen Funktionen wurden bereits einander entgegengestellt. Je mehr ein tatsächlicher Ausdrucks- und ein wirklicher Handlungscharakter unter dem Differenzierungsgesetz der Skelettmuskulatur stehen, desto bewußter und zugleich äußerlicher ist er. Umgekehrt sind Ganzheitscharakter, Undifferenziertheit, Irradiation, auch Verkrampfung Ausdruck des verstärkten Anteils der Innerlichkeit, der Trieb- und Affektbestimmtheit des Tuns. Zwischen Willens- oder Bewußtseinsbestimmtheit und lebendigem Ganzheitscharakter unseres Tuns bestehen zahlreiche Übergänge. Die Blutverschiebung bereitet eine gewisse Differenzierung ihrerseits schon vor. Niemals aber lassen sich vegetative Reaktionen in der Weise lokalisieren wie z. B. die Bewegung eines Fingers.

Je mehr der Ganzheits- und Innerlichkeitscharakter auch in unserem speziellen Tun bewahrt bleibt, desto mehr sind wir »mit dem Herzen«, mit »ganzer Anteilnahme«, mit »Liebe« dabei. »Was du tust, das tue ganz«, heißt ein sittliches Gebot, das einseitiger Spezialisierung und Überdifferenzierung, bloßer Auslieferung an Wille und Bewußtheit sowie der Veräußerlichung einen Riegel vorschieben könnte.

4. Wir nannten die skelettmuskuläre Kraft Eigenkraft, weil sie bewußter Verfügbarkeit unterliegt. Als wirkliche, lebendige Kraft aber fanden wir sie um so größer – so z. B. in der Form der Schlagkraft –, je organischer sie sich mit außerkörperlichen Kräften – z. B. der Erdanziehung – vermählte. Zum eigentlichen Motor der skelettmuskulären Eigenkraft aber werden die hinter ihr wirkenden dynamischen Momente affektiver und triebhafter Art. Äußere Kraftentfaltung überzeugt und erreicht ihr Höchstmaß, wenn sie eine natürliche Fortsetzung der Kräfte der Innerlichkeit ist und die volle Lebendigkeit dahinter steht. Ein Handeln auf nur willensmäßiger Grundlage kann sich an Stoß- und Überzeugungskraft, an Wucht und Schwung niemals messen mit einem solchen, das zugleich von einer triebhaften Dynamik und affektiven Entfaltung getragen ist.

Durch seine Schwere ist der Mensch der Erdanziehung verhaftet, über seinen vegetativen Funktionen steht er in unmittelbarem Zusammenhang mit den »Elementen« der Natur. Teilhabe an denselben, deren Einverleibung und Verbrauch sind zur Lebenserhaltung und -fristung unbedingt notwendig. Die einverleibten und aufgesogenen Elemente werden durch Verbrennungs- und chemische Umsetzungsprozesse zur Grundlage und Quelle aller Kraft- und Energieentfaltung.

Je ungebrochener und ungehemmter die Teilhabe an diesen Kräften der Natur auch bei bewußt gesteuerter und gelenkter Kraftentfaltung ist, desto »elementarer« wird diese. Die seelischen Kräfte des Menschen sind elementar, wenn sie unmittelbar aus der Totalität der Innerlichkeit hervorbrechen und von dieser getragen sind. Wollen und Tun bekommen den Charakter des Elementaren, wenn sie zugleich Ausdruck affektiver Entfaltung und triebhafter Strebungen sind. Der Mensch erlangt sein ihm mögliches Höchstmaß an Kraftentfaltung, an Durchschlagskraft und Überzeugungsfähigkeit dann, wenn sein äußeres Tun unmittelbar herfließt aus der Totalität seiner Innerlichkeit, wenn dieses der Ausdruck seiner Lebenskraft, seines Lebensmutes, seiner Lebenslust, seiner Lebendigkeit überhaupt ist. Auf diese Weise im Sinne einer alten ethischen Forderung in Übereinstimmung mit sich selbst, erscheint er unüberwindlich.

IV. HAUT- UND SINNESORGANE

> »Nicht im Gehirn liegt die Seele, sondern in der Form, und wofern eine Paradoxie gestattet wäre, so empföhlen wir statt des Studiums der Nerven des Menschen seine Oberfläche. Wir schließen mit einem Satz von Novalis, der hier wie so häufig die Wahrheit vorweggenommen: ‚Der Sitz der Seele ist da, wo sich Innenwelt und Außenwelt berühren‘.«
> *Ludwig Klages*

Die Haut ist dasjenige Organ, das den Leib umhüllt und nach außen abgrenzt. Sie ist der Ort, an dem sich Leibesinneres und Außenwirklichkeit begegnen, an dem sich zwei »Welten« treffen und zusammenstoßen. Die vielfältigen Funktionen der Haut lassen sich demgemäß von zwei Seiten her betrachten: von innen und von außen. Nach der Behandlung nahezu aller übrigen Organsysteme hat die Blickrichtung »von innen« mancherlei Berührungspunkte mit dem Bisherigen. Mit der Blickrichtung »von außen« stoßen wir auf Neues. Die Haut ist das wichtigste Organ, die Wirkungen der Außenwelt aufzufangen, zu verarbeiten und weiterzureichen. Als hauptsächlichste Trägerin der sensiblen Nervenendigungen ist ihre beim erwachsenen Menschen $1\frac{1}{2}$–2 qm umfassende Fläche das größte Sinnesorgan des Leibes. Zugleich ist sie vielseitigstes, allgemeinstes und, vom Entwicklungsgesichtspunkt aus betrachtet, ursprünglichstes Sinnesorgan. Alles Grundsätzliche, das bei der Behandlung der Sinnesorgane im engeren Sinne zu beachten ist, gilt schon für die Haut, und zwar im ursprünglichsten und reinsten Sinne.

1. Die Haut als Ausdrucksorgan

Die Haut ist für die gesamte Leibeserscheinung Bedeckung, Umhüllung und Grenze des Binnenraumes; zugleich ist sie allgemeinste Brücke von innen nach außen.

1. Die Hauthülle ist dem Gesamtleib enger anliegend und besser angemessen als irgendein Kleid. Trotzdem hat sie eine größere Weite, als es zur geschlossenen Bedeckung der unter ihr ruhenden Unterlage notwendig wäre. Da sich alle Körperbewegungen – man denke an Finger- oder Handbewegungen – unmittelbar unter der Haut abspielen, muß diese sich der wechselnden Beanspruchung entsprechend strecken lassen. Die Haut besitzt die Fähigkeit der funktionellen Weitenanpassung.

Zwischen der Weite des Hautschlauches und den darunter stattfindenden Bewegungen besteht ein enger funktioneller Zusammenhang. Der Hautsack ist weiter über den vielbewegten Händen und Fingern als beispielsweise über dem knöchernen Schädel. Wo die kaum bewegte Kopfhaut in die mimisch bewegten Partien der Stirn übergeht, wird die häutige Hülle sogleich weiter. Am beträchtlichsten ist die Weite im Umkreis des Auges, das unter allen Körperorganen das beweglichste ist.

Funktionell ähnlich bedeutsam wie die Weite ist die Verschieblichkeit. Die eigentliche Haut (Cutis, Derma), bestehend aus der Oberhaut (Epidermis) und der mit ihr eng verwachsenen Lederhaut (Corium), ruht auf der sogenannten Unterhaut (Subcutis). Die letztere ist ein fettzellenhaltiges Gewebe. Sie läßt sich gegen ihre Unterlage knöcherner, sehniger, muskelhäutiger oder sonstiger Art verhältnismäßig leicht verschieben. So ist es nicht schwer, auf dem Handrücken Hautfalten zu bilden. Auch die Verschieblichkeit der Haut steht in engem Zusammenhang mit der Beweglichkeit. Nasen- und Ohrenknorpelhaut haben so gut wie gar keine, die Kopfhaut nur eine geringe, die Haut an der Handoberfläche oder am Augenlid eine sehr große Verschieblichkeit.

Die Verschieblichkeit der Haut ist keine allgemeine und beliebige. An bestimmten Körperstellen ist die Haut mit ihrer Unterlage besonders fest verwachsen und büßt infolgedessen ihre Verschieblichkeit ein. Stellen intensiver Verfestigung und Verwachsung sind die Furchen und Rinnen im Gesicht, z. B. die Nasenlippenfalte und die Nasenflügelwangenfalte. Diese und das sogenannte Wangengrübchen treten um so deutlicher in Erscheinung, je mehr sich die umgebende Haut infolge intensiver Fettpolsterung von ihrer Unterlage abhebt.

Die Fettpolsterung der Unterhaut ist eine der wichtigsten Nährstoffspeicher des Körpers. Fettpolsterung, Weite, Verschieblichkeit und Beweglichkeit stehen in engem Zusammenhang miteinander. Die Fettpolsterung ist abhängig von dem allgemeinkörperlichen Zustand, besonders von der Ernährung.

Von dem allgemeinen körperlichen Zustand abhängig ist auch der Turgor. Die Zellen der Haut sind nach dem dauernden oder augenblicklichen Allgemeinzustand mehr oder weniger prall mit Gewebsflüssigkeit erfüllt. Der Hautturgor wird gerne mit dem Muskeltonus verglichen.

Weite, Verschieblichkeit, Fettpolsterung und Turgor müssen gleichermaßen beachtet werden, will man den Erscheinungs- und

Ausdruckscharakter der Hautoberfläche verständlich machen. Dies gilt besonders für das Oberflächenrelief und den Glanz der Haut. »Das Matte des Glanzes ist bedingt durch das Oberflächenrelief feinster Fältchen und Furchen. Wo diese fehlen, weist die Haut einen spiegelnden Glanz auf, z. B. auf den Nagelwällen im jugendlichen Alter und am Glatzkopf. Das gleiche Erscheinungsbild zeigt stark gespannte Haut, etwa über einer Geschwulst oder über einem Furunkel« (137). Glanz ist immer ein Merkmal unbewegter Haut.

Das äußere Erscheinungsbild der Haut ist entweder glatt oder gefaltet, gespannt oder runzelig und welk, hoch- oder mattglänzend. Es ist von Fall zu Fall verschieden verursacht. Entsprechend ist auch die seelische Bedeutung eine andere.

Glätte, Gespanntheit und starker Glanz lassen sich am nächstliegenden als Folge eines hohen Turgors erklären. In der sozusagen saftigen Eigenspannung haben wir es mit dem Ausdruck körperlicher Frische zu tun. Im Gegensatz dazu ist der Zustand der Ermüdung begleitet von einer Herabsetzung nicht nur des Muskeltonus sondern auch des Hautturgors.

Glatt, gespannt und von hohem Glanz ist die Haut auch dann, wenn die Unterhaut mit einer reichlichen Fettpolsterung versehen ist. Soweit keine krankhafte Verfettung vorliegt, handelt es sich um das Zeichen der Wohlgenährtheit. In solchem Falle sind die obengenannten Stellen der festen Verwachsung der Haut mit der Unterlage besonders tief eingeschnitten; ein Beispiel ist das sogenannte Pausbackengesicht.

Schließlich sind Glätte, Spannung und Hochglanz auch durch geringe funktionelle Weitung infolge mangelnder Bewegung zu erklären. Dann ist auch die Verschieblichkeit herabgesetzt. Einen Extremfall zeigt das Bild der Lähmung. Wenig bewegte und deshalb gering geweitete, wenig gelockerte und fest aufsitzende Haut wirkt immer verhältnismäßig glatt und gespannt.

Die genannten Grundformen können die verschiedensten gegenseitigen Verbindungen eingehen.

Auch Gefaltetheit, verminderte Spannung und Mattglanz haben nicht immer dieselbe Ursache.

Faltig, spannungsarm, von geringem Glanz ist die Haut dann, wenn der Gehalt an Gewebsflüssigkeit herabgesetzt ist, wenn also der Turgor gering ist. Wie die wasserlose Pflanze ist auch die Haut »welk«. Ist sie dabei weit und leicht verschieblich, folgt sie leise und fast unmerklich dem Zug der eigenen Schwere.

Eine ähnliche Folge wie das Nachlassen des Turgors hat die Abnahme der Fettpolsterung. Eine sonst weite, dünne und lockere Haut legt sich in Falten und Runzeln, wie wir das als Ausdruck des Alterns kennen. Erscheinungsmäßiges Gegenstück ist die »geschmelzte Haut« mit guter Fettung und Polsterung. Auch dabei folgt die Haut zugleich dem Zug der eigenen Schwere und legt sich entsprechend in Falten.

Eine andere Ursache für Faltung, Spannungsminderung und Herabsetzung des Glanzes sind die unter der Haut stattfindenden Bewegungen. Wir denken an die Furchen an den Händen oder an den Gelenken. Die Haut paßt sich in der Ruhe wie in der Bewegung ständig an ihre Unterlage an, deren Modellierung sich deutlich unter ihr abzeichnet. Die Faltenlinien nehmen die Verlaufsrichtung der Bewegungsfiguren an. Nicht mehr die Schwerkraft verursacht Faltung und Runzelung; die inneren Geschehnisverläufe prägen sich auf dem Reliefbild der Haut ab. Die Faltung wird zum Gezüge, die Runzel zum Zug, das Oberflächenrelief zum Gepräge. Hier liegt die Erklärung des sogenannten physiognomischen Zuges in der Mimik. Das Oberflächenrelief der Haut ist fest gewordener Ausdruck in einem ganz bestimmten Sinne. Es gibt Gezügebilder, die wir als klar, als verworren, als weich, hart, streng, bitter, süßlich, tief, flach usw. bezeichnen. Das in dem Oberflächenrelief der Haut abgezeichnete Gezüge ist eine Runentafel. In ihr haben sich die inneren Schicksale des Trägers eingegraben und einmodelliert.

Die Formen und die Ursachen für das Oberflächenrelief und den Glanz der Haut zusammenschauend, ergibt sich immer eine bestimmte seelische Proportion, die sich als Konstante folgendermaßen formulieren läßt:

Im Oberflächenrelief der Haut spiegelt sich das Wesen der Persönlichkeit mit dem besonderen Akzent des Geschichtlichen wider. »Geschichtlichkeit« im Ausdruck besagt, wieweit und in welcher Form ein Mensch Träger seiner eigenen Geschichte ist. Im Reliefbild der Haut liegt der Niederschlag der persönlichen Geschichte und des persönlichen Schicksals. Es kann klarlinig, eindeutig, ruhig, harmonisch, disharmonisch, wirr, unruhig, widersprechend (siehe den Sonderfall der sogenannten Notfalten!), unausgeglichen usw. sein. Die Gestaltung des Gezüges kann aktiv von innen her geschaffen, es kann auch durch äußere Einflüsse mehr passiv geworden sein. Es gibt menschliche Geschichtsfähigkeit im Sinne aktiver Selbstgestaltung oder Geschichtsunfähigkeit im Sinne verhältnismäßiger

Inaktivität oder bloßen Gewordenseins als dem Ergebnis eines geschichtslosen pflanzenhaften Werdens und Wachsens. Im Hautrelief drückt sich die potentielle Bereitschaft zur Eigengestaltung aus. Abgespanntheit, Selbstzufriedenheit, Ermattung, Resignation, Unlebendigkeit, Saturiertheit verraten geringe Bereitschaft.

Der Geschichtscharakter hängt immer auch mit dem Lebensalter zusammen. Deshalb sind die einzelnen Symptome verschieden zu werten. Dieselben frischen Pausbacken, die beim Kind zukunftsträchtige Frische und potentielle Geschichtsfähigkeit verraten, sind beim älteren Menschen vielleicht ein Zeichen von Inaktivität und infantilen Wesenszügen, des Verharrens im Vegetieren und mangelnder Selbstgestaltung des eigenen inneren Schicksals. Oberflächenrelief der Haut und wirkliches Lebensalter erscheinen im Widerspruch, wenn man sagt: »er ist älter, jünger, reifer, als er aussieht«.

Bisher wurde angenommen, daß das Oberflächenrelief selbstverständlich der Ausdruck dessen ist, was hinter der Haut vorgeht oder schon vorgegangen ist. Dies braucht nicht immer der Fall zu sein. Weite und lockere Verschieblichkeit stehen nicht immer im Dienste funktionaler Inanspruchnahme. Ein anlagemäßig weiter und verschieblicher Hautsack legt sich auch unabhängig von den Vorgängen hinter und unter ihm in Falten. Ein weites und lockeres Hautkleid macht das Geschehen hinter ihm, insbesondere dasjenige feinerer Art, nicht sogleich in einer nach außen hin merklichen Art mit. Trotz enger Verbundenheit und Angemessenheit besteht doch auch eine gewisse Unabhängigkeit von der Unterlage, um so mehr, je weiter und verschieblicher das Hautkleid ist. Dieses ist funktional auch Hülle, Vorhang, Decke, Schleier, Maske und ist in der Lage, die Vorgänge dahinter wenigstens bis zu einem gewissen Grade zuzudecken. Die gleichzeitige Funktion des Verdeckens, Versteckens, Verschleierns, Verhüllens wird besonders deutlich beim Augenlid. Der charakterologische Nebensinn des »verhängten« und des »abgedeckten« Auges geht meist in die Richtung des Unaufrichtigen, Undurchsichtigen und Verschlagenen. Habituell große Weite, leichte Verschieblichkeit und starke Faltung der Haut bieten eine der leiblichen Voraussetzungen für die Charaktereigenschaften der Verschlagenheit, der Gerissenheit, der Neigung zur Verheimlichung und zum Verstecktsein. Die stark gefaltete Haut macht nicht jede muskuläre Bewegung sogleich mit und bietet eine günstige Voraussetzung für das Verheimlichen, für das Tarnen und das Verstecken der Absichten.

2. Die Wichtigkeit der Haut als eines Körperorgans erhellt allein daraus, daß die Zerstörung eines gewissen Bruchteiles derselben, etwa durch Verbrennung, tödlich ist. Die Ursache dafür liegt in der Störung des Wärmehaushaltes; denn die Haut hat die Funktion des Wärmeregulators. Der gesunde Organismus behält stets eine annähernd gleiche Temperatur bei. Der normale Tagesanstieg beträgt allenfalls 1–1½ Grad. Überhitzung würde zu chemischen Umsetzungen im Blute mit tödlichem Ausgang führen. Ebenso gefährlich ist Unterkühlung.

Die Haut als Körperoberfläche besorgt eine erstaunlich exakte und zuverlässige Regulierung des Wärmegleichgewichts. Sie regelt die ständige Wärmeabgabe entsprechend der augenblicklichen inneren Wärmeerzeugung und dem jeweiligen äußeren Wärmegefälle. Es geschieht dies über ihre Blutgefäße. »Die Wärmeabgabe von seiten der Haut ist abhängig von der Hauttemperatur: je wärmer die Haut gegenüber der Umgebung, desto stärker die Wärmeabgabe. Die Hauttemperatur ihrerseits ist hauptsächlich abhängig von der Temperatur des durchströmenden Blutes« (138).

Die Form der Wärmeabgabe ist verschieden. »Normalerweise werden etwa 75% der Wärme durch Leitung und Strahlung, 20% werden auf dem Wege der Wasserverdunstung abgegeben, die entweder unmerklich durch Haut und Lungen vor sich geht, oder aber durch Schweißproduktion aus den Schweißdrüsen der Haut« (139). Die Inanspruchnahme der genannten Wege ist eine wechselnde. »Die Wasserproduktion ist in der Lage, dem Körper einen erheblichen Teil seiner Wärme zu entziehen, wenn die Möglichkeit der Verdunstung besteht...; denn die Verdunstung des Wassers beträgt für 1 Liter annähernd 600 Kalorien« (140). Durch Wasserabgabe schafft sich der Körper einen Feuchtigkeitsmantel, der fortlaufend abdunstet. Wasserverdunstung ist bekanntlich mit großem Wärmeverbrauch verbunden; man spricht von der sogenannten Verdunstungskälte (141).

In unseren klimatischen Breiten erscheint fast vordringlicher die Bewahrung vor Unterkühlung als die Vermeidung von Überhitzung. Zwischen Körper- und Außentemperatur besteht ein beträchtliches Gefälle. Das einfachste und feinste Mittel des Organismus gegenüber dieser Gefahr ist die Einschränkung der kapillaren Durchblutung der Haut. Daneben verfügt der Körper über weitere Möglichkeiten, die zum Teil von Dauerwirkung sind. Ein Dauerschutz gegen übermäßige Wärmeabgabe ist die Fettpolsterung der Haut. Ein weiteres

Mittel ist das Haarkleid. Der Funktionszusammenhang zwischen Wärmeregulierung und Behaarung beim tierischen Fell oder Pelz ist geläufig. Er besteht aber auch beim Menschen trotz seiner viel geringeren Behaarung. Außer Handflächen (Vola) und Fußsohlen (Planta) ist der ganze menschliche Körper noch fein behaart. Der menschliche Säugling besitzt ein vollständiges feines Haarkleid (Wollhaarkleid, Lanugohaar). Das Haarkleid erhält eine ständig vorgewärmte Luftschicht unmittelbar über der Körperoberfläche. Luft ist ein schlechter Wärmeleiter und schützt vor übermäßiger Wärmeabgabe.

Ein wichtiger Schutz des Körpers gegen Unterkühlung ist auch die Bewegung. Schon die glatten Muskelfasern, die sich bei jedem Haar (M. arrector pili) befinden, geraten in Bewegung und ziehen sich zusammen. Wärme erzeugt auch die Innervation der quergestreiften Muskeln, wenn wir z. B. mit Armen und Beinen Bewegungen ausführen. Schließlich hilft noch die Verkleinerung der Körperoberfläche, wenn wir uns zusammenkauern.

Das bisherige physiologische Vorspiel erleichtert das Verständnis der mit der Wahrung des Wärmegleichgewichtes verbundenen Erscheinungsmerkmale. Erhöhung der Wärmeabgabe durch vermehrte Öffnung der Blut-Kapillarschlingen führt, wie uns jedes Handreichen zeigt, zu verstärkter Erwärmung der Haut. Ein weiteres Erscheinungsmerkmal ist die Rötung derselben. »Die ganze Haut«, nämlich »Epidermis und Corium, ist durchscheinend, optisch ein ‚trübes Medium'« (142). Deshalb ist eine Verstärkung der Hautdurchblutung sichtbar an einer verstärkten Rötung. Die Haut »blüht auf«, »erglüht«, wird »rosig« usw.

Verringerung der Wärmeabgabe bringt Abkühlung, fürs Auge sichtbar am Erblassen und am verstärkten Inerscheinungtreten der gelblichfahlen Eigenfarbe der Haut. Man spricht von beidem: vom »Erblassen« und vom »Erkalten«. Zu starkes Wärmegefälle muß sogar durch Muskelkontraktion ausgeglichen werden; durch Zusammenziehung der glatten Haarbalgmuskeln kommt es zu den bekannten Bildern des Haaresträubens, der Gänsehaut und des Zitterns. Auch Schlottern und Sichzusammenkauern gehören hierher. Wärmeabgabe vorwiegend durch Wasserverdunstung ohne das anstrengungsbedingte Schwitzen ergibt das Erscheinungsmerkmal der nicht bloß blassen und kühlen, sondern auch feuchten Haut. Wird die Umwelt als »kälter« oder »wärmer« erlebt, antwortet das vegetative System durch Maßnahmen der Bereitstellung oder der

Zurückstauung, der Öffnung oder der Schließung. Sichtbar wird das, was leiblich und seelisch dabei vorgeht, durch die Haut.

Noch ein Wort bleibt zu sagen über die Hautfärbung. Als trübes Medium spiegelt die Haut die Blutfarbe um so mehr durch, je dünner sie ist. Außer der verschiedenen Dicke spielt für die Färbung auch die Pigmentierung eine Rolle. Durchblutungsvorgänge und Durchblutungswechsel scheinen um so nuancierter und feiner nach außen durch, je weniger Pigmentkörperchen eingelagert sind.

Die Hautfärbung, insbesondere soweit sie durch die Durchblutung verursacht ist, ist aufzufassen als ein ständiges Transparent der Innerlichkeit.

In der Haut spiegeln sich Gemütsbezogenheit, Affektivität, Innerlichkeit äußerlich wider: Dabei kann es sich um Erregung handeln (»heiß vor Erregung«, »glühende Erregung«), um Liebe (»heiße Liebe«, »in Liebe erröten«, »Liebesglut«, »warme Liebe« usw.), um Haß (»grün vor Haß«, »häßlich«), um Neid (»blaß vor Neid«), um Wut (»blaß vor Wut«), um Scham (»schamrot«, »Schamröte«), um Angst (»blaß vor Angst«, »Angstschweiß«, »Angstschlottern«), um Zorn (»Zornesröte«), um Schreck (»schreckensbleich«, »erstarrt vor Schreck«) usw. Gerade die menschliche Haut ist ein besonders treuer Spiegel der Innerlichkeit. Aber auch beim Tier kann sich die Affektivität in der Haut widerspiegeln. Der »geschwollene Kamm« des Hahnes, das Erröten des Truthahnes, Haaresträuben oder das Aufplustern der Federn sind der Ausdruck affektiver Erregungen aus dem Tierreich.

Neben den momentan wechselnden Zuständen der Haut sind auch deren habituelle Verschiedenheiten von Mensch zu Mensch zu beachten. Sie sind charakterologisch wichtig. KRETSCHMER bewertet in seiner Typologie auch die Hautbeschaffenheit mit. »Wir finden nämlich die Gesichtsfarbe der Zirkulären vorwiegend gerötet, die der Schizophrenen aller Gruppen vorwiegend blaß« (143). Auch wir müssen wie KRETSCHMER der habituell geröteten Haut, also derjenigen mit einer größeren vasomotorischen Erregbarkeit, eine stärkere gemütsmäßige Bezogenheit zur Umwelt, ein stärkeres natürliches Ausstrahlen von Wärme, Liebe, Güte, ein innerliches Überschußhaben zusprechen. Es sprechen aus ihrem Erscheinungsbild »mehr Herz«, mehr natürliches und ungehemmtes Zugetansein zur Umgebung, geringeres Zurückhalten und Zurückstauen der Innerlichkeit, größere Abhängigkeit von der Empfänglichkeit und Aufnahmebereitschaft der Umwelt.

Die vorwiegend blasse, gelblichkäsige Haut der Schizothymen (144) ist nach KRETSCHMER habituell weniger durchblutet. Weil der Organismus keinen großen Überschuß an Wärme hat, wird diese zusammengehalten, zurückgestaut und am Abfließen gehindert. Seelisch entspricht dem eine habituell geringere Gemütsbezogenheit zur Umwelt, ein Mangel an natürlicher Wärme, eine Rückstauung der Gemütsregungen und damit eine stärkere Affinität zu Affektformen wie Schreckhaftigkeit, Ängstlichkeit, Neid, Haß, Rache, Sorge. Die Innerlichkeit ist in sich zurückgenommen und strahlt nicht ungehemmt auf die Umgebung über. Damit im Zusammenhang steht die Neigung zur Distanzierung. Schon körperlich ist die Ableitung des Wärmeüberschusses mehr Feuchtigkeitsabgabe, was der Schaffung einer »kühlen« und zugleich distanzierenden »Atmosphäre« gleichkommt. Im sozialen Raum herrschen vermehrte Ichbetonung, verstärkte Abhebung des Ichs von der Umgebung im Gegensatz zu der Umgebungs- und Wirbezogenheit der zyklothymen Wesensart.

Dem Sichtbarwerden der Innerlichkeit durch die Haut steht zu starke Pigmentierung im Wege. Zwar bewirken plötzliche und außerordentliche seelische Regungen und Affekte, wie z. B. Schreck, Farbtonwechsel auch bei der stark pigmentierten Haut. Nicht so leicht aber sind auch die feinsten Regungen der Innerlichkeit erkenntlich. Pigmentierung kann sich als Schutz und Tarnungsmöglichkeit beim Verbergen des Innerlichkeitsgeschehens auswirken.

2. Die Haut als Sinnesorgan

Die Haut »von außen« betrachten, heißt zugleich das Lebewesen Mensch inmitten einer Wirklichkeit sehen, die unabhängig von ihm ihre eigenen Gesetze, Kraftwirkungen, Richtungen, Strebungen, Ziele hat. Es steht einer fremden und andersartigen Außenwirklichkeit gegenüber. Die Haut schließt eine innere Eigenwelt in sich zusammen und nach außen ab; sie schließt zugleich eine äußere Fremdwelt aus. An ihrer Oberfläche stauen sich nicht bloß die von innen nach außen strahlenden und wirkenden Kräfte. Auch die Kräfte der Außenwirklichkeit stoßen sich an ihr. Sie wirken durch die Haut hindurch oder werden aufgefangen, abgehalten, unschädlich gemacht, verarbeitet, weitergeleitet.

Damit ist zweierlei ausgesprochen: 1. Die Haut ist Schutz gegen äußere Einwirkungen mechanischer, chemischer, thermischer, bakteriologischer oder sonstiger Art. 2. Sie ist Aufnahme- und Empfangsorgan für Außenwirkungen, ist Sinnesorgan. Beide Seiten der Doppelfunktion sind innig ineinander verwoben; eine getrennte und gesonderte Behandlung ist kaum durchführbar.

Die Haut besteht aus drei Hauptschichten, teilweise schon durch ihre entwicklungsgeschichtliche Herkunft unterschieden. Die äußerste oder oberste Schicht (Epidermis) ist ektodermaler Herkunft und steht mit der Außenwirklichkeit unmittelbar in Berührung. Sie hat zwei Teilschichten: die oberflächliche Horn- und die darunterliegende Keimschicht. Erstere besteht aus verhornten und kernlos gewordenen Zellen, ist trocken und der eigentlich mechanische Teil der Haut. In der Handinnenfläche oder an der Fußsohle ist sie infolge starker mechanischer Beanspruchung besonders kräftig entwickelt. Sie ist mechanische Schutzschicht nach außen.

Die zweite Hauptschicht, die Lederhaut (Corium), geht aus den ursegmentalen Hautplatten des mittleren Keimblattes hervor. Mit der Epidermis eng verwachsen, bildet sie mit dieser zusammen die »Haut« im engeren Sinne. Charakteristisch ist ihre Oberflächenbesetzung mit den sogenannten Papillarkörperchen. Diese, entweder finger-, zapfen- oder höckerförmige Gebilde, sind nach Zahl und Form örtlich, entwicklungsgeschichtlich-zeitlich und individuell verschieden auf der Lederhautoberfläche verteilt. Sie ruhen auf dem dünnen Stratum subpapillare, welches wiederum auf dem dickeren, derberen, kräftigeren Stratum compactum aufsitzt. Die funktionale Bedeutung der Lederhaut ist zunächst eine mechanische. Ihre unterste, dickste Schicht besteht aus einem mechanisch beanspruchbaren Gewebegeflecht kollagener und elastischer Fasern. Die dünne Unterlageschicht der Papillaren ist Trägerin der Arterien, Venen und Nerven. Die Papillaren sind immer mit den Schlingen der feinen »Blutkapillaren«, deren Bedeutung für die Wärmeregulierung wir schon kennen, verbunden.

Die dritte Hauptschicht, die Unterhaut (Subcutis), besteht aus einem System fetterfüllter Zellen. Nicht nur Spiegel für den Ernährungsstand des Organismus, stellt sie allen mechanischen Außenwirkungen gegenüber eine druckelastische Polsterung dar (145). Die vorzügliche Eignung von Fettschichten für diesen Zweck zeigen auch die Fettpolsterungen der Gelenkflächen und der menschlichen Sitzfläche. Funktionale Hauptbedeutung der fettreichen Unterhaut ist es, Außenwirkungen, besonders solche mechanischer Art, elastisch aufzufangen, diesen weich und geschmeidig nachzugeben, deren Druck- und Stoßwirkung zu dämpfen und abzumildern.

Die Haut hat indessen zusammen mit Behaarung und Pigmentierung nicht bloß eine Schutzfunktion. Sie ist auch imstande, Außenwirkungen als Reize aufzufangen, sie ins Innere des Organismus weiterzuleiten und dort eine aktive Beantwortung hervorzurufen. Anders gesagt: die Haut ist zugleich Sinnesorgan. Schutz- und Sinnesfunktion verhalten sich ungefähr so wie der passive Schutz zur aktiven Abwehr. »Die ursprüngliche eigentliche biologische Bedeutung der Sinnesorgane liegt nicht in bewußter Sinneswahrnehmung, sondern in der Auslösung von Reflexen. Das Lebewesen steht in ständiger Abwehr gegenüber der Bedrohung seiner Existenz. ... Die Irritabilität des Protoplasmas, seine Fähigkeit, auf solche Bedrohung (‚Reize‘) lebenschützend und bewahrend zu antworten, ist für die Abwehr die Grundlage, die bei den Amöben ausreicht, bei höheren Formen fortentwickelt und unter Bewahrung der ursprünglichen Aufgabe differenziert wird« (146).

Die Haut ist auf das mannigfaltigste mit besonderen Aufnahmeapparaten ausgestattet. Sieht man von der epidermalen Hornhaut ab, so befinden sich in allen ihren Schichten Rezeptoren, d. s. sensible Nervenendigungen für die spezifische Reizaufnahme, -verarbeitung und -weiterleitung.

Die gesamte Körperhaut ist mit Nervenendapparaten ausgestattet. Sie ist deshalb als die größte und allgemeinste Sinnesfläche anzusprechen. Einzelne Stellen haben eine besonders gute sensible Nervenversorgung, so die Fingerspitzen und die Lippen. Allgemein ist die Leistenhaut (z. B. an Handinnenfläche und Fußsohle) besser mit sensiblen Nervenendigungen versehen als die übrige sogenannte Fältchenhaut. Die Nervenendigungen sind gestaffelt verteilt auf die verschiedenen Tiefenschichten der Haut. Auch die Wurzelscheiden der Haare sind versehen. Diese »weisen eine so reiche Nervenversorgung auf, daß sie geradezu als Sinnesorgane angesprochen werden können« (147). »Wird ein Haar berührt, oder durch einen Lufthauch gebogen, so wird diese Biegung dort, wo das Haar mit seinen Wurzelscheiden verbunden ist, unterhalb der Talgdrüsenmündung, auf die Wurzelscheiden und durch diese auf die Nervenendigungen übertragen. Das freie Haar wirkt wie ein Hebelarm« (148). Bekannt ist uns die Sinnesfunktion der Tast- oder Schnurrhaare der Katzen.

Insgesamt finden sich in den Schichten der Haut mindestens zehn voneinander unterscheidbare Arten verschiedener Nervenendigungen (149).

Wenn auch die Haut der allgemeinste und wichtigste Träger sensibler Nervenendigungen ist, ist sie doch keineswegs der einzige. Bei Entfernung der Haut fallen von den Sinnesempfindungen nur die Temperatur- und die Tastwahrnehmungen ganz aus. Die Tiefenstaffelung der übrigen sensiblen Endapparate setzt sich nämlich ins Körperinnere fort. Die Haut ist nur Träger der sogenannten »Oberflächensensibilität«. Deren natürliche Fortsetzung ins Körperinnere hinein ist die sogenannte »Tiefensensibilität« (150).

Nachgewiesenermaßen befinden sich an den meisten, wenn nicht vielleicht sogar an allen Endapparaten neben den markhaltigen auch marklose Fasern, die dem sympathischen System angehören.

An die Reizaufnahme der sensiblen Endigungen schließt sich die Reizweiterleitung an. Teilweise scheinen die Reize erst innerhalb der afferenten Leitungsbahnen ihren spezifischen Charakter zu erhalten.

Die aufgezeigten funktionalen Verhältnisse der Haut haben auch ihr erscheinungsmäßiges Korrelat.

Für die Schutzfunktionen ist es wichtig, ob die Haut dick oder dünn, hart oder weich, rauh oder glatt ist. Abhängig ist dies von der Eigenart der Einzelschichten, die wir von außen zwar abschätzen, aber nicht voll und exakt erkennen können. Noch schwieriger ist die sensible Nervenversorgung zu erfassen, die direkt überhaupt nicht sichtbar ist.

Hinsichtlich des Merkmals der Dicke gilt ganz im allgemeinen, daß die Haut den Organismus nach außen um so besser schützen kann, je dicker sie ist. Umgekehrt dürfte eine Haut um so geeigneter zur Reizaufnahme sein, je dünner sie ist. Beim sogenannten »Dickfeller« büßen die Außenwirkungen einen Teil ihres Reizcharakters ein.

Es ist in etwa auch von außen sichtbar, ob an der Dicke der Haut mehr die Epidermis (insonderheit die Hornhaut) oder die fettzellenhaltige Unterhaut den Hauptanteil haben. Im ersteren Falle ist die Haut zugleich hart, derb und rauh. Damit einher geht eine beträchtliche sensible Unempfindlichkeit, eine Herabminderung der Reizempfänglichkeit. Die gut fettgepolsterte Unterhaut hingegen schützt zwar, indem sie Stoßwirkungen dämpft und mildert. Aber diese Schutzwirkung ist nicht mit einem Verlust der feineren sensiblen Reize erkauft. Besonders wenn die Epidermis nicht allzu dick ist, werden die Reize sogar in der feinsten Weise registriert, es wird ihnen nur der eventuelle Härtecharakter genommen.

Charakterologisch bedeutsam ist die besondere Kombination in den Beschaffenheiten beider Hautschichten. Es sind folgende Zusammenstellungen möglich: dicke Hornhaut und dicke Unterhaut (allgemein derb und grob); dünne Hornhaut und dünne Unterhaut (allgemein dünn und zart); dicke Hornhaut und dünne Unterhaut (allgemein grob und derb, aber noch gut verschieblich); dünne Hornhaut und gute Fettpolsterung (allgemein weich, geschmeidig und elastisch).

Über die mittlere Hauptschicht, die Lederhaut, läßt sich nicht so leicht ein differenziertes Urteil abgeben. Ihre Schutzwirkung ist abhängig von ihrer Dicke: Schutzwirkung sowie Geschmeidigkeit und Elastizität hängen von der Verteilung der kollagenen und der elastischen Fasern ab. Ihre Reizempfänglichkeit wird bestimmt von der Art, Verteilung und Dichte der Papillaren. Äußerlich sichtbar sind nur Behaarung und Pigmentierung.

Über das Funktionieren der sensiblen Versorgung der Haut gibt uns ein wichtiges erscheinungsmäßiges Erkennungsmerkmal indirekter Art Auskunft. Ein Beispiel: Wir sehen ein Kind am Ofen spielen. Auf einmal zuckt seine Hand zurück. Wir schließen daraus, daß es mit der Hitze in Berührung gekommen ist. Würde das Kind beim Berühren des Ofens nicht zurückzucken, hielten wir es für hitzeunempfindlich. Die Feinheit und Empfänglichkeit des sensiblen Apparates läßt sich normalerweise ablesen an der Art, wie ein Lebewesen auf einen bestimmten Reiz antwortet. Unsere sämtlichen Bewegungen sind ständig nach Tempo, Richtung und Kraft reflektorisch gesteuert durch die Reizmeldungen, die unser sensibler Apparat aufnimmt und weitergibt. An den fortlaufenden Anpassungs- und Steuerungsvorgängen in unseren Bewegungen erkennen wir also indirekt die Funktionstüchtigkeit, die Feinheit und Präzision unseres sensiblen Apparates.

Soweit es sich um Reize handelt, die sich auf das vegetative System auswirken, werden diese auch durch vegetative Reaktionen beantwortet. Im Wechsel der Hautfärbung, im Erröten, Erblassen, Erstarren, Erglühen, Sichaufhellen wird dies erscheinungsmäßig faßbar und erlaubt einen Rückschluß auf die Feinheit und Ansprechbarkeit des Reizapparates.

Alles Bisherige zusammenfassend, läßt sich sagen: Dicke und Schichtungseigenart der Haut sowie die Reizbeantwortung geben

Aufschluß über Weise und Grad der Reizempfänglichkeit, und zwar empfindungs- wie gefühlsmäßiger Art.

Eine solche Sensibilitätskonstante (so möchten wir sie nennen) schwingt in den folgenden Eigenschaften und Kennzeichnungen mit: sensibel, feinfühlig, empfindlich, empfindsam, reizbar, stumpf, gefühllos, gefühlvoll, gefühlsroh, »dickfellig«, mimosenhaft, gefühlskalt, gefühlsverhärtet, überreizt, sinnlich, gefühlsansprechbar usw. Sie setzt uns in die Lage, Bewegungsformen wie: »vorsichtig«, »tastend«, »weich«, »hart«, »anschmiegsam«, »geschmeidig«, »geschickt«, »elastisch«, »angepaßt« ausdrucksmäßig voll zu erklären.

Hier ist der Ort, die Begriffe Gefühl und Empfindung näher zu beleuchten und zu unterscheiden. Beide werden sowohl gleich- als auch verschiedensinnig gebraucht. Dem ursprünglichen Sprachgebrauch nach ist das »Fühlen« spezifisch für den Tastsinn; »Gefühl« bedeutet soviel wie »Tastempfindung«. »Empfindung« hingegen kennt keine spezifische Bindung an den Tastsinn, besagt soviel wie Reizempfang überhaupt. Man kann so von einer »Licht-«, von einer »Gehörsempfindung«, nicht aber von einem »Lichtgefühl« sprechen.

Jede Reizwirkung hat eine doppelte Seite: man möchte sagen eine objektive und eine subjektive. Die erstere besteht in einer lokalisierten Aufnahme und sinngemäßen Beantwortung. So beantworten wir den Störungsreiz durch eine uns übers Gesicht laufende Mücke mit einer entsprechenden Abwehrbewegung. Mit zunehmender Entwicklungshöhe bleibt diese direkte und zweckmäßige Reizbeantwortung nicht das einzige; der Reiz erfährt nicht bloß im Rückenmark eine sensomotorische Umschaltung. Seine Weiterleitung innerhalb des nervösen Zentralorganes läßt ihn auf höchster menschlicher Stufe zum Bewußtseinsinhalt werden. Die Empfindung verdichtet sich zusammen mit früheren Empfindungskomplexen zur objektiven Wahrnehmung. Die Empfindung ist nicht mehr bloß Auslöser zweckmäßiger Reizbeantwortung. Sie wird Bestandstück von Wahrnehmungen, die zum Aufbau eines objektiven Weltbildes führen.

Reizwirkungen lösen aber nicht nur eine Empfindung über das Daß und das Wo eines Geschehens, sondern auch ein »Gefühl« aus. Mit diesem fällt der Organismus ein »Urteil« darüber, wie er durch die Reizwirkung berührt wird, ob in einem zuträglichen oder in einem nichtzuträglichen Sinne, ob angenehm oder unangenehm. Hier soll unter Gefühl das Berührungs-, das Berührtseinserlebnis schlechthin verstanden sein. Darin ist auch die Ursprungsbeziehung mit dem Tastsinn gewahrt. Die Einengung auf den Tastsinn wird allerdings verlassen, um dem gängigen Begriffsgebrauch und der Art, wie er Gefühl und Empfindung trennt, so weitgehend wie möglich entgegenkommen zu können. Es kann aber unter Gefühl nicht schlechthin alles verstanden werden. Insbesondere wird unter Gefühl nicht das mitbezeichnet, das die Sprache unter »Gemüt« in einem so schönen und tiefen Worte meint. Es wird des weiteren auch nicht von »Lust- oder Unlustgefühlen« gesprochen. Der Gefühlsbegriff hat immer das Berührungserlebnis im Auge, das sich zwischen den Polen des Angenehmen und des Unangenehmen bewegt, ähnlich wie sich die Befriedigung triebhafter Bedürfnisse zwischen Lust und Unlust abspielt oder die Stimmungsskala sich zwischen Gehobenheit und Niedergedrücktheit wechselt. Es ist gewiß richtig, daß die subjektive Gefühlsseite der Reizwirkungen sehr oft eine affektive, gemütsbetonte, triebhafte oder stimmungsmäßige Beantwortung auslöst. Dieser nahe Zusammenhang im Reiz-Antwort-Spiel mag es verschuldet haben, daß zuweilen schlechthin alles mit Gefühl bezeichnet wird, das in Wirklichkeit Stimmung, Gemüt, Trieb oder Affekt ist.

Das Gefühl als Berührungserlebnis kann weiterhin (151) ähnlich wie die Stimmungen oder die Lüste unabhängig von seinem ursprünglichen biologischen Zweck zum Gegenstand des Genusses gemacht werden. So wie es ein Schwelgen, ein Sichverlieren, ein Sichberauschen und ein beschauliches Sichversenken in Stimmungen gibt, gibt es auch ein Auskosten des Berührungserlebnisses. In der »Sinnlichkeit«, so wollen wir diese Art Genuß nennen, wird die Berührung gesucht und ausgekostet. Sie ist in Parallele zu setzen mit der Lüsternheit, mit dem Sichausleben, mit dem Austoben der Affekte, mit dem Ausbaden der Stimmungen. Genießerhaltung überhaupt bringt u. U. diese verschiedenen Arten des Genießens zu enger Verschmelzung.

Diese Klarstellungen ermöglichen es, aus der objektiven und der subjektiven Seite des Reizempfangs bestimmte charakterologische Folgerungen abzuleiten. »Objektives« und »Subjektives« sind zwar eng verschmolzen, aber doch in einer von Mensch zu Mensch verschiedenen Weise. Der Erlebnisakzent kann ein mehr objektiver und empfindungsmäßiger oder ein mehr subjektiver und gefühlsmäßiger sein. Ein Mensch kann gefühlsbestimmt und feinfühlig oder weniger gefühlsbestimmt, sachlich, nüchtern, kühl, kalt, gefühllos, hart, stumpf, ein zweckbestimmter Praktiker, »objektiv« eingestellt sein. Gefühlsbestimmtheit wiederum kann nach den Seiten des Angenehm- oder des Unangenehmberührtseins hin akzentuiert sein. Im letzteren Fall spricht die Sprache auch vom »Empfindler«, vom »Empfindlichen«, vom »Empfindsamen«. Beim Gefühlsbestimmten jeglicher Tönung ist die subjektive Reizwirkung im Vordergrund; der objektiv Empfindungsbestimmte tendiert zum theoretischen Typ. Feinfühligkeit und Feinempfindlichkeit sind zwei Zweige aus derselben Wurzel, weshalb ihre Bedeutungen oft ineinander über- fließen.

KRETSCHMER, der den Zyklothymen von der Stimmung her als manisch-depressiv deutete, hat den Schizothymen von Gefühl und Empfindung aus bestimmt. Der Schizothyme bewege sich zwischen reizbar und stumpf. Er neige zur Anästhesie einerseits und zur Hyperästhesie andererseits. In unserem Sinne wäre der Zyklothyme der Stimmungsmensch überhaupt, der Schizothyme hingegen der Gefühls- und Empfindungs- bzw. Reizbestimmte (152).

3. Die Sinnesorgane (das Sehorgan)

Die Haut vermittelt als Ursinnesorgan zusammen mit der Tiefen- sensibilität die verschiedensten Reizwirkungen: Druck, Schmerz, Wärme, Kälte usw. Hautspezifisch sind nur Tast- und Wärmeemp- findung. Außer der Haut gibt es noch die eigentlichen Sinnesorgane. Unter Einbeziehung des Tastsinnes sprach man früher von den fünf Sinnen: Gesicht, Gehör, Geruch, Geschmack und »Gefühl«. Diese sind »spezifische« Sinne. Seit G. E. MÜLLER kennt man »spezifische Sinnesenergien« und meint damit die Fähigkeit gewisser Sinnes- epithelien, auf bestimmte Reize im besonderen anzusprechen, bzw. sämtliche Reize in bestimmter Weise zu empfinden. Die Sinnes- zellen des Auges z. B. sind befähigt, gewisse Schwingungen auf- zunehmen und sie in Lichtempfindung zu transformieren; sie ma- chen aber auch aus unspezifischen Reizen – einem Schlag, einem elektrischen Stromstoß – immer und nur eine Lichtempfindung, niemals etwa eine Gehörs- oder Geruchsempfindung.

Die Sinnesorgane haben mit der Haut die Reizempfänglichkeit – allerdings in ihrer spezifischen Weise! – gemeinsam. Auch die übrigen Urfunktionen der Haut sind in ihnen enthalten, also die Schutz- und die Ausdrucksfunktion, wenn auch in teilweise erheb- lich spezifizierter und modifizierter Form.

An der Stelle aller »fünf Sinne« wird hier beispielhaft für alle Sinnesorgane das Sehorgan behandelt. Es ist das ausgeprägteste und bedeutendste menschliche Sinnesorgan; es enthält die Urfunktionen in spezifischer Ausprägung und ist vielleicht von der Haut als dem allgemeinsten und unbestimmtesten Sinnesorgan am weitesten entfernt.

Zum »Sehorgan« gehört nicht nur das Auge, d. i. der Augapfel (Bulbus), und evtl. sein Reizleitungssystem, d. i. der sog. Seh»nerv«. Zu ihm rechnet außerdem ein feiner und hochkomplizierter Bereitstellungs- und auch Schutzapparat, der nicht übersehen werden darf.

Die spezifische Funktion des Sehorgans besteht in Aufnahme, Verarbeitung und Weiterleitung von Lichtreizen, welche Helligkeiten, Farben und Formen vermitteln. Daneben spiegelt es vegetative Reaktionen wider und besitzt seine besonderen Schutzeinrichtungen.

1. Das Auge als solches besteht aus einem optischen Apparat, der fotografischen Kamera vergleichbar. Zweck desselben ist das Auffangen und Brechen der Lichtstrahlen durch ein System hintereinandergeschalteter Linsen; die Strahlen sollen sich auf der Netzhaut im Hintergrund des Augeninneren zu einem möglichst scharfen Bild vereinigen. Die Netzhaut entspricht der fotografischen Platte. Sie ist Trägerin der Sinneszellen. Ihr blinder Fleck, die Eintrittsstelle des Sehnervs und der Blutgefäße, ist reizunempfindlich. Ihr gelber Fleck ist die Stelle des schärfsten Sehens; auf ihn stellt sich die Blickachse am vorteilhaftesten zur Erlangung eines scharfen Bildes ein.

Die Weitergabe der aufgefangenen Reize erfolgt durch den Sehnerv. Die Bezeichnung »Nerv« ist insofern nicht zutreffend, als es sich entwicklungsgeschichtlich um einen Teil des Gehirns selbst, und zwar des Zwischenhirns, handelt.

Zur Erlangung scharfer Netzhautbilder genügt das Auge allein nicht. Hinzu kommt ein Anpassungs- und Bereitstellungsapparat, der die Einstellung auf jeweils verschiedene Reizlagen bewirkt. Zur aktiven Anpassung des Auges an die besondere Reizlage, d. i. an die jeweilige Lichtfülle, an die Nähe oder Ferne des Gegenstandes, an dessen Lage und Stellung im Raum sind jeweils im Auge selbst und in dessen näherem und weiterem Umfeld eine Reihe von Muskeln tätig. Der Regulierung des einfallenden Lichtes dient der Ringmuskel des Auges. Sein Gegenmuskel ist der Augendeckelheber; er kann durch den Stirnmuskel unterstützt werden. Weitere Muskeln sind der Augenbrauenrunzler und der Abwärtszieher der Brauen. Von den beteiligten glatten Muskeln wird später noch die Rede sein.

Damit die Sehachse – es ist die Linie vom Gegenstand durch die Linsenmitte auf die bildempfangende Netzhaut – möglichst auf dem lichtempfänglichsten Fleck der Netzhaut – Stelle des schärfsten Sehens (Fovea centralis) – auftrifft, kann der Augapfel die differenziertesten Einstellungsbewegungen vollziehen. Die Grobeinstellung geschieht schon durch die Zuwendungsbewegungen des gesamten Körpers und des Kopfes. Das Auge selbst bewegt sich mit Hilfe der vier geraden und der zwei schrägen Augenmuskeln. Die ersteren ermöglichen Winkel-, die letzteren Drehbewegungen. Das Ineinander beider Bewegungsweisen gestattet die feinsten Richtbewegungen. Der Augapfel gleicht einem vollendeten Kugelgelenk mit drei Freiheitsgraden.

Die zu fixierenden Gegenstände befinden sich einmal näher, einmal ferner vom Auge. Dieses verfügt zwecks Anpassung auch an diesen Reizwechsel über die Möglichkeit der Akkommodation. Es handelt sich um eine muskulär bewirkte Verstellung der Konvexität der Linse. Durch Zug oder Nachlassen des Ziliarmuskels wird die Linse abgeflacht und schwächer oder gerundet und stärker lichtbrechend.

Das Sehorgan ist also auf das beste ausgerüstet, sich allen Besonderheiten der jeweiligen Reizlage anzupassen. Dazuhin ist gerade seine Muskulatur ihrerseits mit sensiblen Fasern auffallend gut nervös versorgt. Dadurch ist eine besonders feine reflexive Steuerung der Reizanpassung gewährleistet.

Die sich aus den soeben aufgeführten Verhältnissen ergebenden Erscheinungsweisen können zum Teil im Anschluß an LERSCH aufgeführt werden (153).

Die Regulierung der Lichtfülle behandelt LERSCH unter einem Abschnitt: »Variationen der Lidspalte«. Beim »normal geöffneten Auge« ist die Lidspalte so geöffnet, daß das Unterlid etwa den Unterrand der Iris tangiert und das Oberlid den oberen Irisrand so schneidet, daß die Öffnung des Sehloches für den Eintritt der Lichtstrahlen noch völlig frei bleibt. Die Lichtfülle von außen kann ungehindert hereinfließen; bei normalen Beleuchtungsverhältnissen entsteht ein klares, helles und deutliches Netzhautbild. – Vom normal geöffneten ist das »übernormal geöffnete Auge« zu unterscheiden. Die Augenlider sind aufgerissen; zwischen Unterlidrand und Iris tritt auch noch ein Teil vom Augenweiß in Erscheinung.

Entsprechend ist auch das Oberlid hochgerissen; es schneidet die Iris nicht mehr, tangiert sie allenfalls noch. Soweit nicht in bestimmten Sensationen des vegetativen Systems verursacht, ist das übernormal geöffnete Auge aufzufassen als Anpassungsform an eine objektiv zu geringe Lichtfülle. Die Augen werden aufgerissen, wenn man zu wenig sieht. – Abweichungen von dem normal geöffneten nach der andern Seite hin sind das »verhängte« und das »abgedeckte« Auge. Die Lidspalte ist verkleinert; im Falle des verhängten Auges wird auf ein scharfes Netzhautbild verzichtet; im Falle des abgedeckten Auges beeinträchtigt eine zu große Lichtfülle das beobachtende Sichanpassen. Das verhängte Auge ist ebenso wie das übernormal geöffnete nur zum Teil aus der Anpassung an die Lichtfülle zu erklären; die Zustände des vegetativen Systems sind wesentlich mit zu berücksichtigen.

Die Entstehung eines Netzhautbildes von optimaler Schärfe ist außer von der Lichtfülle auch von der Entfernung zwischen Gegenstand und Auge abhängig. Anpassende Einstellung auf die Nähe und auf die Ferne kann innerhalb eines gewissen Rahmens durch Erhöhung und Verminderung der Brechkraft der Linse erreicht werden. Für die Linsenwölbung verantwortlich ist der Ziliarmuskel. Die Unterschiede der Sichtigkeit, d. h. die vorwiegende Nah- oder die betontere Ferneinstellung werden erscheinungsmäßig sichtbar, wenn Gesamtkörper und Kopf sich zwecks guter Sicht dem Gegenstand entweder nähern oder sich von ihm distanzieren. Die Wahl der günstigsten Sichtentfernung – etwa von einem Buche – mit individuell oft recht unterschiedlichem Abstand ist der indirekte äußere Ausdruck verschiedener Beschaffenheiten der Augen. Die Brechungsverhältnisse sind abhängig von der elastischen Anpassungsfähigkeit, d. i. der Akkommodationsfähigkeit der Linse und von der Tiefe des Augapfels. Neben der normalen gibt es bekanntlich eine Kurz- und eine Weitsichtigkeit, die beide durch Gläser korrigierbar sind.

Unsere Gegenstandsbilder werden, insbesondere hinsichtlich ihrer räumlichen Tiefe, durch beidäugiges Sehen vermittelt. Die Nah- und Ferneinstellung ist nicht zuletzt Sache der Achsenrichtung beider Augen. Je näher der zu fixierende Gegenstand liegt, desto früher kreuzen sich die beiden Sehachsen. Je ferner er rückt, desto mehr sind diese parallel gestellt. Die Richtung der Sehachsen auf unendlich verrät zugleich, daß es gar nicht mehr auf die Erzeugung eines scharfen, gegenständlich bestimmten Netzhautbildes ankommt, und daß ein differenziertes Gegenstandsbild gemieden wird. Je nach der Blickeinstellung auf nahe oder auf unendlich sprechen wir von einem sehenden oder gar beobachtenden gegenüber einem schauenden Verhalten. Der verträumte und abwesende Blick z. B. ist ein Zeichen für die Abwendung von der konkreten Gegenstandswelt; er ist auch Voraussetzung für die Zuwendung zu einer innerlichen, geistigen, irrealen, vorstellungsmäßigen, gedanklichen Welt.

Die Behandlung der Nah- bzw. Ferneinstellung führt bereits zu den eigentlichen Richtbewegungen des Auges. Diese, hervorgerufen durch die geraden und schrägen Augenmuskeln, dienen der Herstellung der Sehachse. An sie denkt man, wenn man gewöhnlich von der Blickrichtung spricht. Durch die Blickrichtung soll die direkteste Gegenstandsbeziehung hergestellt werden. Letztere ist nichts anderes als eine Sonderform der Gegenstandsbeziehung des Lebewesens überhaupt, welche wir als Zuwendung kennen. Des direkten Bezuges wegen wenden wir uns entweder mit dem ganzen Körper oder wenigstens mit dem Kopfe unserem Gegenstand zu. Zuwendung kann als Grobeinstellung für die Blickrichtung angesehen werden. Die Richtbewegungen des Auges sind die Feineinstellung.

Zwischen Grob- und Feineinstellung, zwischen Zuwendung und Blickrichtung also besteht ein mehr oder weniger großer Spielraum. Es gibt die mannigfaltigsten Überschneidungsmöglichkeiten; die Individuen machen je nach Lage oder charakterlicher Eigenart in wechselnder Weise von ihnen Gebrauch. Einen Gegenstand durch möglichst vollständige Zuwendung in die Sehachse bekommen, ist die erscheinungsmäßige Voraussetzung für den »geraden Blick«. Von diesem mit seiner Vollzuwendung des Körpers oder doch des Kopfes gibt es Abweichungen. LERSCH teilt sie in solche nach der vertikalen und in solche nach der horizontalen Richtung ein. Vertikalabweichungen sind die Blickrichtungen »nach oben« und »nach unten«. Die Gegenstandswelt wird das eine Mal über, das andere Mal unter dem Standort des Blickenden erlebt. Die beiden Blickvarianten zeigen eine charakteristische Standortbeziehung zwischen erlebendem Ich und gegenüberstehender Gegenstandswelt an. Ihnen liegt ähnlich wie bei der Nah- oder Ferneinstellung eine Wahl- oder Vorzugsbeziehung zu der uns allseitig umgebenden Gegenstandswelt zugrunde. Man ist einem bestimmten Ausschnitt derselben besonders zugetan. Bei den Blickvarianten »von unten« und »von oben« liegt der Grund nicht im Gegenstandsbereich, sondern im blickenden

Subjekt. Bestimmend ist eine Perspektive durch den wirklichen oder vermeintlichen eigenen Standort. Die charakterologische Bedeutung der Blicke »von oben« und »von unten« läßt sich von hier aus nicht voll aufklären; es wird noch einmal auf sie zurückzukommen sein.

Die Abweichungen vom geraden Blick nach der Horizontalen sind der Blick »nach der Seite« und der Blick »von der Seite«. Beim Blick »nach der Seite« wird der interessierende Weltausschnitt, z. B. eine Gefahr, als von der Seite und Flanke her kommend erlebt. Der Blick »von der Seite« ist ebenso wie derjenige »von unten« oder »von oben« nicht allein aus dem sachlichen Gegenstandsbezug erklärlich. Die Blickrichtungsvarianten »nach« sind erscheinungsmäßig von denjenigen »von« leicht zu unterscheiden. Blickrichtungen »von« verraten alle eine Dissonanz zwischen Zuwendung und Sehachse. Sie werden immer gewählt aus Ursachen, die im Blickenden selbst und nicht im Gegenstand zu suchen sind.

Die Sinngebungen der referierten Blickvarianten lassen sich in folgender Weise zusammenfassen:

Öffnung des Auges, Blickeinstellung und Blickrichtung verraten die Eigenart der »optisch apperzeptiven Bezogenheit« zur Umwelt, was gleichbedeutend ist mit der Eigenart der optischen Konstante und des optischen Sektors unseres Weltbildes überhaupt.

Nach der Regulierung des einfallenden Lichtes können wir von Geöffnetheit, Klarheit, Wachheit, von Unklarheit, Verschlafenheit, Unwachheit, Verschwommenheit, Diffusität, von Genauigkeit, Ungenauigkeit, Schärfe oder Unschärfe, von präziser und eingeengter Umrissenheit oder von Weite und allseitiger Aufgeschlossenheit sprechen. – Nach der Nah- oder der Ferneinstellung gibt es ein Gerichtetsein auf das Nahe, das Einzelne, das Ferne, das Weite, das Große, eine »Kurz-«, »Weit-« oder »Fernsichtigkeit«; es gibt Beobachtung, Sicht, Schau, eine schauende Einstellung auf die Ferne, das Innerliche, das Gegenstandslose, das Geistige; es gibt eine Vorliebe für das Kleinliche und das Enge. Es gibt einen inneren Horizont, eine Bevorzugung der Nahwelt oder der Fernwelt, eine Wahlbeziehung zu einem geistig innerlichen oder gegenständlich äußerlichen Bereich. Ein Zugetansein zu einem besonderen Ausschnitt aus dem uns umgebenden Kosmos verrät die bevorzugte Blickrichtung auf die »obere«, »geistige«, »ideale«, »religiöse« oder auf die »untere«, die »niedere« Welt. – Denkt man bei der »optisch apperzeptiven Umweltbezogenheit« vorwiegend an die Perspektive, ergeben sich Eigenschaftsbegriffe wie Weite, Überschau, Sicht von höherer Warte, Enge, Froschperspektive, Sicht von unten usw. Ist die Perspektive weniger sachlich, sondern von der subjektiven Wertschätzung bestimmt, liegen Charaktereigenschaften wie Hochmut, Einbildung und Arroganz oder Unterwürfigkeit und Subalternität im Umfeld.

Die charakterologischen Konsequenzen der verschiedenen Arten optisch apperzeptiver Verbundenheit sind sehr klar bei LERSCH herausgearbeitet. Doch nicht alle seine Folgerungen sind aus den Funktionen des Sehorganes als Sinnesorgan herleitbar. Über LERSCH hinausgehend, müssen wie bei der Haut auch beim Auge außer der Sinnesfunktion auch noch die Zusammenhänge mit dem vegetativen System berücksichtigt werden. Schließlich darf auch die Schutzfunktion, die beim Auge in so interessanter Weise modifiziert ist, nicht unbeachtet bleiben.

2. An der Regulierung des Lichteinfalles sind nicht allein die im Umfeld des Auges angesetzten quergestreiften Muskeln beteiligt. Die Öffnung des Auges ist nicht nur der Aktivität des Augendeckelhebers (M. levator palpebrae) zuzuschreiben. Ein weiterer Muskel, und zwar ein glatter (M. capsulus palpebralis), wirkt dabei mit. Er stellt einen elastischen Aufhängeapparat für die Tarsalplatten des Augenoberlides dar. Durch seine tonische Spannung erfüllt er eine Haltefunktion; er ist der ständige Haltemuskel des Augenoberlides.

Im Dienst der Mitregulierung der Lichtfülle stehen außerdem noch der Sphinkter und der Dilatator in der Regenbogenhaut, die als Antagonisten das Sehloch verengen und erweitern. Die Wirkung dieser glatten Muskeln ist bekannt durch den Pupillarreflex.

Ebenfalls vom vegetativen System aus reguliert wird der Tränenapparat, ein wichtiger Zubehörteil des gesamten Sehorganes.

Der Augapfel wurde bereits mit einem höchst beweglichen »Gelenk« von drei Freiheitsgraden verglichen. Ein weiterer, ein vierter »Freiheitsgrad« kommt hinzu. Das Aufruhen auf dem orbitalen Fettkörper mit unterschiedlichem Turgor und wechselnder Füllung der Venen macht den Augapfel bis zu einem gewissen Grade auch nach vor- und rückwärts verschieblich. Die Verschieblichkeit hängt von dem Zustande des vegetativen Systems ab.

Das ständige Offenhalten der Lidspalte im Zustande der Wachheit wird durch den tonischen Spannungszustand eines glatten Muskels ohne besondere Anstrengung gewährleistet. Demgegenüber vollzieht der Augendeckelheber als quergestreifter Muskel die aktiven Anpassungsbewegungen beim Sehen. Die tonische Spannung des glatten Haltemuskels läßt normalerweise erst im Zustande hochgradiger Ermüdung nach. Dann fallen die Augen zu, notfalls muß der Augendeckelheber die Halteleistung mit übernehmen. Dies zu leisten ist er allein nicht imstande; er zieht noch den Stirnmuskel hinzu. Es entsteht das von Stirnfalten begleitete Erscheinungsbild des »verhängten Auges«. Es ist hauptsächlich verursacht durch den herabgesetzten Tonus des glatten Haltemuskels. Erst so erfährt die charakterologische Deutung LERSCHS ihre Begründung; der »Verzicht auf ein klares Netzhautbild« ist eigentlich als eine Nebenfolge anzusehen.

Beim »normal geöffneten« und beim »abgedeckten« Auge ist der Tonus des glatten Haltemuskels ein normaler. Um so leichter kann sich der Augendeckelheber seiner Anpassungsfunktion hingeben. Beim »übernormal geöffneten Auge« hingegen besteht eine überstarke tonische Spannung des glatten Haltemuskels; es entsteht das Ausdrucksbild der Starre und des Starrens. Außer diesem Aufreißen des Auges kann noch eine durch die Verstärkung des Turgors im orbitalen Fettkörper verursachte Verschiebung des Augapfels nach vorne stattfinden; es ergibt sich das Ausdrucksbild der beinahe »herausfallenden«, der »glotzenden« Augen. Umgekehrt ist der geringe Tonus im Ausdrucksbild des »verhängten Auges« von einem leichten Zurücksinken des Augapfels begleitet. Die genannten Ausdrucksbilder werden vollständig durch das Hinzukommen des Sichweitens oder -verengens der Pupillen. Zum Erscheinungsbild des aufgerissenen Auges z. B. gehört auch das Aufgerissensein des Sehloches.

Die normale Funktion des Tränenapparates besteht in der ständigen Reinigung und Feuchthaltung der Hornhaut des Auges, die nicht trocken werden darf. Erscheinungsmäßig prägt sich die dauernde Tränenbespülung im Glanz des Auges aus. Man spricht von einem glänzenden Auge, von einem feuchten Glanz bei starker Versorgung mit Tränenflüssigkeit, von einem trüben, matten, glanzlosen Auge bei geringer Flüssigkeitsversorgung.

Unsere Ausführungen beweisen, daß die Erscheinungsweise des Auges nicht allein verstehbar ist aus seiner Funktion als Sinnes- und Reizempfangsorgan. Der augenblickliche oder dauernde Zustand des vegetativen Systems, d. h. aber seelisch die innere Verfassung stimmungsmäßiger, affektiver oder triebhafter Art liefern ihren Beitrag hinzu.

Die Geöffnetheit unseres Auges, seine Verschiebestellung, sein

Glanz und seine Befeuchtung sind Ausdruck unserer Innerlichkeit, also unseres stimmungsmäßigen, affektiven und triebhaften Zumuteseins. Erst so erhält die mehr symbolische Wendung vom Auge als dem »Fenster der Seele« einen greifbaren Inhalt.

Aus dem Auge leuchtet die Innerlichkeitsverfassung hervor. Die vielen Bezeichnungen wie: sonniges, strahlendes, leuchtendes, helles, trübes, offenes, klares, freies, starres, müdes, frisches, mattes Auge sind symptomatisch dafür. Aus dem Auge sprechen die Zustände der inneren Frische, der Mattigkeit, der Betrübtheit, der Freude, der Trauer, der Glückseligkeit, der inneren Finsternis, der inneren Geöffnetheit, der Verschlossenheit. Aus dem Auge können wir auch Tatunlust, Trägheit, Spannungsarmut, passive Grundhaltung, willentliche Stumpfheit ablesen. Aus dem Auge sprechen affektive und triebhafte Regungen wie Schreck, Entsetzen, Erstaunen, Begehrlichkeit, Gier (»Er schaut einen an, als ob er einen fressen wollte!«) usw.

Hier ist der Ort, eine klare Unterscheidung einzuführen, die auch von der Sprache geahnt und vollzogen wird. Es ist der Unterschied zwischen »Auge« und »Blick«. Die bisherige Ausdruckspsychologie interpretiert, ausgehend von der Innervation quergestreifter Muskeln, praktisch nur den Blick. Dies ist folgerichtig; denn der Blick ist immer etwas Bewegliches, Aktives, Bewußtseinsnahes; er verrät immer ein Interesse, eine Absicht; er läßt sich aus der Gegenstandsbezogenheit erklären. Mit Recht nennt die Sprache alle Ausdrucksbilder, die mit den Richtbewegungen zusammenhängen, Blick, z. B. »Blick nach oben«, »Blick von der Seite« usw. Richtbewegungen bezwecken die aktive Herbeiführung eines bestimmten Gegenstandsbezuges.

Für diejenigen Ausdrucksbilder unseres Sehorgans, die in ihrem Schwerpunkt nicht von der Innervation der quergestreiften Muskulatur abhängen, bedient sich die Sprache der Bezeichnung »Auge«. Auch LERSCH spricht vom normal geöffneten, vom verhängten »Auge«. Der Erscheinungsausdruck ist nicht auf etwas Gewolltes oder Bewußtes, nicht auf eine eigene Aktivität, nicht auf eigene Bewegungsimpulse zurückzuführen. Es handelt sich um innerliche Zustände, wenn man von feuchten Augen und nicht vom feuchten Blick spricht. Soweit Innerlichkeits- und Bewußtseinsausdruck ineinander übergehen, ist beides erlaubt: vom strahlenden Auge und vom strahlenden Blick, vom hellen, trüben, traurigen Auge oder Blick zu sprechen. Wenn wir Blick sagen, ist das Sehorgan in erster

Linie Sinnesorgan; wenn wir Auge sagen, ist es der Spiegel der Innerlichkeit und »Fenster der Seele«. »Blick« drückt eine vorwiegend aktive, »Auge« eine mehr empfängliche Haltung aus.

3. Die Funktion des Schützens, des Zudeckens, des Verhüllens mit zu beachten, ist um so verpflichtender, als das Auge ein hochempfindliches und wichtiges Organ ist, das selbst besonderen Schutzes bedarf. Die Natur hat es zwischen die schützenden Knochen der Augenhöhle eingebettet. Gegen kleinere Störungen wie Fremdkörper oder zu starkes Licht schützt es sich durch die hochbeweglichen Lider. Auch die Tränenabsonderung hat zugleich eine Schutzaufgabe.

Über das Gesagte hinaus hat die Schutzfunktion gerade beim Auge eine Sonderausprägung erfahren. Mit dem Schutz gegen außen hat diese nur den Apparat, nicht mehr aber den Sinn gemein. Schon die Faltung prägt die hinter ihr sich abspielenden Vorgänge nicht nur durch; sie deckt auch zu und macht unbemerkbar. Beim Sehorgan ist dies noch viel mehr der Fall. Auge und Blick tun am deutlichsten die Art der Umweltbezogenheit des Menschen kund und lassen am tiefsten in dessen Inneres sehen. Gerade deshalb hat dasselbe Organ auch die Möglichkeit, die in ihm stattfindenden Vorgänge nach außen zu verhängen und zu tarnen.

Die in früherem Zusammenhang aufgeführten Erscheinungsbilder von »Auge« und »Blick« werden erst jetzt voll verständlich und bekommen den charakterologischen Sinn, der ihnen instinktiv oder durch feinsinnige Psychologen zugelegt wird. Ein »verhängtes Auge« hat nicht immer nur seinen Grund in einer mangelnden, optisch apperzeptiven Umweltbezogenheit oder in einer zu geringen tonischen Haltespannung. Es kann ebenso in dem Bedürfnis wurzeln, innerliche Vorgänge oder Zustände zu verhüllen. Ein Gleiches gilt vom »abgedeckten Auge«. Auch die Ferneinstellung der Augen mit Sehachsenrichtung auf unendlich kann gewählt sein, um eine erhöhte Wachsamkeit auf dem Gebiet des Gehörs zu ermöglichen und zugleich zu verdecken. Am deutlichsten wird die Möglichkeit des Verdeckens bei der Wahl der Richtbewegungen. Das Natürliche ist der »gerade Blick«, bei dem Zuwendungsebene und Blickachse senkrecht aufeinanderstehen. Bei manchem Blick »von oben«, »von der Seite«, u. U. auch »nach oben«, »nach unten«, »nach der Seite« und besonders bei dem Blick »der verheimlichten Beobachtung« besteht eine Richtungsschere zwischen Zuwendung und Blickrichtung. Durch diese soll die eigentliche und wirkliche innere Gerichtetheit getarnt und verdeckt werden.

Erscheinungsformen dieser Art sind: der lauernde Blick, der heimliche Blick, der unheimliche Blick, der verschämte Blick, der Blick des schlechten Gewissens, der schuldbewußte Blick. Ihr besonderer Sinn wird klar in der Gegenüberstellung zu dem offenen, dem geraden, dem ehrlichen, dem freien, dem reinen, dem unverdorbenen, dem klaren Blick.

Verhängen der Lidspalte, besondere Blickeinstellung und -richtung finden oft ihre Erklärung in dem Verhüllenwollen des inneren Zustandes sowie in einem Verdecken der Absichten.

Der merkwürdige Volksausdruck: »Ich mache die Augen zu, dann siehst du mich nicht« ist keineswegs so unsinnig, wie es scheinen möchte. Der Blick offenbart die Bezogenheit zu der wesentlich optisch bestimmten Umwelt des Menschen am sichersten; er tut die Interessen und Absichten am deutlichsten kund. Eine Tarnung derselben durch Blickverschleierung ist deshalb besonders naheliegend. Aus Auge und Blick lassen sich unschwer Eigenschaften ablesen wie: Offenheit, Geradheit, Ehrlichkeit, Unbefangenheit, Reinheit; Unoffenheit, Unehrlichkeit, Befangenheit, Verdorbenheit. Der Augenausdruck kann Scham, Schuldbewußtsein, schlechtes Gewissen, Hochmut, Arroganz, Verlogenheit, innere Gespaltenheit, Reserviertheit, Verschlagenheit, Auflauern, Verheimlichung, Feindseligkeit, Trotz, Berechnung, Vorsicht, Mißtrauen, Hinterhältigkeit, Verstecktheit, versteckte Tatbereitschaft, Mißgunst bedeuten. Es sind dies Beispiele, die zum Teil im Anschluß an LERSCH wiedergegeben werden.

In den letztgenannten Eigenschaften tritt immer eine Zwiespältigkeit zutage. Die Abweichung vom Direkten und Geraden kann von Fall zu Fall sehr verschieden gelagert sein. Beurteilung und sittliche Bewertung sind anders, je nachdem ob es sich z. B. um Unechtheit oder um Unehrlichkeit handelt.

4. Zusammenschau

Daß die Haut und in gewisser Weise auch die Sinnesorgane ein Transparent der Innerlichkeitsregungen sind, weist ihnen eine Art Mittlerfunktion zu. Was sich daraus an Erkenntnissen ergab, kann als rückschauende Ergänzung der vorausgegangenen Kapitel angesehen werden. Entscheidend neu war, daß die Haut Ursinnesorgan ist und die eigentlichen Sinnesorgane dies Neue nur in ihrer spezifischen Form zum Austrag bringen. Ursinnesorgan und spezifische Sinnesorgane setzen den Gesamtleib instand, die Wirkungen der Außenwirklichkeit als Reize aufzunehmen und zu verarbeiten. Durch Haut- und Sinnesorgane gewinnt, um es auf einen Generalnenner zu bringen, das Lebewesen seine Sinnlichkeit. Über die Sinnlichkeit im umfassendsten Sinne des Wortes wird die Außenwirklichkeit zum Erlebnis, gewinnt sie Einlaß ins Innere, tritt sie in eine Beziehung zu der in sich ab- und eingeschlossenen Eigenwirklichkeit des Lebewesens.

Die Außenwirklichkeit wird um so differenzierter und vollständiger zum Erlebnis, je differenzierter das die Reizwirkung aufnehmende Instrument ist. In Haut und Sehorgan haben wir zwei solche Instrumente näher kennengelernt. Das menschliche Sehorgan dürfte mit seinem aktiven Reizanpassungsapparat der gesamten Tierwelt gegenüber einzig dastehen. Die menschliche Haut ist als Reizaufnahme- und -empfangsorgan von ganz besonderer Feinheit und Differenzierung. Letztere, von der anthropologischen und vergleichend biologischen Forschung als etwas Besonderes herausgestellt, ist durch ihre Zartheit, Helligkeit und »Unbehaartheit« ein vorzügliches Instrument unserer Sinnlichkeit. Sie unterscheidet sich vom tierischen Fell, bei dem Schutz- und Wärmeerhaltungsfunktion noch das Wichtigste sind. Der Mensch überträgt diese Funktion auf die Kleidung; seine Haut ist ein um so differenzierteres Organ seiner Sinnlichkeit. Die Eigenart der menschlichen Haut und deren seelische Entsprechung, welche wir Sinnlichkeit im ursprünglichsten und umfassendsten Sinne nennen wollen, ist etwas wesenhaft und spezifisch Menschliches.

Der Sinnlichkeitsbegriff umfaßt die allgemeine Fähigkeit des Organismus, durch Außenwirkungen angesprochen, gereizt, beeindruckt zu werden. Die Außenwirklichkeit wird dem Lebewesen zum Erlebnis. Dieses Erleben ist von vielschichtiger Bedeutung: auf der Stufe des Menschen wird aus ihm ein Bild von der Welt. Ursprünglicher ist es, sich der Außenwirklichkeit gegenüber zweckmäßig und richtig zu verhalten, dieselbe als bedrohend und gefährdend, als lebensschädigend und schmerzend, als angenehm und lebensfördernd aufzunehmen und zu erkennen. Wir unterschieden in der Gesamtsinnlichkeit des Menschen die zwei Grundrichtungen Empfindung und Gefühl. Das sinnliche Vollerleben der Wirklichkeit umfaßt beide zugleich. Der allgemeine Sprachgebrauch versteht unter Sinnlichkeit mehr die gefühlsmäßige Seite, nämlich die Freude an dem Be-

rührungserleben in einem vielfach ganz bestimmten und eingeschränkten Sinne.

Durch die Sinnesorgane tritt uns die Außenwirklichkeit als eine
andere, fremde, vom eigenen Selbst abgesetzte und diesem entgegenstehende Welt gegenüber. Dies Verhältnis zur Wirklichkeit unterscheidet sich von demjenigen der hindurchgehenden Teilhabe. Innen
und außen werden geschieden, stehen sich getrennt gegenüber.
Eine Welt der »Gegenständlichkeit« steht neben und im Gegensatz
zu dem Zustande unseres Inneren.

5. Sinnlichkeit und Beweglichkeit
(Haut und Handlungsapparat)

Aus der Art des Zusammenspiels zwischen Sinnlichkeit und Beweglichkeit ergibt sich eine unübersehbare Vielfalt von Möglichkeiten.
Zwei Grundakzentuierungen sollen herausgegriffen werden: Die
Sinnlichkeit kann mehr im Dienste der Beweglichkeit, die Beweglichkeit kann umgekehrt mehr im Dienste der Sinnlichkeit stehen.

1. Ursprünglicher Sinn aller Empfindlichkeit ist es, die geeigneten
Gegenwirkungen des Organismus auf Außenreize zu ermöglichen.
Die sensibel (sensorisch durch die spezifischen Sinnesorgane) aufgenommenen Reize werden großenteils im Rückenmark sogleich
auf die entsprechenden motorischen Bahnen umgeschaltet und lösen
Abwehr- oder sonstige Antwortbewegungen aus. Dies ist aber nicht
alles. Jede Bewegung wird fortlaufend durch den Empfindungsapparat dirigiert und gesteuert, überwacht und geregelt. Dies geschieht in erster Linie, aber nicht nur durch die Hautsensibilität.
»An jeder Bewegung leistet sie (die Haut) einen uns unbewußten,
aber entscheidenden Anteil« (154). Tiefensensibilität, Muskelempfin-
dungen, Gelenkempfindungen kommen noch hinzu.

Die laufende, unmerkliche Steuerung unseres Bewegungs- durch
unseren Empfindungsapparat erst verleiht unseren Bewegungen
die Sicherheit und die Fähigkeit, sich Widerständen anzugleichen,
sie zu umgehen, zu überwinden u. dgl. Anpassungsweise, Bewegungsrichtung, Krafteinsatz unterstehen der stetigen Steuerung unserer
Sensibilität.

Wirkliche Bewegung und lebendiger Bewegungsausdruck sind
nicht bloß das Ergebnis einer bestimmten Innervationsweise der
Skelettmuskulatur; auch das Hinzukommen der Wirkung der

Schwerkraft machen sie nicht vollkommen verständlich. Viele sprachliche Bewegungskennzeichnungen erhalten erst nach Hinzunahme der sensiblen Bewegungssteuerung ihren richtigen Sinn. Es sind Ausdrücke wie: feinfühlig, weich, zärtlich, anschmiegsam, lenksam, gefühlvoll, sanft; rauh, hart, derb, grob, gefühllos, roh. Wenn wir von einem Vorfühlen, einem Vortasten, einem zögernden, behutsamen, vorsichtigen Vorgehen sprechen, wenn wir von Streicheln, Tätscheln, Liebkosen, Schmeicheln, von Zartheit und Zimperlichkeit reden, haben wir stets im besonderen Sinne sensibel gesteuerten Bewegungsausdruck im Auge. Umgekehrt sind Bewegungs- und Verhaltungsweisen beherrscht, gezügelt, gefestigt, geregelt, wenn nicht sogleich jeder sensiblen Reizwirkung nachgegeben wird.

Die sensible Steuerung erst gibt unserer Bewegungsweise ihren durchseelten Charakter, macht sie zur lebendigen, im Gegensatz zur mechanischen Bewegung. Sie wird auch mehr als lediglich muskuläre Kraftäußerung. Praktische Geschicklichkeit, Handlichkeit usw. gibt es nicht ohne sensible Bewegungssteuerung.

Wo es auf Raschheit, auf Sicherheit, auf feinste Abstufung ankommt, ist sie unentbehrlich. Nicht zufällig ist der muskuläre Bereitstellungsapparat des Auges mit einer auffallend feinen sensiblen Nervenversorgung versehen. Eine hervorragende Vereinigung von Sensibilität und Beweglichkeit zum Zwecke der laufenden Bewegungssteuerung besitzt die menschliche Hand. Endglied des Armes mit einer ungeheuren Vielfalt an Bewegungsmöglichkeiten, ist sie das Organ zum Schaffen, Gestalten und Tätigsein. In den Fingerspitzen sitzt aber zugleich die feinste Empfindlichkeit. Sie ist Organ des Erfassens und Begreifens, des Fühlens und Empfindens. Nicht umsonst spricht man vom »Fingerspitzengefühl«.

Die sensible Bewegungssteuerung ist Ursprung und Hauptwurzel der Feinfühligkeit und der Intelligenz. Feinfühligkeit bedeutet gefühlsmäßig akzentuierte reagible Aufnahme und Verarbeitung der Umweltreize. Intelligenz, auch als die Fähigkeit der Anpassung an neue Lagen definiert, bedeutet empfindungsmäßig akzentuierte Bezogenheit und praktische Resonanz auf den Wechsel äußerer Reizgegebenheiten. Sie steht im Dienst praktischer Zielverfolgung in der Auseinandersetzung mit den objektiven Gegebenheiten. Sie ist um so höher, je augenblicklicher sie wechselnde Gegebenheiten erfaßt und zweckentstehende Anpassungen vollzieht. Bei der Feinfühligkeit hingegen steht der hochentwickelte sensible Apparat im Dienste des Mitfühlens und der Einfühlung. Intelligenz ist zugleich Klugheit, Geschicklichkeit, Geschmeidigkeit, Beweglichkeit, Pfiffigkeit, Gerissenheit; Feinfühligkeit nimmt Rücksicht auf die Eigengesetzlichkeit des Fremden um dessen selbst willen.

2. Aus dem Insgesamt aller Sinneswahrnehmungen baut sich der Mensch sein Weltbild auf. Die Frage, ob dieses Weltbild ein Ab- oder Spiegelbild der Außenwirklichkeit ist, kann sogleich im Sinne des Unwahrscheinlichen entschieden werden. Unser Sehorgan z. B. besteht nicht nur aus einem optischen Aufnahmeapparat, sondern zugleich aus einem hochdifferenzierten und -leistungsfähigen Bereitstellungsapparat. Je mehr das Auge durch aktive Bereitstellungsbewegungen der jeweiligen Reizlage angepaßt wird, desto genauer, schärfer, ausführlicher, umfassender wird das Bild von der Welt. Das menschliche Weltbild ist also nicht bloß das Ergebnis passiver Beeindruckung; es ist aktiv aufgebaut und gestaltet, erobert mit der tätigen Unterstützung der Sinnlichkeit durch den Bewegungsapparat. Sofern der Mensch ein wirklich Erkennender ist, steht sogar der gesamte körperliche Bewegungsapparat, also nicht nur derjenige des Auges, im Dienste der besseren Reizanpassung. Es hat seinen tiefen und richtigen Sinn, wenn die Sprache unser Bild von der Wirklichkeit zugleich Erfahrung nennt.

Der Anteil der grundsätzlich immer vorhandenen inneren Aktivität an der Schaffung unseres Weltbildes ist freilich nicht immer derselbe. Die Sinnesorgane können in einer mehr abwartenden Bereitschaft verharren und die Außenreize auf sich zukommen lassen. Unter Umständen führt dies zu einer besonders sachgetreuen Beeindruckung. Schauen, Hören, Zuhören, Zusehen meinen eine allgemeine Haltung der Aufnahmebereitschaft, der Empfänglichkeit, des Hingegebenseins. Außer diesem »Sichbeeindruckenlassen« gibt es aber auch weit aktivere Haltungen. Beim Beobachten, Horchen, Aufspüren, Ausspähen ist das Erkennen ein hochaktiver Vorgang, selbstmitgestaltete Erfahrung.

6. Sinnlichkeit und Innerlichkeit
(Haut und vegetative Organsysteme)

Die Haut ist Schauplatz und Instrument unserer Sinnlichkeit. Zugleich aber ist sie Ausdrucksorgan und Transparent unserer Innerlichkeit.

1. Das Beziehungsverhältnis zwischen Sinnlichkeit und Innerlichkeit wird besonders deutlich an der jetzt weiter zu vertiefenden Unterscheidung zwischen Gefühl und Gemüt.

Gefühlsmäßiges Angesprochensein und Erlebnis des Berührtseins durch die Außenwirklichkeit erfahren sehr oft eine gemütsmäßige Beantwortung. Stimmungen oder Verstimmungen, triebhafte oder affektive Regungen können die Folge sein. Der Sprachgebrauch rückt die Begriffe Sinnlichkeit und Triebhaftigkeit besonders nahe aneinander. Die enge Beziehung zwischen Gefühlserleben und Gemütsbewegung ist schon organisch vorgezeichnet. An den meisten nervösen Reizaufnahmeapparaten sind auch marklose Fasern, die dem vegetativen System zugehören, beteiligt. Bestimmte Außenreize können deshalb zugleich ein Erröten oder Erblassen, ein Haaresträuben, eine Blickaufhellung oder -verfinsterung, einen Schweißausbruch bewirken.

Stimmungen und Gemütsbewegungen wie Freude, Trauer, Liebe, Haß, Begeisterung, Seligkeit und andere sind trotzdem keine Gefühle. Ebensowenig sind es die Lüste. Gemütswerte, als Gefühle bezeichnet, werden veroberflächlicht, veräußerlicht, verlieren an Tiefe und Gewicht. Wer anstelle von Gemüt Gefühl sagt, reicht statt Wein Limonade. Um Innerlichkeit, Tiefe und Wärme auszudrücken, schuf die Sprache den Gemütsbegriff (154, 155, 156). Das Gefühl als Berührungserlebnis ist auf die Außenwelt bezogen, beurteilt diese als angenehm, unangenehm, schmerzlich usw. Stimmungen, Affekte, Triebregungen dagegen überkommen ihren Träger von innen her. Berührungserlebnisse können allerdings die Auslöser sein. Freude, Trauer, Frohmut, Begeisterung, Angst steigen aber von innen auf und haben ihre Wurzel nicht in Gefühlen. Dagegen haben Feinfühligkeit, Empfindsamkeit, Empfindelei, Zimperlichkeit, Schwelgerei, Schwärmerei vorwiegend Gefühlscharakter; sie können sehr wohl der wahren Wärme, Tiefe und echten innerlichen Reichtums entbehren.

Charakterologisch kommen die verschiedensten Überschneidungen von Gefühls- und Gemütsbestimmtheit vor. Gemütsbestimmte nehmen die Außenreize auf, um sie in der Tiefe zu verarbeiten. Sie bleiben äußerlich ruhig, scheinbar unberührt und sind doch mit dem Herzen, mit ihrer ganzen Person und Innerlichkeit dabei. Sie sind schwer, tief, ernst, froh, traurig immer von innen heraus. Bei anderen Menschen hat das Berührungserlebnis, das Gefühl den höheren Stellungswert. Sie schwärmen, schwelgen oder sind leicht reizbar, unangenehm berührt, empfindelnd usw. Überfeinerte sensible Ansprechbarkeit liegt vor in der Sonderform des »Schmerzlichberührtseins« (157). Die Außen- und Oberfläche ist sozusagen ganz Wundfläche, die durch jede Berührung schmerzlich getroffen wird. Auch der »Empfindsame« ist vorwiegend Gefühlsmensch und von dem Berührungserlebnis her zu verstehen (158). Ihm entspricht auf der Gemütsseite der Traurig-Ernste.

Schmerzlichberührtsein führt zum Rückzug vor der Außenwelt, zum Zurückzucken vor jeder Berührung, zur »Introversion«. Der Rückzug von der Außenwelt auf die Innenwelt ist ein solcher in den Bereich der Ideen, der Phantasie oder auch des Wahnes. Es werden innere Stockwerke und Schlösser errichtet, zu denen die Außenwelt keinen Zugang hat. Vorwiegend schmerzliches Berührtsein führt zur Rückwendung auf sich selbst, zur Lösung der Verflechtung mit der Äußerlichkeit. Dies ist allerdings nur die negative Voraussetzung für den Aufbau einer positiven Innenwelt. Wirklich reich und tief wird diese nicht nur durch das Ansprechen auf schmerzliche Erlebnisse sondern durch das Hinzukommen einer schöpferisch kräftigen Innerlichkeit. Sonst bleibt die »Innenwelt« flach, leer, dünn, unecht, scheinbestimmt, arm an wirklichen Gehalten: verstiegen und exaltiert, ist sie blutleer und ohne Gemüt. Mancher schwächlich dünne »Schizothyme« gehört hierher.

2. Das Zusammenspiel von Innerlichkeit und Sinnlichkeit hat auch eine objektive Seite, nämlich hinsichtlich der aktiven Gestaltung unseres Weltbildes. Das menschliche Weltbild ist kein absolutes und totales wie dasjenige eines göttlichen Verstandes. Es ist mitbestimmt durch Perspektive und Standort, die der Mensch innerhalb der Gesamtwirklichkeit einnimmt. Die Bezogenheit des eigenen Weltbildes auf den eigenen Standort macht dieses zur Weltanschauung. Weltanschauung ist das Weltbild bezogen auf den Wirklichkeitsstandort seines Trägers.

Der Standort, den der Mensch in der Gesamtwirklichkeit einnimmt, ist ihm unmittelbar – nicht gegenständlich – gegeben in seiner Innerlichkeitsverfassung. Weltbild und Weltanschauung formen sich anders, ob wir z. B. habituell heiter oder traurig, tief oder flach gestimmt sind. Sie hängen davon ab, ob wir aus der Kraft und dem Überschuß unseres Gemütes heraus gestalten müssen, oder ob wir aus innerer Armut heraus nur Zehrende und Nehmende sein können. Die Geordnetheit unserer Kräfte führt zu einem anderen Weltanschauungsbild als ein destruktives Chaos derselben.

Die Sinn- und die Wertbezüge, die wir dem Leben und der Welt
verleihen, werden bestimmt durch unsere Innerlichkeitsverfassung.

Innesein und Innewerden der eigenen Standortbezogenheit und
deren perspektives Gebundensein kann mit als der Sinn der Religion
als einer Rückbezogenheit angesehen werden. Im Innewerden und
Innesein erleben wir etwas, das wohl in uns wirkt und dem wir verhaftet sind, das uns Grund ist und an dem wir teilhaben, das wir
aber nicht erfassen und ergreifen können, weil es sich jeder sinnlichen Anschauung entzieht.

V. DAS NERVENSYSTEM

Beim Einzeller sind alle Lebensfunktionen einheitliche Gesamt-
akte. Die fortschreitende Komplizierung der Vielzeller bringt eine
immer weitere Differenzierung und Spezialisierung der Lebensfunktionen. Es bilden sich Organ- und Gliedsysteme, denen die Erfüllung ganz bestimmter Funktionsbereiche zufällt. Bei der fortschreitenden Vergrößerung, Komplizierung und Differenzierung
wird die Einheitlichkeit in Empfang und Beantwortung der Reize,
wird die Abstimmung des Gesamtorganismus auf die sich ändernden
Lebensbedingungen garantiert durch die Schaffung eines besonderen und speziellen Organsystems, durch das Nervensystem (159).
In seiner Anlage besteht das Nervensystem aus einem Zentralorgan: Gehirn und Rückenmark. Zum und vom Zentralorgan
führen zahlreiche Reizleiter: die Nerven. Sofern letztere von der
Peripherie zur Zentrale führen, sind sie rezeptorischer, sensibler
bzw. sensorischer Art und wurzeln in sensiblen (sensorischen)
Geflechten, welche die reizaufnehmenden Sinnesepithelien um-
schlingen. Sofern sie umgekehrt von der Zentrale zur Peripherie
leiten, sind sie effektorischer, motorischer Art und enden als sog.
motorische Endplatten in den Muskeln als ihren Erfolgsorganen.
In der Regel sind rezeptorische und effektorische Bahnen zusammen-
gefaßt und bilden einen »gemischten Nerv«. Dies gilt für alle Spinal-
oder Rückenmarksnerven. Bei den Gehirnnerven gibt es Ausnahmen.
Der vom Gleichgewichtsorgan ausgehende Nerv z. B. ist rein sensibler Natur, der N. occulomotorius rein motorischer. Die rezeptorischen, afferenten und die motorischen, efferenten Fasern treten

in ihren Endorganen auseinander, ebenso bei ihrem Ein- bzw. Austritt am Zentralorgan.

Das gesamte Nervensystem: also Zentrale, Leitungen und Endorgane, bildet eine funktionale Einheit. Grundschema ist das des Leitungsbogens. Scheitel ist das Zentralorgan; die afferenten, zentripetalen, rezeptorischen Bahnen sowie die efferenten, zentrifugalen, effektorischen Bahnen sind die Schenkel, die zu den Reizaufnahme- bzw. Erfolgsorganen führen.

Die anatomisch-histologischen Verhältnisse des Nervensystems entsprechen den funktionalen Erfordernissen. Eigentliche Scheitelpunkte sind die einzelnen Nerven- oder Ganglienzellen. Sie befinden sich innerhalb des Zentralorgans oder sind als sog. Spinalganglien (Ausgangspunkte der sensiblen Fasern) aus diesem ausgewandert. Innerhalb des Zentralorgans bilden sie die graue Substanz. Das Zentralorgan selbst besteht nicht nur aus Ganglienzellen sondern ebenso auch aus Leitungen. Die Strangzellen z. B. haben sogar nur die Aufgabe, Reize weiterzuleiten und umzuschalten. Soweit das Zentralorgan selbst Leitungssystem ist, bildet es die sog. weiße Substanz.

Das Nervensystem ist von allen Organsystemen erscheinungsmäßig am schwersten faßbar. Die Nervenstränge sind in die übrigen Systeme eingebettet und von außen her nicht zu sehen. Eine direkte erscheinungsbildliche Charakterisierung für sie gibt es nicht. Noch am ehesten ließe sich das vom Zentralorgan behaupten. Es ist aber als Rückenmark in eine gelenkig bewegliche Knochenröhre, als Gehirn in eine starre und feste knöcherne Schale eingeschlossen. Durch die knöcherne Hülle kann sich das dahinterliegende lebendige Organ nicht in einem annähernd ähnlichen Sinne durchmodellieren wie z. B. die Muskulatur unter der Körperoberfläche. Es kann sich auch nicht durchscheinend spiegeln wie die periphere Verschiebung des Blutstromes durch die Haut.

Die Stammesentwicklung verzeichnet eine fortschreitende Entfaltung des Gehirns, besonders des Neuhirns, bestehend aus den Hemisphären des Groß- und des Neukleinhirns. Das Neuhirn hat sich innerhalb der Säugerreihe und gerade beim Menschen so mächtig entfaltet, daß es mit seinen großen Lappen das entwicklungsgeschichtlich ältere Urhirn überdeckt. Zwischen dieser mächtigen Größenentfaltung und der Leistungsfähigkeit besteht ein Zusammenhang. Dieser entwicklungsgeschichtliche Zusammenhang – s. auch das Problem der sog. Kephalisation! – zeichnet sich erscheinungsmäßig in einer entsprechenden Entfaltung der Schädelkapsel ab. Vorsicht ist aber am Platze bei seiner Anwendung auf einzelne Individuen derselben Gattung. Die äußere Größenvergleichung führt – auch wenn man von der verschiedenen Knochendicke absieht – nicht zu Proportionen für das Ausmaß individueller Leistungsunterschiede. Die knöcherne Oberfläche kann nicht einmal die Ausmaße der Rindenoberfläche richtig widerspiegeln. Diese hat nämlich zufolge zahlreicher Windungen, Erhebungen und Furchungen einen geschätzten Flächendurchschnitt von 22 000 qmm. Sieht man von Abnormen, wie z. B. von den Mikrozephalen und den Wasserköpfen ab, so läßt sich innerhalb des Normalbereiches aus der äußeren Größenabschätzung kaum etwas Sicheres schließen. Die Oberflächenbeschaffenheit gestattet keinen Einblick in das Übereinandergelagertsein von Ur- und Neuhirn. Am ehesten ließe sich vielleicht noch ein äußerer Anhalt gewinnen für die verschieden starke Entfaltung der einzelnen Großhirnlappen, etwa des Stirn-, des Scheitel-, des Schläfenhirns. Da sich unter normalen Umständen die äußere Schädelform dem Gehirnwachstum anpaßt und nicht umgekehrt, dürften hieraus wohl einige Schlüsse möglich sein.

Über die Zentren und über bestimmte Leitungswege innerhalb des Zentralorgans ist allerdings schon ein beachtliches wissenschaftliches Material vorhanden.

Nach diesen Ergebnissen müßte grundsätzlich eine Lokalisationslehre nicht unmöglich sein. Ob eine solche aber praktisch lösbar ist auf Grund der Sicht nur von der äußeren Erscheinung her, bleibt nach wie vor zweifelhaft. KRETSCHMER weist überdies darauf hin, daß es sich bei den bisher entdeckten Zentren vor allem um »Störungszentren« handelt (160). Sie wurden ermittelt auf Grund bestimmter Störungen und Ausfälle. Man ist in der Lage, Funktionsausfälle wie Apraxie, Alexie, Agraphie, Agnosie, Aphasie mit Lähmungs- und Störungserscheinungen einzelner Hirnpartien in Zusammenhang zu bringen; über die positive Leistung der betreffenden Rindenteile ist damit noch nichts Sicheres ausgesagt.

Tatsächlich lassen sich bestimmte Ausfälle und Besonderheiten erscheinungsmäßig nur indirekt in Haltungen, Bewegungen und auch an Leistungen wahrnehmen. Das nervöse Zentralorgan ist nämlich die zentrale Repräsentation der gesamten Körperperipherie, weshalb sich umgekehrt die Beschaffenheit desselben auch in den Besonderheiten an der Peripherie widerspiegeln. Haltungen und Bewegungen sind ein zwar indirekter, aber trotzdem sprechender erscheinungsmäßiger Anhalt für die Beschaffenheit und besondere Leistungsfähigkeit des nervösen Apparates. Die Parallele zum In-erscheinungtreten der vegetativen Geschehnisse über die Haut liegt auf der Hand.

1. Das animalische Nervensystem

Die Reizung irgendeiner Stelle der Körperoberfläche wird durch die zentripetalen nervösen Bahnen über die Hinterwurzeln dem Zentralnervensystem überbracht. Im einfachsten Falle wird der Reiz im Rückenmark sogleich umgeschaltet. Dann verläßt ein Impuls über die Vorderwurzeln das Rückenmark und wird durch den Nerv einer bestimmten Partie der Skelettmuskulatur zugeleitet; es erfolgt die Reizbeantwortung in Gestalt einer Bewegung, Anspannung, Zuckung. Die Körperpartie, innerhalb derer sich dies abspielte, ist nichts anderes als eines der ursprünglichen Segmente.

Der angenommene einfachste Fall von Reizaufnahme und Reizbeantwortung innerhalb eines und desselben Ursegmentes heißt Leitungsbogen »erster Ordnung« oder »direkter Reflexbogen«. Das Schema der einfachsten und niedrigsten Reflexe (161) ist also: Reizung einer Körperstelle, Zuleitung über eine afferente Nervenfaser zum Rückenmark, dort Umschaltung auf eine efferente Faser, Auslösung eines Impulses bei dem segmental zugehörigen Muskel als Erfolgsorgan.

Die nächste Stufe ist die des »indirekten Reflexes«. Eine periphere Reizung wird innerhalb des Rückenmarks durch Vermittlung dritter Neuren auch auf die beiderseitigen Nachbarsegmente umgeschaltet. Es folgt eine gemeinsame Reizbeantwortung durch Muskeln nebeneinanderliegender Segmente oder durch größere Muskeln, die entstehungsgeschichtlich aus mehreren Segmenten hervorgegangen sind. Schließlich kann sich auch noch eine Mitinnervation der entsprechenden Segmente auf der anderen Körperseite vollziehen.

»Direkte« und »indirekte« Reflexe sind die Grundform der Umschaltungen innerhalb des Rückenmarks, also innerhalb des sog. »Elementar-« oder »Eigenapparates« des spinalen Systems. Auch der unsegmentierte vordere Körperteil besitzt seinen Elementarapparat (z. B. Saug-, Nieß- und Schluckreflexe) (162). Es liegt schon im Wesen des Elementarapparates, die segmentale Gliederung zu überschreiten, sowie eine harmonische Verbindung zwischen segmentiertem und unsegmentiertem Körperteil herzustellen.

Vollbringt schon der Elementarapparat gewisse übersegmentale Leistungen, so liegt es erst recht im Wesen des übergeordneten »Integrationsapparates«, den Gesamtkörper zu einer Funktionseinheit zusammenzuschließen.

Periphere Reize werden nicht nur auf die zugehörigen motorischen Bahnen umgeschaltet. Es besteht die Möglichkeit, sie zugleich innerhalb des Rückenmarks durch Vermittlung der Strangzellen weiterzuleiten zu den höchsten Schaltzentren, zu den Integrationsorten des Gehirns. Dort werden Reize aus der gesamten Körperperipherie, aus allen sensiblen und sensorischen Bahnen gesammelt und einheitlich beantwortet.

Im Gehirn sind drei solcher Integrationsorte bekannt: das Kleinhirn, das Mittelhirndach, die Großhirnrinde. Entwicklungsgeschichtlich treten das Großhirn sowie Teile des Kleinhirns erst spät auf. Sie werden als Neuhirn dem Urhirn gegenübergestellt und sind beim Menschen zu ihrer höchsten Entfaltung gekommen.

Das Kleinhirn als Integrationsort ist dem Elementarapparat des Rückenmarks und des Hirnstammes unmittelbar übergeordnet. Es ist Zentrale für die geordnete Regelung und Abstimmung aller Bewegungen der gesamten Skelettmuskulatur. Ihm fließen sensible und sensorische Reize aus allen Teilen der Körperperipherie zu, auch solche aus dem Gleichgewichtsorgan. Die niederen Reflexe ausgenommen, ist es an allen Körperbewegungen beteiligt: es stimmt diese aufeinander ab, regelt das Zusammenspiel der Antagonisten und Synergisten und erhält besonders das Körpergleichgewicht durch Tonusregulierung. Die Leistungsanteile des Neu- und des Urkleinhirns lassen sich einigermaßen gegeneinander abgrenzen. Durch das Urkleinhirn sind die Bewegungen beider Körperseiten aufeinander abgestimmt, aber auch eng aneinandergebunden. Je mehr das Neukleinhirn entwickelt ist, desto leichter sind auch Körperbewegungen selbständig einseitiger Art möglich (163).

Das Kleinhirn ist durch motorische Fasern mit der gesamten Muskulatur verbunden. Es ist den beiden übrigen Integrationszentren, dem Mittelhirndach und der Großhirnrinde an- sowie dem gesamten Elementarapparat übergeschaltet. Jeder Bewegungsimpuls willkürlicher Art, der von der Großhirnrinde ausgeht, läuft zugleich über das Kleinhirn. Dieses besorgt die Abstimmung sämtlicher Bewegungen aufeinander, insbesondere die tonische Spannungsregelung der Muskulatur. Bestimmte Kleinhirnschädigungen führen zu abnormen Tonusänderungen, z. B. zu tonischer Starre.

Das Mittelhirndach als Integrationsort ist in seiner Bedeutung noch nicht so weitgehend geklärt wie das Kleinhirn oder die Großhirnrinde.

Der oberste Integrationsort, beim Menschen zur höchsten Entfaltung gelangt, ist die Großhirnrinde. Auch in ihr laufen die Reize sensibler und sensorischer Art aus der gesamten Körperperipherie zusammen. Hier werden sie auf höchster Ebene vereinheitlicht, verbunden und zusammengeschaltet. Innerhalb der Großhirnrinde sind nicht mehr Einzelmuskeln repräsentiert, sondern Gelenke, das heißt diejenigen Muskelpartien, die zur Ingangsetzung eines bestimmten Gelenkes erforderlich sind. Die Leitungs- und Faserverbindungen haben eine unübersehbare Vielfalt, so daß nahezu jede beliebige Zusammenschaltung möglich ist. Es sind Leitungssysteme nach allen drei Dimensionen zu erkennen: von der Basis zum Scheitel (»Projektionssysteme«), von der rechten zur linken Hemisphäre (»Kommissurensysteme«), von vorn nach hinten (»Assoziationssysteme«) und umgekehrt. Durch die Leistung der Großhirnrinde werden die Empfindungsreize bewußt zur gegenständlichen Wahrnehmung und erfahren eine willkürliche Beantwortung. Bewußte Wahrnehmung einerseits und willkürliche Reizbeantwortung andererseits unterscheiden die Leistung der Großhirnrinde von derjenigen aller übrigen Zentren und lassen sie diese überragen. Beides ermöglicht eine Überwachung, Steuerung, Lenkung, Beherrschung, Dämpfung oder Ausschaltung und Unterdrückung aller übrigen Bewegungsimpulse. Die höchste Leistung dürfte darin beruhen, daß im Interesse der Einheit des Ganzen eine Außenreizbeantwortung unter Umständen ausgesetzt, verschoben, gänzlich unterdrückt wird, oder daß Willkürbewegungen und -handlungen zustande kommen, die gar nicht aus der unmittelbaren Reizlage hervorgehen. Die Großhirnrinde ist bei allen diesen Leistungen den untergeordneten Systemen übergeschaltet. Sie schaltet diese im Normalfall nicht aus, sondern benützt sie ihrerseits. Der Normalfall ist das Zusammen- und Ineinanderspiel aller Apparate. Völlige Abdrosselung und Aussetzung von Impulsen untergeordneter Zentren sowie Neuingangsetzung des Gesamtapparates allein von der Großhirnrinde aus sind Grenzfälle. Diese machen aber das Wesen des Menschlichen aus.

Die Beschaffenheit und qualitative Leistungsfähigkeit des nervösen, insbesondere des zentralnervösen Apparates ist erscheinungsmäßig indirekt zu fassen an der Art der einheitlichen Steuerung unserer Körperbewegungen und -haltungen. Aus dieser zentral-nervös bedingten Eigenart der Steuerung der Bewegungen und Haltungen (ihrer Reflexartigkeit, ihrer harmonischen Abgestimmtheit, ihrer Bewußtheit und Willkürlichkeit) erkennen wir Grad, Art und Qualität der seelischen Einheitsverfassung.

Eine Konstante solcher Art ist in allem Folgenden enthalten: Einheitlichkeit der Person, Bewußtheit, Geschlossenheit, Verfaßt-sein, Harmonie (mehr rhythmisch oder taktbestimmt), Beherrscht-heit, Willensbestimmtheit, Überwachtheit, Stimmigkeit und Harmonie, Gewolltheit, Disharmonie, Mittelbarkeit, Unmittelbarkeit, Reizbestimmtheit, Reizunabhängigkeit, Geordnetheit, Ungeordnet-heit, Unüberwachtheit usw. In indirektem Zusammenhang damit steht die Trieb-, Affekt- oder Temperamentsbestimmtheit.

Der Weg vom Reflex zur bewußten und willkürlichen Reizbeant-wortung ist in zwiefacher Hinsicht bezeichnend. Er führt zur Ver-einheitlichung und fortschreitenden Sammlung auf immer höherer Ebene. Die Reize werden zusammengetragen und zentral beant-wortet. Die Vereinheitlichung findet auch anatomisch ihren Nieder-schlag in der Tatsache, daß die zuleitenden sensorischen und sen-siblen Bahnen viel zahlreicher sind als die zentrifugalen motorischen.

Zweites Kennzeichen dieses Weges ist der Übergang von der Un-mittelbarkeit zur Mittelbarkeit. Bei reflexiver Reizbeantwortung springt es unmittelbar von den sensiblen auf die motorischen Bah-nen über. Alle weiteren Zwischenschaltungen hingegen tragen zur stufenweisen Auflösung des Unmittelbarkeitsverhältnisses zwischen Reiz und Antwort bei. Die weitestgehende Möglichkeit der Auf-lösung schafft die Einschaltung des Großhirns als Integrationsort. Der Mensch ist in der Lage, sich von der Unmittelbarkeit der Reiz-lage bewußt und unwillkürlich zu lösen. Dabei sind alle möglichen Zwischenstufen denkbar: Dämpfung, Beherrschung, Zügelung, Lenkung, Vereinheitlichung, Abdrosselung, zeitliches Ausschalten, Versagen der Antwort, Aussetzen der Antwort, autonome willkür-liche Bewegung und Handlung. Das Lösenkönnen aus der Ver-flechtung in die Reizlage ist die Voraussetzung dafür, daß der Mensch die Welt als gegenständliche erlebt und sich dieser als ein Ich entgegensetzt. Die Möglichkeit der Distanzierung ist die Grund-lage seiner Freiheit (164).

2. Das vegetative Nervensystem

Das vegetative Nervensystem, auch das »autonome« genannt, ist weder seinem Bau noch seiner Funktion nach so weitgehend geklärt wie das animalische.

Es gliedert sich in zwei sich entgegenwirkende Teilsysteme: in das sympathische und in das parasympathische. Das sympathische System hat seine Ursprungszellen im Rückenmark. Beim Menschen reichen diese vom 8. Hals- bis zum 3. Lendensegment. Das parasympathische System hat zwei getrennte Ursprungsorte. Es entspringt als kranialer, zerebraler Parasympathikus im Mittel- und Hinterhirn, als kaudaler, sakraler Parasympathikus im Kreuzabschnitt des Rückenmarks. Bemerkenswert ist, daß der Sympathikus seinen Ursprung nur im Rückenmark hat, wiewohl sich seine Fasern über den ganzen Körper erstrecken.

Der Faserverlauf des vegetativen Nervensystems ist verschieden. Teilweise schließt er sich dem übrigen Nervensystem an; besonders der Parasympathikus hat anatomisch keine Selbständigkeit. Direkte Leitungen vom Ursprungs- zum Erfolgsorgan bestehen nicht; es findet immer eine Umschaltung auf ein weiteres Ganglion statt. Die Endorgane nehmen gerne die Form besonderer Geflechte an (z. B. das Sonnengeflecht). Umgekehrt wie beim animalischen Nervensystem sind die efferenten Fasern zahlreicher als die afferenten. »Die Tätigkeit eines einzigen präganglionären Neurons erstreckt sich auf eine ganze Anzahl von Erfolgsorganen« (165).

Die Fasern des vegetativen Nervensystems erstrecken sich auf den gesamten Körper. Ihr besonderes Zuständigkeitsgebiet aber sind die Eingeweidehöhlen, die animal nicht versorgt sind. Über das vegetative Nervensystem werden die Tätigkeiten der inneren Organe reguliert und aufeinander abgestimmt, so die des Herzens, der Atmungs-, der Verdauungsorgane. Auch die Funktion der Drüsen sowie die glatte Muskulatur unterstehen dem vegetativen System. Dem nervösen Zentralorgan gegenüber hat dieses eine gewisse Selbständigkeit. Der Hypothalamus gilt als übergeordnetes vegetatives Zentrum.

Spricht man dem Sympathikus im allgemeinen eine fördernde und anregende Wirkung zu, so umgekehrt dem Parasympathikus eine bremsende und hemmende. Sicher scheint, daß die Wirkung beider auf die Einzelorgane und -funktionen eine entgegengesetzte ist. Der Sympathikus steigert die Herztätigkeit, hemmt hingegen die Verdauungsabläufe. Gerade umgekehrt scheint der Parasympathikus zu wirken. Sympathisch bewirkte Erweiterung der Gefäße z. B. ist gleichzeitig verbunden mit schweißhemmender Wirkung.

Die erscheinungsmäßigen Auswirkungen des vegetativen Systems lernten wir schon früher kennen als Erröten, Erblassen, als Schwitzen, als Speichelentwicklung, als Pulsbeschleunigung, Atemsteigerung, Gänsehaut usw. Insonderheit unterstehen ihm eine Reihe von allgemeinen körperlichen Zuständen, wie z. B. Schlafen und Wachen (der Thalamus gilt als Zentrum der Schlafsteuerung), Frische und Ermüdung, Wohlsein und Übelkeit. Immer handelt es sich um Zustände, die den Organismus in seiner Gänze, in jeder Zelle erfassen. Wir erinnern uns, daß die effektorischen Fasern weitaus zahlreicher sind. Die Wirkung des vegetativen Nervensystems ist deshalb nicht wie die des animalischen eine sammelnde und vereinheitlichende sondern eine ausbreitende. Reizwirkungen fließen gleichsam nach allen Seiten über, durchwirken das Ganze und stimmen im Sinne der Reize ab.

Grad, Art, Besonderheit der vegetativ verursachten körperlichen Reaktionen (Erröten, Erblassen, Schwitzen) geben Aufschluß über Art, Grad und Qualität des ganzheitlichen seelischen Angesprochenseins.

Solche ganzheitlichen Bestimmtheiten des seelischen Seins sind vor allem Stimmungen, Gemütsbewegungen, Affekte, Erregungen, Triebanwandlungen, Lüste usw. Zustände, die den Menschen ebenso in seiner leib-seelischen Ganzheit durchwalten, sind z. B.: Frische und Mattigkeit, Wachsein und Schlaf, Erregung, Begehren, Liebe, Mut, Ruhe, Wut, Angst, Depression, Betrübnis u. a. Sämtliche können nicht unmittelbar vom Wollen und vom Bewußtsein aus gesteuert werden. Leiblich hängen sie alle mit den vegetativen Organsystemen besonders eng zusammen.

3. Das animalische und das vegetative Nervensystem

Das animalische Nervensystem ist, wie sich zeigte, seiner ganzen Anlage nach auf fortschreitende und aufsteigende Vereinheitlichung angelegt. Es ermöglicht die Sammlung, Steuerung und Beherrschung der Impulse. Das vegetative System hingegen bewirkt eher Ausweitung und Verbreitung. Das animalische Nervensystem sorgt für eine Vereinheitlichung der Reaktionsweise des Gesamtorganismus; das vegetative bewirkt eine Verganzheitlichung.

Beide Auswirkungsarten sind biologisch sinnvoll; beide sind engstens aufeinander bezogen. »An allen animalen Funktionen sind vegetative beteiligt« (166). Gesamtzustände vegetativen Ursprungs wie Wachheit oder Schlaf, Frische oder Ermattung, Wohlsein oder Übelkeit bedingen den normalen oder gestörten Ablauf auch der animalischen Funktionen. Vielfach sind die Grenzen animalischer oder vegetativer Ablaufsbestimmtheit fließend. Die Atmung z. B. wird von vegetativen Zentren aus selbsttätig reguliert, läßt sich zeitweilig aber auch bewußt steuern. Die indirekte Beeinflussung vegetativer Funktionen durch allerlei Stimulantien ist bekannt.

Unterschiedenheit und Verflochtenheit beider Systeme sind auch seelisch von Bedeutung, wie sich durch Entgegenstellung einiger Begriffspaare zeigen läßt:

1. Erstes Beispiel seien die Begriffe Einheit und Ganzheit. Die gestaffelte Übereinanderfolge der Leitungsbögen, die Zusammenfassung der Reize berechtigt dazu, beim animalischen System bewußt und absichtlich von Einheit zu sprechen. Kennzeichnungen wie Bewußtheit, Sammlung, Konzentration, Geschlossenheit, Gefaßtheit, Harmonie, Stimmigkeit und deren Gegenstücke kreisen alle, sei es mit positivem oder negativem Vorzeichen, um den Einheitsbegriff. Konzentration und Sammlung, Bewußtheit und Willkür, Reizdistanzierung und Auflösung der Unmittelbarkeit sind aktive innere Geschehnisse, die im Ich als dem Einheitszentrum der Person wurzeln. – Für die Zustände, die in den Regulationen des vegetativen Systems wurzeln, wird ebenso absichtlich der Ganzheitsbegriff verwendet. Frische, Ermüdung, Stimmung, Erregung, Wachheit oder Schlaf sind Zustände, die uns in der ganzen Breite und Fülle unseres Seins tragen und erfassen.

Einheitlichkeit und Ganzheitlichkeit gehen fließend ineinander über, wo man von Harmonie und von Abgestimmtheit spricht.

2. Ein weiteres Begriffspaar sind Wachheit und Bewußtheit. Sie sind trotz ihrer engen Beziehungen wurzelverschieden. Wachheit und Schlaf werden in ihrem rhythmischen Wechsel vom vegetativen System aus reguliert. Die Wachheit ist ein Zustand der allgemeinen Geöffnetheit, Zugewandtheit, Empfänglichkeit. Der Schlaf ist ein Insichversinken, ein Sichverschließen gegenüber der Außenwelt. Wachheit, als ein allgemeiner Bereitschaftszustand, ist die positive Voraussetzung aller animalischen Funktionen. Bewußtheit ist erst innerhalb der Wachheit möglich. Sie ist nicht bloß ein Zustand; sie ist ein innerer Akt, ist Sammlung, Konzentration, Anspannung,

Wille. Die allgemeine Geöffnetheit des Wachseins wird in ihr eingeschränkt und eingeengt auf einen bestimmten Punkt. Dies kann so hohe Grade annehmen, daß man sogar an dem Zustand der Wachheit zweifeln könnte. Was Wachheit und Empfänglichkeit noch aufnehmen, entgeht deshalb u. U. gerade der immer punktuell eingeschränkten Bewußtheit.

Bewußtheit gibt es nur innerhalb der Wachheit. Hingegen setzt Wachheit nicht auch Bewußtheit voraus. Wachheit kann von der Bewußtheit her nur in bedingtem und begrenztem Umfang gesteuert werden. Wache Bewußtheit ist etwas Natürliches und Selbstverständliches, bewußte Wachheit hingegen hat immer etwas Gezwungenes an sich. Wachheit ist allgemeine Empfänglichkeit, Helle, Bereitschaft, Geöffnetheit; Bewußtheit ist eine innere Handlung, ein Akt. Bewußtheit und Willkürfähigkeit sind Zwillingsgeschwister.

3. Der Bewußtseinsbegriff hat verschiedene Gegensätze im Bereich des Nichtbewußten.

Ein Erlebnis ist bewußt, sofern es als solches in der Großhirnrinde ausdrücklich registriert wird. Im bewußten Erleben treten Ich und Gegenstand einander gegenüber. Zwischen erlebendem Subjekt und Inhalt tut sich eine Distanz auf. Reflektorische Verhaftung und Unmittelbarkeit der Bindung haben aufgehört. Es besteht die Möglichkeit freien Disponierens und Verfügens über den Erlebnisinhalt. Bewußtheit ist Freiheit von umweltlicher Verhaftung; ihr höchstes Ergebnis ist ein Bild von der Welt.

Nicht jedes seelische Erleben ist in diesem Sinne bewußt, ebensowenig wie alles Tun und Handeln willkürlich ist. Ist dies aber der Fall, dann handelt es sich um etwas spezifisch Menschliches.

Nicht bewußt ist z. B. ein direkter Reflex. Die Innervation eines bestimmten Muskelsegmentes auf die Reizung der zugehörigen segmentalen Hautpartie hin ist keine willkürliche Handlung als Antwort auf ein bewußtes Erleben. Auch der indirekte Reflex ist kein bewußtes Geschehen. Noch nicht bewußt ist die Regulierung des Tonus durch die Kleinhirnzentren. Natürlich können uns alle diese Geschehnisse während oder nach ihrem Ablauf zuschauenderweise bewußt werden. Um zu einer begrifflichen Klarheit zu gelangen, werden alle soeben genannten nichtbewußten Vorgänge als vorbewußt bezeichnet. Das Großhirn ist an ihnen nicht entscheidend beteiligt, weil sie durch Schaltungsvorgänge niederer Ordnung ausgelöst werden. Beim Menschen läuft eine Unzahl von auch seelischen

Regulierungen vorbewußt ab; das Tier lebt vorwiegend im Vorbewußten.

Ein völlig anderer Gegensatz zum Bewußten ist das Unbewußte. Das Vorbewußte ist eine Vorstufe des Bewußten; das Unbewußte ist etwas qualitativ anderes. Alles leiblich-seelische Geschehen, das ohne die zentralnervöse Steuerung des animalischen Systems abläuft, ist unbewußt. Es sind dies unsere Stimmungen, die ungewollt aufsteigen und sich ablösen; es ist unser Zumutesein, unsere Gemütsverfassung; es sind unsere Erregungen; es ist unsere Triebhaftigkeit usw. Was uns aus der Teilhabe gegeben ist, also nicht auf gewollter Gestaltung beruht, ist unbewußt. Natürlich können uns auch solche seelische Ereignisse in Akten des Innewerdens der inneren Selbstwahrnehmungen zum Bewußtsein kommen. Bewußtheit kann sie sogar stören und beeinträchtigen. Aber Bewußtheit verursacht sie nicht, ist nicht ihr eigentlicher Grund. Im Unbewußten erkennen wir die ganze Breite und Tiefe des Lebens, wie es uns trägt, hält, durchwirkt und durchpulst, wie es aber nicht durch uns selbst geschaffen und mitgestaltet wird. Im Unbewußten sind wir selbst ein Teil des uns tragenden und durchströmenden Lebens; in ihm sind wir mit dem Grund verbunden.

Bewußtes und Unbewußtes können in verschiedenem Verhältnis zueinander stehen. Dem Bewußten können die Kräfte des Lebens durch das Unbewußte frei zuströmen. Es ist durch und über das Unbewußte mit dem tragenden Lebensgrund verhaftet; es schöpft daraus seine tiefsten und stärksten Kräfte. Alle schöpferischen Kräfte, die Phantasie, die Kraft der »Bilder« beruhen auf solcher organischen und natürlichen Verbindung und Verwurzelung. Die wirklichen und tragenden Kräfte kommen nicht aus dem Bewußtsein und dem Wollen. Diese haben nur eine ordnende und lenkende Funktion.

Bewußtes und Unbewußtes können auch im Gegensatz zueinanderstehen. Das Bewußte glaubt sich gegen das wehren zu müssen, was aus der Unbewußtheit, aus dem »Es«, aus der »Tiefenperson«, aus der eigenen Innerlichkeit, wo das Leben zeugt statt zu genießen, aufsteigt. Was heraufkommen will, wird »verdrängt«. Das Leben in seiner bewußten Aufgipfelung wendet sich gegen sich selbst und gegen seinen tragenden Grund.

Damit sind die möglichen Gegensätze zum Bewußten noch nicht erschöpft. So wie sich die meisten unserer Handlungen durch vorbewußte Schaltungen selbst regeln, setzt Selbstregulierung ein für Vorgänge, die wir zunächst bewußt üben. Im Lernen, Üben und

Trainieren werden anfänglich bewußte Abläufe zu selbsttätigen, zu nichtbewußten gemacht. Das Bewußtsein wird entlastet und frei für wirklich Neues. Gewohnheit gehört in diesen Zusammenhang. Es gibt für diese Art des Nichtbewußten (Ideomotorik) keinen treffenden deutschen Ausdruck. Wir wollen vom »Nichtmehrbewußten« sprechen und meinen damit Abläufe ursprünglich bewußter Art, die sich hernach nichtbewußt vollziehen.

4. Ein weiteres Gegensatzpaar sind in der Volkssprache »Kopf« und »Herz«. Der Kopf ist vorzüglichster Träger unseres nervösen Zentralorgans. Dort werden die Außenreize vereinheitlicht und evtl. bewußt gemacht. Der Kopf ist der Ort der Ordnung, der Sammlung, der Konzentration, der Mittelbarkeit sowie des kühlen und nüchternen Abstandnehmens und Gegenüberstellens. Das Herz hingegen ist nicht bloß symbolisch das Organ der Ganzheit, der Nähe, der Wärme und der Unmittelbarkeit. Es grenzt nicht ein und ab, es scheidet und trennt nicht, es verbindet und gibt aus seiner Fülle ohne Bedingung und Grund. Darin ist das Herz repräsentatives Symbol aller derjenigen Lebensgeschehnisse, die vom vegetativen System aus gesteuert werden.

Kopf und Herz verhalten sich wie die Einheit zur Ganzheit, wie die Mittelbarkeit zur Unmittelbarkeit, wie die Distanzierung zur Nähe, wie das Ich und die Gegenständlichkeit zur Einheitlichkeit des Lebensgrundes.

Das Zusammenspiel vegetativer und animalischer Funktionen kann von Mensch zu Mensch verschieden akzentuiert sein. Bei KRETSCHMERS Athletikern und Asthenikern ist das animalische System – sei es in seinem motorischen oder in seinem sensibelsensorischen Ast – verhältnismäßig stärker betont als bei seinen Pyknikern. Erscheinungsmäßig dominieren Skelettmuskulatur (Bewegungsapparat überhaupt) und Sinnesorgane bei der ersten Gruppe. Bei den Pyknikern mit ihrem »Bauch«, ihrem Fettansatz und ihren Vasomotoren beherrscht das vegetative Organsystem stärker. Entsprechend ist der Schizothyme mehr der Mensch des Bewußtseins, des Wollens, des Verstandes, der Mittelbarkeit, der Distanz, der Ichhaftigkeit, der Gegenständlichkeit, der Sammlung, der Konzentration, der inneren Aktivität, insgesamt des »Kopfes«. Der Zyklothyme ist mehr der Mensch des Unbewußten, der Natürlichkeit, der Stimmung, des Gemütes, der Wärme, der Wachheit, der allgemeinen Empfänglichkeit, der Lebensunmittelbarkeit, insgesamt des »Herzens«.

4. Das Nervensystem und der übrige Organismus

Durch das Nervensystem wird der Organismus zu einer funktionsfähigen Einheit und Ganzheit zusammengeschlossen. Umgekehrt sind jeder Teil und jedes Organ desselben innerhalb des Nervensystems zentral einheitlich oder ganzheitlich repräsentiert. Je höher ein Organismus entwickelt ist, desto notwendiger ist diese einheitlich-ganzheitliche Repräsentation.

Zwischen der nervösen Repräsentation und dem Insgesamt des Organismus besteht das engste Wechselverhältnis. Fast möchte man sagen, eines ist eine Variable des anderen. Jeder zentralnervöse Defekt z. B. spiegelt sich irgendwie und irgendwo im Gesamtorganismus wider. Umgekehrt ist ebenso sicher, wenn auch äußerlich nicht sichtbar, daß jede einschneidende Änderung oder Schädigung des Organismus – etwa der Verlust eines wichtigen Gliedes – tiefgreifende Umwandlungen innerhalb des nervösen Apparates nach sich zieht.

In welcher Weise das Nervensystem seinerseits von dem Insgesamt des übrigen Organismus abhängt, bestätigen Transplantationsexperimente. Verpflanzt man bei gewissen Tierkeimlingen z. B. die Extremitätenanlagen vor dem Einwachsen der Nervenfasern vom Rumpf hinweg an den Kopf, so wächst der absichtlich angeschlossene Kopfnerv, z. B. der Trigeminus, so in die Extremitätenanlage ein, wie es der betreffende Extremitätennerv zu tun pflegt. Also ist es die Extremität, grundsätzlich der übrige Organismus, der dem Nerv die Einwachsungsweise vorzeichnet, ihm den Weg weist und die Art seiner Verästelung bestimmt. Unabhängig von der nervösen Versorgung sind also auch in dem übrigen körperlichen Insgesamt Lebenskräfte sinnvoll wirkend am Werke.

Der übrige Organismus behält dem Nervensystem gegenüber zeitlebens eine gewisse Selbständigkeit und Autonomie, wenn auch nicht bei allen Organ- und Zellsystemen in gleich hohem Maße. Es gilt z. B. mehr für die glatte als für die Skelettmuskulatur. Das Eigenleben und die »Autonomie« der inneren Organe, besonders des Herzens, ist bekannt. Letzteres schlägt auch unabhängig von einem direkten nervösen Anstoß. Dieser Autonomie der Körperorgane gegenüber hat das Nervensystem nicht so sehr die Rolle des Anstoßers als vielmehr diejenige des Reglers. Es stimmt bloß ab, vereinheitlicht, verganzheitlicht und steuert nur.

Dem soeben herausgearbeiteten Grundverhältnis zwischen Nervensystem und Organismus entspricht im Seelischen ein Unterschied zwischen Einheit bzw. Ganzheit einerseits und Substanz andererseits.

Unter Substanz wird alles das verstanden, was aus dem Insgesamt der bisher behandelten Systeme abzuleiten war. Es handelt sich um Kraft, Lebenskraft, Gewicht, Triebstärke, Affektivität, Gemüt, Temperament, Erregbarkeit, Aufwühlbarkeit, Tiefe, Innerlichkeit, Reichtum, Fülle, Farbigkeit, Sinnlichkeit, Lebendigkeit, Wärme, Schöpferkraft, Ursprünglichkeit usw. Sind Teilhabe und Substanzhaftigkeit nur gering, kann nicht »aus dem vollen geschöpft« werden, dann sprechen wir von schwächlich, dürftig, dünn, mager, trieb- und affektschwach, leer, farblos, blutlos, blutleer, kraft- und saftlos, ärmlich, temperamentslahm und -matt usw.

Diesen Substanzeigenschaften stehen andere mehr formalen Charakters gegenüber. Wir denken z. B. an einheitlich, geschlossen, verfaßt, gesammelt, harmonisch, beherrscht, gezügelt, in sich abgestimmt, ausgeglichen, durchgeformt, geprägt, gestaltet, aus einem Guß usw. Bei Abstrichen an der einheitlichen und ganzheitlichen Verfaßtheit sprechen wir von uneinheitlich, ungesammelt, disharmonisch, zerfahren, zerflattert, ungezügelt, unbeherrscht, in sich verworren, wirr, durcheinander, chaotisch usw.

Charakterologisch ergibt sich daraus eine Vielzahl möglicher Akzentuierungen. Wir stellen vier Typen heraus:

Entsprechen einer Fülle von Lebenskraft sowie einem Reichtum an Substanz Bündigkeit und Geschlossenheit in der personalen Verfaßtheit, so haben wir den »Vollmenschen« vor uns. Der Ton liegt gleich stark auf »voll« und auf »Mensch«. Es sind Menschen, denen die tiefen und reichen Quellen des Lebens offenstehen, die aus einer ursprünglichen und ungehinderten Teilhabe an diesen leben. Die Kräfte sind aber auch gesammelt, innerlich geordnet, einheitlich gefügt und zentral gesteuert. Es handelt sich um die wirklich reichen, tiefen, schöpferischen Naturen, die sich bewähren in der Liebe wie im Werk und in der Tat. Es sind Menschen, die aus ihrem inneren Reichtum schenken, deren Spuren in der Welt große Liebe und fruchtbare Taten sind.

Der Akzent kann auch einseitig auf »voll« ruhen. Solche Menschen besitzen ursprüngliche Kräfte in reichem Maße, also starke Triebe und Affekte, eine Dämonie des Blutes, eine kräftige Sinnlichkeit. Aber ihre Kräfte sind blind und führen als triebhafte, affektive, blutgebundene Dämonie mehr zur Zerstörung als zu großer Gestaltung. Sie werden der chaotischen Fülle ihrer inneren Kräfte selbst nicht Herr. Es handelt sich um die großen Zerstörer und die Vernichter, die zu keiner schöpferischen Planung fähig sind. Blinde Urkräfte wirken sich aus. Die Aufgabe, Mensch zu sein, wird nicht gemeistert.

Das Gegenstück zu diesem Typ ist der Substanzarme, der ursprünglich Dürftige und Dünne. Mit nur geringen Kräften ist er kein »Vollmensch«. Ursprüngliches, Kraft, Fülle, schöpferische Tiefe fehlen. Aber das Vorhandene ist geordnet, haushälterisch eingesetzt, harmonisch verfaßt, gepflegt, gesammelt und durchgeprägt. Der Pfunde sind zwar wenige, aber es wird mit ihnen gewuchert. Es handelt sich um das Kontingent der Ordentlichen, der Braven, der Tugendsamen, der Fleißigen, der Brauchbaren usw. Sofern nicht vom Lebensneid angekränkelt, handelt es sich um Menschen im spezifischen und eigentlichen, wenn auch nicht im »vollen« Sinne.

Eine gänzliche Umkehrung unserer ersten Form stellen die Substanzarmen, Dünnen, Dürftigen und zugleich Ungeordneten, Uneinheitlichen, Ungesammelten, Unharmonischen dar. Es sind die Gewichtlosen, die Farblosen, die Formatlosen, die »Nullen«. Sie haben weder Fülle noch Form. Die zivilisatorischen Zerfallstypen der Intellektualisten, der blutleeren Formalisten, der »Desintegrierten« und »Lythiker« im Sinne von E. JAENSCH gehören in diese Gruppe.

VI. DIE GLIEDERUNG
DER LEIBESERSCHEINUNG

Am fruchtbarsten für das Verständnis der Leibesgliederung ist eine Betrachtungsweise, welche die Erscheinung nicht bloß als fertige Form sondern als eine entwicklungsmäßig gewordene und entstandene ansieht. Die Entwicklungstatsachen liefern uns entscheidende Einsichten in Sinn und Wesen der Leibesgliederung.

Die erste Gliederung des Keimlings vollzieht sich schon sehr früh in Gestalt einer fortschreitenden Segmentierung. Mit dem Ende der vierten Keimlingswoche hat der menschliche Embryo bereits 40 Ursegmente. Diese segmentale Urgliederung wird später, und zwar bereits innerhalb der Embryonalzeit, durch eine andere Gliederungsform überlagert und überholt. Die Ansätze dazu beginnen schon sehr frühzeitig; sie gestatten es, den menschlichen Keimling von dem verwandter Wirbeltiere zu unterscheiden. Bezeichnenderweise deutet sich schon mit Beginn der vierten Woche die starke Entwicklung der menschlichen Gehirn- und Augenanlage an.

Sieht man von der späterhin bedeutungslosen Schwanzanlage ab, so läßt sich zunächst ein segmentierter hinterer von einem unsegmentierten vorderen Teil unterscheiden. Ersterer umfaßt die gesamte spätere Rückenmarksanlage. Die unsegmentierte Kopf-Hirn-Anlage umfaßt im zweiten Monat etwa die Hälfte der gesamten Keimlingslänge. Zwar gliedert im Laufe der weiteren Entwicklung der segmentierte Körperteil Teile ab, die dem Schädel als Ober- und Unterkiefer zugefügt werden. Aber die Grundgliederung in einen segmentierten Rumpfteil und in einen unsegmentierten Kopfteil bleibt späterhin doch erhalten. Die Urgliederung nimmt also die spätere Unterscheidung von Kopf und Rumpf schon voraus; umgekehrt lebt in der späteren Gliederung der funktionale Sinn der Urgliederung fort. Während sich dem Kopf noch die aus der Kiemenanlage hervorgehenden späteren Kiefer anschließen, schafft sich der segmentierte Körperteil seine Untergliederung durch die Ausknospung der beiden Gliedmaßenpaare.

Den angeführten Tatsachen entsprechend, wird unser Kapitel in zwei große Teile zerfallen. Der eine umfaßt den Rumpf und die Gliedmaßen; der andere behandelt den Kopf als vorzüglichsten Träger der Sinnesorgane mit den ihm angegliederten Partien des Eß- und Atemapparates. Gestaltliche und funktionale Überschneidungen ergeben sich beim Hals, welcher Brücke, Grenze und Übergang zugleich ist.

A. Der Rumpf und die Gliedmaßen

Der Rumpf als Körperstamm umfaßt die Hauptmasse des menschlichen Leibes. Er ist keineswegs nur eine in sich homogene und ungegliederte Masse. Zu unterscheiden ist die Rücken- von der Vorderseite. Der Hauptbestandteil der Rumpfrückwand ist das Achsenskelett, das Rückgrat; es gibt dem ganzen Rumpf Form und Halt. Die Vorder- oder Eingeweideseite des Rumpfes enthält die wichtigsten Weichteile, welche direkt oder indirekt am Achsenskelett aufgehängt sind. Von vorn tritt die vertikale Gliederung des Rumpfes in Bauch und Brust besonders in Erscheinung. Auch beim Hals läßt sich die Rücken- bzw. Nackenseite von der Vorder-, sozusagen der Eingeweideseite, unterscheiden.

Bemerkenswert sind am Rumpf noch die beiden Gürtel, welche die Überleitung des Achsenskeletts zu den Gliedmaßen und umgekehrt darstellen. Becken- und Schultergürtel geben dem Rumpf oben und unten seine besondere Form und sein eigentliches Gepräge.

Unsere Behandlung des Rumpfes geht vom Rückgrat als der Körperachse, im erweiterten Sinne also von der Rückenseite des Rumpfes, aus. Es folgen die Eingeweideseite, die Behandlung der beiden Gürtel und der an sie angehängten Gliedmaßenpaare.

1. Das Rückgrat und der Rücken

Das Rückgrat ist die konstruktive Mittellinie des Körpers, dessen Achse. Alle übrigen Körperteile werden direkt oder indirekt durch diese gehalten, sind lagemäßig irgendwie auf sie zugeordnet. Alle Körperbewegungen sind auf sie als festen Ansatz und Ursprung oder als gelenkig beweglichen Ausgleich bezogen.

Diese Feststellung enthält verschiedene Teilaspekte:

1. Das Rückgrat ist eine vom Hinterhaupt bis zum Körperende verlaufende Säule. Als Säule hat es die Funktion des Tragens; dies prägt sich in seiner wechselnden Dicke und Kräftigkeit besonders aus. Die Halswirbelsäule hat »nur« den Kopf zu tragen und ist am dünnsten. Die Brustwirbelsäule wird bereits kräftiger, sobald Rippen an die Wirbel angeheftet sind. Die Kräftigkeitszunahme läßt in den unteren Brustwirbeln zwar nach; später setzt sich die Gesamttendenz des nach unten Dickerwerdens abermals durch. Dies ist ganz natürlich; denn die auf ihr liegende und an ihr hängende Körperlast nimmt nach unten immer mehr zu. Eine rasche Verjüngung tritt erst wieder am Steißbein ein, nachdem die Körperlast durch die in den Beckengürtel eingelassenen Kreuzwirbel auf das Becken und auf die unteren Gliedmaßen übertragen worden ist. Der allgemeine Bau der knöchernen Wirbelsäule erklärt sich also aus der passiven Beanspruchung durch die auf ihr liegende bzw. an ihr hängende Last.

Die knöcherne Säule kann aber die erforderlichen Trage- und Halteleistungen nicht allein und von selbst vollbringen; eine ausgeprägte, vielfältig differenzierte und kräftige Muskulatur muß hinzukommen. Die Rückenmuskulatur ist kräftig ausgeprägt. Sie ist mehrschichtig: kurze untere Lagen werden von darüberliegenden längeren Muskeln überdeckt. Die Rückenstrecker sind besonders lange und kräftige Muskeln. Die Säule selbst ist für den verschiedenfältigen und -gerichteten Ansatz zahlreicher Muskeln durch ihre Wirbelfortsätze besonders geschaffen.

Eigenart und Ausstattung der Körperachse und des Rückens werden aus der Tatsache verständlich, daß der gesamte Körper dem beständigen Zug der Schwere ausgesetzt ist. Eingeweide und Weichteile z. B. haben dem Daueransatz der Schwerkraft nichts, nicht einmal eine hinreichende passive Festigkeit entgegenzusetzen. Die Last fast aller Körperteile wird zunächst auf die Säule und den Rücken übertragen.

Das Verhindern eines passiven Sinkens, Fallens, Rutschens oder Gleitens der Körperteile ist aber nicht alles. Auch diejenigen Kräfte, die der Mensch durch seine Eigenbeweglichkeit auslöst, setzen mit ihrem Zug irgendwie an der Körperachse an und müssen von dieser ausgehalten werden. Jede Eigen- und Selbstbeweglichkeit der Wirbeltiere ist innerkörperlich auf das Rückgrat als Achse bezogen. Dies gilt für die Bewegungen der Arme, der Beine, des Kopfes und selbst der Atmung (167). Alle Bewegungen wirbeltierartiger Lebewesen gehen entweder von der Körperperipherie aus und schwingen bis zur Achse hin weiter; oder aber sie fließen von der Achse aus peripheriewärts.

Rückgrat und Rücken können im einzelnen für die Funktionen des Tragens, Belastetwerdens, Haltens und Auffangens verschieden gut beschaffen sein. Maßgeblich sind die Stärke und Festigkeit der Säule sowie die Entfaltung der Rückenmuskulatur. Letztere hat um so bessere und ausgedehntere Möglichkeiten, je breiter der Rücken ist. Ausdrucksmäßig und erscheinungsbildlich erkennen wir das daran, daß das Rückgrat nicht sogleich jedem Zug und jeder Belastung nachzugeben braucht, daß es seine aufrechte Festigkeit zu wahren imstande ist.

Stärke und Kräftigkeit der Säule, der Bänder und der Muskeln des Rückens vermitteln einen Anhalt für das Maß körperlicher wie auch seelischer Belastbarkeit, für den Grad des Eigenhaltes und der selbstbezogenen Eigenhaltung.

Verständlich wird nun der seelische wie körperliche Sinn von Redewendungen wie: »Rückgrat haben«, »dem wurde das Genick, das Kreuz, das Rückgrat gebrochen«, »einen breiten Buckel oder Rücken haben«, »die Ohren, d. h. eigentlich den Nacken steifhalten«.

Das Rückgrat ist das eigentliche Haltungsorgan. Charaktereigenschaften wie Festigkeit und Gradheit der Haltung, Haltlosigkeit und Schwächlichkeit der Haltung prägen sich im Rückgrat und in seiner Ausdrucksgestalt aus. Es verrät, wieviel Eigenhalt, Selbsthalt, Rückhalt einer in sich selber besitzt. Weil jede Eigenbewegung auf das Rückgrat als Achse bezogen ist, bringen seine Form, Haltung und Kraft auch Selbstbewußtsein, innere Autonomie und Selbstsicherheit zum Ausdruck. Hals und Kopf sind in diesem Sinne die Verlängerung des Rückgrates als Haltungsorgan. Das Rückgrat und seine Haltung verraten nicht allein den Grad der Belastbarkeit des Menschen sondern auch, wieweit sein Tun zentral gesteuert und selbstherrlich gelenkt ist. Das Belastbarkeitsmaß ist mehr aus der Form und Massigkeit desselben abzulesen, die Eigenbezogenheit ist mehr Sache des Haltungsausdruckes, letztlich des aktiven Einsatzes der Haltemuskulatur.

2. Das Rückgrat ist aber nicht nur ein starres, unbewegliches System; es ist nicht bloß Säule sondern Wirbelsäule; es ist nicht allein Achse im physikalisch-mechanischen Sinne sondern bewegliche und elastische – eben lebendige – Achse.

Die Wirbelsäule ist kein durchlaufendes, starres Rohr aus einem Stück. Sie besteht aus Einzel- und Teilgliedern, den Wirbeln. Rechnet man die vier oder fünf rudimentären Steißbeinwirbel und die zum Kreuzbein zusammengewachsenen fünf Kreuzwirbel ab, besteht die Rückensäule immer noch aus nicht weniger als vierundzwanzig gelenkig beweglich bzw. verschieblich miteinander verbundenen Einzelwirbeln. Es sind dies sieben Hals-, zwölf Brust- und fünf Lendenwirbel. Alle sind sich gegenseitig Gelenkkopf und -pfanne. Die Wirbelsäule als ganze ist nicht bloß Achse sondern zugleich durchlaufendes Gelenksystem. So geringfügig auch die Einzelwirbel gegeneinander beweglich und verschieblich sind, ist doch der mögliche Gesamtbewegungseffekt bei der Vielzahl der Einzelgelenke, deren Ausschläge sich summieren, ein sehr beträchtlicher. Wir kennen die bedeutsamen Bewegungsausschläge der Säule als ganzer und wissen um die Vielfalt ihrer Bewegungs- und differenzierten Kombinationsmöglichkeiten. Die Säule als ganze kann sich aufrichten, nach vor- und rückwärts beugen, beidseitig neigen und drehen; und zwar alles in den verschiedensten Gradabstufungen. Die Beweglichkeit ihrer Einzelpartien ist nicht gleich stark. Am stärksten ist sie in der Lenden- und in der Halspartie.

Das durchlaufende Gelenksystem als ganzes besitzt drei Freiheitsgrade der Beweglichkeit. Hinzu kommt ein vierter: die Säule kann sich nicht nur beugen, biegen und drehen; sie hat bis zu einem gewissen Grade auch die Möglichkeit, sich zu verkürzen und zu strecken. Zwischen den knöchernen Wirbeln sitzen nämlich die sog. Zwischenwirbelscheiben. Es sind faserige Gebilde und als solche in besonderem Maße druck- und zugelastisch. So ist die Säule einem senkrecht auf sie zukommenden oder auf ihr lastenden Druck elastisch nachzugeben imstande. Die Scheiben haben Gallertkerne. Als flüssigkeitserfüllte Kerne sind sie zur Formveränderlichkeit befähigt, ohne daß damit der Rauminhalt verkleinert wird. So begegnet die Säule jeder Art Bewegungsdruck durch elastisches Nachgeben. Die leichten Durchkrümmungen der menschlichen Säule, die wir als Lenden- und Halslordose sowie als Kyphose in der Brustpartie kennen, gestatten ein weiteres elastisches Nachgeben gegen Druck oder Stoß. Die besondere Art der Durchkrümmung hängt mit der menschlichen Aufrichtung zusammen; sie bildet sich beim Kleinkind erst mit dem Sichaufrichten heraus. Innerhalb der Tierreihe tritt erstmalig die Lendenkrümmung beim Menschenaffen auf. Überall sonst ist das tierische Rückgrat ein gewölbeartig von vorn nach hinten sich über den Rücken hinweg spannender Bogen.

Die biologische Bedeutung der gelenkigen Beweglichkeit sowie der Elastizität der Wirbelsäule ist sehr groß. Bleiben wir zunächst beim Tier. Das Wirbeltier muß sich zwecks Fristung seines Lebens – also um zu fressen, zu trinken, den Artgenossen aufzusuchen – durch die ihm entgegenstehende Umwelt hindurchbewegen. Dabei begegnet es Widerständen, Hindernissen, Hemmungen. Es hat die Möglichkeit, direkt auf die Hindernisse zuzustoßen und sie beiseite zu schieben. Dann muß die Rückensäule in der Lage sein, bei aller Festigkeit zugleich den Druck elastisch aufzufangen und auszuhalten. Die direkte Widerstandsbeseitigung ist aber nicht die einzige. Es besteht auch die Möglichkeit des Ausweichens und des Umgehens. Ein Widerstand kann seitlich, von unten und von oben um-, unter- oder übergangen werden. Engen können durch drehendes Sichanpassen der Körperspitze bezwungen werden. Im Einzelfall kommen die genannten Formen der Widerstandsbegegnung in wechselnder Kombination auch zusammen vor. Schlange, Katze, Rind z. B. haben ganz verschiedenartige Formen der Widerstandsbegegnung.

Auch beim Menschen gibt es hinsichtlich Gelenkigkeit, Beweglichkeit und Elastizität der Wirbelsäule große individuelle Unterschiede. Die Wirbelbeschaffenheit, die Elastizität der Bänder, die Stärke der zugehörigen Muskulatur schaffen die Bedingungen dafür. Das Erscheinungsbild sagt es uns, wie weit z. B. die Säule durch die Ausprägung der Krümmungskurven dem Druck und Stoß von vorne nachgeben kann, wie stark oder schwach die Elastizität derselben ist. Je durchgekrümmter die Säule ist, desto mehr wird dem Widerstand von vorne ausgewichen. Je flacher die Biegungskurven sind, desto mehr stellt die Säule nach vollzogener Widerstandsbegegnung ihre alte Form wieder her, ohne bleibende Haltungsschäden in Kauf zu nehmen. Eine zu geringe Nachgiebigkeit ergibt das Bild der Steifheit und der Starre; »eher brechen, statt sich zu biegen« ist das Prinzip. Gelenkigkeit und Elastizität der Wirbelsäule treten am deutlichsten in der Lenden- und in der Halspartie in Erscheinung. Der kurze, kräftige Hals mit starker Nackenmuskulatur z. B. ist gegenüber dem schlanken, dem »längeren« mehr auf direkte Widerstandsbegegnung eingerichtet. Im Anklang an Bilder von Tieren wendet man Bezeichnungen wie stiernackig, schwanenhälsig usw. an.

Zusammenfassend kann man also sagen: die Gelenkigkeit der Wirbelsäule beim Beugen, Neigen oder Drehen, ihre Gestrecktheit oder Durchgebogenheit geben uns Aufschluß über die natürlich angelegte oder gewohnte Art und das Maß der Beweglichkeit und Elastizität bei der Widerstandsbegegnung.

Hierher gehören Eigenschaften wie die folgenden: Gelenkigkeit, Beweglichkeit, Elastizität, Festigkeit, Steifheit, Sturheit, Hartnäckigkeit, Bockigkeit, Halsstarrigkeit, Unausweichlichkeit, Unbeweglichkeit, Geschmeidigkeit, Biegsamkeit, Anpassungsfähigkeit, Haltlosigkeit, Widerstandsfähigkeit, Unbeugsamkeit, Härte usw.

Der Mensch hat die Möglichkeit, sich nach beiden Extremen hin zu entfalten. Bei zu großer Gelenkigkeit und Elastizität besteht die Gefahr des zu raschen Ausweichens, Nachgebens und Insichzusammensackens; Haltlosigkeit, Sichselbstverlieren und -aufgeben sind die Folge. Auf der Gegenseite stehen unelastische Halsstarrigkeit, Bockigkeit, Steifheit, Starrheit, Trotz, Sturheit. Der Erscheinungsausdruck gibt Auskunft über die Gewohnheit des geraden und direkten, unter Umständen auch widerstandbrechenden Vorgehens oder über ein Verhalten, das der Umwelt gegenüber mehr auf Geschmeidigkeit, Anpassung und Umgehung der Hemmnisse abgestellt ist. Die Sprache spricht auch beim Menschen von »Stiernackigkeit«; denn sie weiß, daß der Stier gewohnt ist, seinen Gegner direkt anzugehen. Wer selbst nicht ausweichen kann und sein Gegenüber dazu zwingen will, ist »bockig«. Auch besondere Ungelenkigkeit wird mit Bockigkeit bezeichnet im Anklang an die eckigen, steifen, bizarren (allerdings wendigen) Bewegungen des Tieres. Nichtnachgeben- und -ausweichenkönnen werden u. U. zur Störrischkeit wie beim Esel. Umgekehrt schreiben Sprache und Volksweisheit den nur gelenkigen und ausweichenden Schlangen Eigenschaften zu, die ähnlich dann bei den ebenfalls sehr gelenkigen Katzen wiederkehren. Man denke nur an die sogenannte »Falschheit« dieser Tiere.

3. Das bisher über die Wirbelsäule als der beweglich elastischen Körperachse Gesagte gilt grundsätzlich gleichermaßen für Mensch und Tier. Für den Menschen kommt als spezifisch neues Moment die besondere Stellung der Wirbelsäule hinzu. Die tierische Säule verläuft in der Regel waagrecht, parallel zur Erdoberfläche; die menschliche ist zur Vertikalen aufgerichtet. Trotz verschiedener Ansätze im tierischen Bereich kann sogar beim Affen noch nicht von einer vollen Aufrichtung gesprochen werden. Selbst der Mensch muß die Aufrichtung als Kind erst lernen und übend sich erwerben.

Mit der Aufrichtung und den damit verbundenen Sondermerkmalen seiner Erscheinung vollzieht der Mensch etwas, das ihn auch seelisch über das Tier hinaushebt:

a) Wir arbeiteten bereits mit der schematischen Vereinfachung, daß sich das Wirbeltier gleichsam als ein elastisch-beweglicher Stab durch seine Umwelt bewegt. Der Sinn dieser Bewegung ist es, an diejenigen Umweltbestandteile heranzukommen, die für die Befriedigung der tierischen Lebensbedürfnisse notwendig sind. Die Freß- und Einverleibungsorgane sollen an ihre Ziele herangeführt werden. Das Auffinden geeigneter Objekte und des richtigen Weges ist die Uraufgabe der Sinnesorgane. Durch sie, also durch Gesicht, Gehör, Geruch und Getast werden die Beziehungen und Verbindungen zwischen dem Lebewesen und der Beute, dem Wasser, dem Geschlechtspartner hergestellt. Durch einen »lebensmagnetischen Zug« wird das Tier zielsicher durch seine Umwelt geleitet und gesteuert.

Das Verhältnis zwischen dem Reizträger, der Beute, dem trinkbaren Wasser, dem Geschlechtspartner einerseits und den Freß- und Einverleibungs-, den Sinnes- oder Geschlechtsorganen des Tieres andererseits ist ein unmittelbares und unzertrennliches. Sobald die tierischen Triebinteressen wach werden, wird diese unmittelbare Reiz-Trieb-Bindung akut und löst eine zielhafte Bewegung aus. Umgekehrt bringt die Befriedigung der Triebinteressen, also die Stillung des Hungers oder des Durstes, das Tier, d. h. seine Bewegungs-, Freß- und Einverleibungswerkzeuge und auch seine Sinnesorgane zur Ruhe.

Diese tierische Unmittelbarkeit der Bindung von Trieb und Reiz kann beim Menschen aufgehoben und zerschnitten werden. Eine, vielleicht die Urvoraussetzung für diese Zerreißung des lebensmagnetischen Bandes, ist die Aufrichtung. Durch sie kann die ursprüngliche Reizunmittelbarkeit überwunden werden. Der Mensch distanziert sich mit seinen Sinnen und Einverleibungsorganen von der Umwelt; er setzt einen Abstand zwischen diese und sich selbst. Auch die unmittelbare Verbindung zwischen dem Funktionieren seiner Sinnesorgane und demjenigen seiner Einverleibungswerkzeuge wird damit zerrissen. Nimmt der aufgerichtete Mensch mit seinen Augen etwas wahr, ist er noch keineswegs mit seinem Mund am Gegenstand, um ihn sich einzuverleiben. Auf die Wahrnehmung des Sinnesorgans braucht nicht unmittelbar eine triebhafte Antwort zu folgen. Dem Menschen und seinen Sinnen tut sich vielmehr ein Horizont auf, der weiter reicht, als ihn seine Triebinteressen führen. Mit der Aufrichtung löst sich der Mensch aus der bloßen »Umwelt« heraus, und es tut sich ihm eine »Welt« auf (GEHLEN). Dies ist ein Spezifikum des Menschen von höchster Bedeutsamkeit (168).

b) Aufgerichtet auf nur zwei Beinen stehend, befindet sich der Mensch in einer nur labilen Gleichgewichtslage. Hinzu kommt noch, daß Körperschwerpunkt und Unterstützungspunkt keineswegs zusammenfallen oder auch nur senkrecht übereinanderliegen. Der Schwerpunkt des Kopfes z. B. liegt vor dem Punkte, an dem er auf der Säule aufruht. Auch der Schwerpunkt des Rumpfes und damit des Gesamtkörpers überhaupt liegt vor dem Unterstützungspunkt. Natürlicherweise ist der Mensch dauernd in der Gefahr des »Vornüberfallens«. Der Unterstützungspunkt muß unter den Schwerpunkt gebracht werden; dies geschieht durch das Vorstellen des einen Beines. Vorstellen eines Beines, Vorwärtstun eines Schrittes aber sind die Einleitung zur Bewegung, zum Gehen. Das Gehen des Menschen wächst sozusagen als ein qualitativ neuartiges Ergebnis aus der natürlichen Tendenz zu fallen und aus dem Bestreben, trotzdem aufrecht zu bleiben, hervor. Das erste Gehen des Kleinkindes ist gleichsam aus dem fortwährenden Kampf zwischen Stehenbleibenwollen und der Fallneigung heraus – das erstemal urplötzlich als etwas Neues! – entstanden.

Der Mensch, der das Gehen wie das Stehen erlernt hat, braucht der Neigung zum Fallen oder der Nötigung zur Fortbewegung nicht nachzugeben. Er kann das Stehen beibehalten. Dies geschieht aber bei der nur labilen Gleichgewichtslage und bei dem Auseinandertreten von Schwer- und Unterstützungspunkt nicht von selbst. Es ist eine besondere Leistung, getätigt durch die Rücken-, beim Kopfe durch die Nackenmuskeln. Normalerweise wird dies im Wege tonischer Spannungsänderungen durch das Kleinhirn von selbst geregelt. Stehenbleiben ist indessen nicht gleichzusetzen mit Ruhen. Das Nichtbefolgen der natürlichen Bewegungsneigung ist kein stehendes Ruhen – das Pferd kann auch stehend ruhen –; es ist beim Menschen mehr, es ist »Haltung«. Haltung ist gewiß nicht einer verkrampften Anstrengung gleichzusetzen. Im Gegenteil: je anstrengungsloser sie aufrechterhalten wird, desto besser und natürlicher ist sie. Sie ist auch etwas anderes als schlappes Sichhängenlassen. Haltung ist weder eine Angelegenheit ästhetischer oder etwa »militärischer« Einstellung. Sie ist dem Menschen mit der Aufrichtung seiner Wirbelsäule als ständige Aufgabe gegeben. Träges Sichhängenlassen z. B. führt zu einem Insichzusammenrutschen der Gesamtgestalt: die inneren Organe haben nicht den genügenden Entfaltungsraum, drücken aufeinander, pressen sich gegenseitig und sind dadurch in ihrer natürlichen Funktionstüchtigkeit gehindert. Die wirklich aufgerichtete Haltung ist für den Menschen auch das Gesündere und Natürlichere gegenüber dem bequemen und faulen Sichhängenlassen.

Es sind die triebhaften Interessen, die das Tier auf den Anreiz seiner Sinneseindrücke hin zur Fortbewegung auf das Triebziel zu veranlassen. Dem Menschen ist es möglich, sich der natürlichen Getriebenheit zu entziehen und sich dem Bewegungsantrieb entgegenzustellen. Wiederum ist es »Haltung«, die er diesmal zwar nicht dem Zug der Schwere, aber der inneren Triebdynamik, jenem »lebensmagnetischen Zug« hemmend entgegenstellt. »Zurückhaltung« ist etwas spezifisch Menschliches. Das Tier kennt triebhaftes Angezogenwerden; es kennt in der Flucht das triebhafte Abgestoßenwerden; es kennt nach der Triebbefriedigung die Ruhe; aber es kennt nicht die Zurückhaltung. Haltung und Zurückhaltung lösen den Menschen aus der Unmittelbarkeit und Unauflöslichkeit der tierischen Reiz-Trieb-Gebundenheit heraus. So wie er sich nicht bloß durch die Schwerkraft nach unten ziehen zu lassen braucht, ist er auch in der Lage, sich von dem Zug seiner Triebinteressen durch »Haltung« zu distanzieren.

Im Bereiche der Erscheinung und des Ausdrucks kennen wir die gut aufgerichteten Gestalten mit jener Geradheit und Straffheit der Linie, die sich der ganzen Wirbelsäule entlang vom Hinterhaupt an abwärts zieht. Mittelbarkeit und Distanz sind es, die bei solchen Menschen im Tun und Handeln dem Gegenstand, dem Reizobjekt, dem Partner gegenüber bestimmend sind. Umgekehrt gibt es auch »schlechte Haltungen«, mangelhaft aufgerichtete oder in sich zusammensinkende Gestalten mit meist überstarker Durchkrümmung der Säule. Und es gibt die überstarken Aufrichtungen, die wir fast als ein Zurücklehnen erleben. Und ebenso gibt es den so weit vorgerückten Schwerpunkt, daß die Menschen dauernd »auf dem Sprung« und in einer Art ständiger Starthaltung erscheinen. Es gibt auch ein haltloses und ein haltungsbestimmtes Stehen. Unterscheiden läßt sich zwischen einem Nachvornüberneigen der gesamten Säule, das zur Bewegung drängt, und einem Vorschieben bloß der Hals-Kopf-Partie. Letzteres bedeutet ein unmittelbares Heranschieben der Sinnes- und Einverleibungsorgane an den Gegenstand und steht ursprünglich im Dienste sinnlich-triebhafter Interessen.

Die Aufrichtung der Wirbelsäule im allgemeinen sowie ihre Grade und Spielformen im besonderen sind ein Anzeichen dafür, wieweit sich der Mensch auch seelisch über seine »Umwelt« erhebt und sich von dieser distanziert, um zu einer »Welt« zu kommen. Sie zeigt, wieweit der Mensch in sich mehr als das Tier und spezifisch sich selbst verwirklicht.

Die Aufrichtung und das Sichaufrichten ermöglichen innerhalb des Menschlichen Eigenschaften wie die folgenden: Stolz, Würde, Selbstbewußtsein, Wertbewußtsein, Achtung, Respekt, Selbstwertgefühl, Unabhängigkeit, Zurückhaltung, Freiheit, Erhabenheit, Interesselosigkeit der Betrachtung, aber auch Hochmut, Überheblichkeit, Verachtung, Hochnäsigkeit, Eingebildetheit, Würdelosigkeit, Demut, Knechtstum, Ergebenheit, Kriecherei, Speichelleckerei. Durch seine Aufrichtung setzt sich der Mensch als solcher zur Umwelt und auch zu sich selbst in ein Verhältnis von Wert und Rang. Diese Wert- und Rangbeziehung macht die Würde des Menschen aus. In der Art seiner Aufrichtung verrät sich, was ein Mensch »von sich selbst hält«, ob er »etwas auf sich hält«, ob er sich selbst erniedrigt, überhöht, demütigt, bescheidet, überschätzt, ob er seiner selbst sicher ist. Zugleich verraten sich sein Gleichgewicht, ob er »katzbuckelt«, ob er herausfordernd oder arrogant ist usw.

Die Aufrichtung und die mit ihr verbundene Auflösung der Reizunmittelbarkeit, die Distanzierung vom Zug der Schwere und vom

Drang der Triebe legen auch den Grund zu einer der höchsten und spezifisch menschlichsten Eigenschaften, nämlich zur Freiheit. Aufrichtung bewirkt die Loslösung aus der reiz-triebhaft gebundenen Umweltverstrickung. Diese Loslösung – zunächst etwas rein Negatives! – eröffnet den Weg zu einer Weite des Horizontes, zu einem Verfügenkönnen und Herrschen über die Umwelt und über sich selbst.

2. Der Hals, die Brust und der Bauch

Die Vorder- oder Eingeweideseite des Rumpfes erlaubt eine nur andeutungsweise Behandlung. Brust und Bauch, in denen sich in der Hauptsache die Funktionen der Atmung, der Ernährung, der Kreislauf- und Herztätigkeit abspielen, standen schon bei den inneren Organen mit zur Erörterung.

Der Hals, umfänglich erheblich enger als Brust und Bauch, stellt im ganzen die Verbindung zwischen Brust und Kopf her. Hier soll in erster Linie auf dessen Vorderansicht, weniger auf den Nacken abgehoben werden.

Die Brust unterscheidet sich von Hals und Bauch dadurch, daß sie in ihrem ganzen Umfang auch knöchern geschützt ist. Die Rippen sind Knochenspangen und umschließen die wichtigen und empfindlichen Brustorgane, nämlich Lungen und Herz. Das knöcherne Brustskelett ist aber ausgesprochen elastisch und beweglich verschieblich. Es paßt sich der Atembewegung an, welche Form und elastische Spannkraft des Brustkorbes maßgeblich mitbestimmt.

Der Bauch, wie der Hals ohne knöchernen Schutz, ist aufzufassen als ein Schlauch, in dem die Baucheingeweideteile enthalten sind. Durch längs- und schräglaufende Muskelzüge sowie durch Sehnenplatten wird er in einer bestimmten Form gehalten. Seine Größe und Form hängen ab von der Masse der hinter ihm verborgenen Eingeweideteile, von der Fettbildung und von der Länge des Rumpfes. Eingelassen in einen Schlauch von Muskeln, ist seine Form – ob er also hängt, vorquillt oder eingezogen ist – mitbedingt durch die Spannkraft dieser Muskeln. Auch die Haltung der Säule spielt eine Rolle. Überstarke Lendenlordose führt zu dem erscheinungsmäßig auffälligsten Hervortreten und Hängen des Bauches: die Eingeweideteile werden durch das zu stark eingekrümmte Rückgrat nach vorn geschoben; Hohlkreuz und »Bauch« gehören erscheinungsmäßig zusammen.

Hinsichtlich der seelischen Bedeutung der Eingeweideseite des Rumpfes geht STREHLE davon aus, daß Hals und Bauch zwei unbewehrte und ungeschützte Körperteile sind. Er bringt auch die Deutung der verschiedenen Haltungsformen mit dieser Tatsache in Verbindung. Im Einziehen des Halses erblickt er z. B. eine Schutzgebärde: die knöchernen Teile des Schädels und des Schultergürtels werden wie ein Schild vor die leicht verwundbare Halspartie geschoben. Nicht zufällig springen gewisse Raubtiere, z. B. die hundeartigen, ihrer Beute von unten her an den Hals, um die Schlagader aufzureißen. Für STREHLE ist die Gebärde des Halseinziehens ein Ausdruck der Angst; umgekehrt deutet eine allzu starke Freigabe des Halses auf eine seelische Haltung, die sich unbekümmert des Schutzes entschlägt, ja sich geradezu bis zur Herausforderung steigern kann. – Auch das Vorquellen des Bauches ist nach STREHLE einer schutzlosen Preisgabe gleichzusetzen. Es tut ein naives Selbstgefühl, einen geradezu herausfordernden Raumanspruch kund. Die japanische Redensart: »Er hat einen Bauch«, soll soviel bedeuten wie: er hat einen persönlichen Kern, während: »Er hat keinen Bauch«, soviel besagt wie: er ist kleinmütig. – Hinsichtlich der Brust meint STREHLE: »Damit können wir die Frage, ob die Weitung der Brust mit dazu beitrage, den Eindruck von Selbstbewußtsein und Unternehmungslust hervorzurufen, in positivem Sinne beantworten« (169). Erinnert sei an unsere früheren Erörterungen über die Atmung. Die Brust als Träger des Schultergürtels werden wir noch kennenlernen.

Sowohl beim Hals wie bei Brust und Bauch tauchten Hinweise auf das Selbst auf: es war mit von Selbstgefühl, Selbstbewußtsein die Rede. Wie ist dies zu erklären? Gestaltlich sind Hals, Brust und Bauch aufzufassen als eine Erweiterung der Säule des Rückgrates; wir nennen sie Körperstamm. Die Körperachse ist mehr oder weniger kräftig zum Körperstamm erweitert. Besonders gegenüber den Gliedmaßen hat der Stamm die Funktion der erweiterten Achse. Die Achse aber ist das System, auf das die Eigenbeweglichkeit bezogen ist. Je kraftvoller sie durch die Eingeweideseite des Rumpfes zum Stamm erweitert wird, desto mehr ist die Selbstbezogenheit aller Eigenbeweglichkeit nach Ursprung und Ansatz unterstrichen. Vollkommen verständlich wird dies erst, wenn die Gliedmaßen als Bewegungsorgane im Hinblick auf ihre Bezugssysteme behandelt sind.

3. Der Becken- und der Schultergürtel sowie die Gliedmaßen

1. Der Beckengürtel und die unteren Gliedmaßen: Das Rückgrat ist dasjenige Organ, an das sich die gesamte übrige Körperlast anhängt; zugleich ist es bewegungsmechanisch das zentrale körperliche Bezugssystem.

Becken, Füße und Beine tragen und übertragen die Körperlast auf eine feste Unterlage, den Boden; zugleich ermöglichen sie eine räumliche Fortbewegung gegenüber demselben.

Dies sind zwei verschiedene Funktionen; sie erinnern an die Doppelfunktion der Wirbelsäule und entsprechen dieser.

a) Erste Station bei der Übertragung der Körperlast von der Wirbelsäule auf die feste Unterlage ist das Becken.

Das Kreuzbein ist in die Beckenschaufeln eingelassen; dadurch wird die am Rückgrat hängende Körperlast durch das Becken übernommen. Das Becken stellt einen Sockel dar, auf dem die Säule mit ihrer Last aufruht. Das Becken übernimmt einen Teil der Körperlast aber auch direkt. Seine Schaufeln unterstützen und tragen die Eingeweide, insbesondere des Unterleibes, unmittelbar. Diesetwegen heißt es auch »Becken«. Die zwiefache Tragefunktion ist beim Menschen am ausgeprägtesten, da sein Becken durch die Aufrichtung der Säule selbst mit aufgerichtet ist. Noch stärker als beim Tier ist es durch die Funktion der Unterstützung und des Tragens beansprucht.

Das Becken hat nun seinerseits zwei Möglichkeiten, die übernommene Körperlast auf eine feste Unterlage zu überführen. Die unmittelbare Form ist im Sitzen verwirklicht; das Becken ist der eigentliche Körpersockel, der seinerseits dem festen Boden aufruht. In der mittelbaren Überführungsform gibt das Becken die Last an die Gliedmaßen, an die Beine weiter. In ihr, d. h. beim Stehen ist das Becken weniger Sockel als vielmehr tragendes Gewölbe.

Vorläufig nur statisch betrachtet, sind die Beine zwei Säulen, an welche die vom Beckengewölbe übernommene Körperlast weitergegeben wird. Ihrerseits ruhen die Beinsäulen auf den Füßen; diese stellen eine breite Plattform dar und ermöglichen einen sicheren Stand auf dem Boden. Übernahme der Last und deren Übertragung auf die feste Unterlage geschehen in einer technisch vollkommenen Weise. Die mehrfachen Knochenspangen aus den Mittelfuß- und den Zehenknochen stellen ein elastisch federndes Gebilde dar.

Eine zweckentsprechende Beschaffenheit von Beckengürtel,

Beinen und Füßen für die Funktion der Lastübernahme und -übertragung prägt sich auch erscheinungsmäßig aus. Ein kräftiger Beckengürtel, fest im Kreuzbein eingelassen, trägt die Körperlast und notfalls auch noch zusätzliche Fremdlasten. Entsprechende Schaufelgröße des Beckens befähigt um so besser zur direkten Aufnahme der Eingeweidelast der Unterleibsorgane. Die direkte und indirekte Belastbarkeit des Beckens hängt auch von dessen Stellung ab. Seine Tragfähigkeit ist z. B. um so geringer, je weniger es aufgerichtet ist, kenntlich an dem Hinausstellen der Gesäßflächen.

Die Beine erfüllen die Funktion der Lastübernahme und -übertragung um so besser, je mehr sie selbst Säulencharakter haben, je stämmiger und je kräftiger sie sind. Wichtig ist, daß wie beim gut aufgerichteten Becken die Lastübernahme möglichst direkt und senkrecht erfolgt. X-Form verrät ein Mißverhältnis zwischen Körperlast und Tragfähigkeit, insbesondere wenn in der Jugend Bänder und Knochen noch nicht fest genug sind. Auch die sog. O-Form gereicht nicht zum Vorteil.

Auch der Fuß zeigt verschiedene Erscheinungsbilder. Je breiter die Plattform, desto sicherer ist naturgemäß der Stand. Wichtig ist die Elastizität der Gewölbe, damit der Fuß bei Lastveränderungen nachzugeben imstande ist. Der Plattfuß hat diese Fähigkeit nicht im ausreichenden Maße. Er pflegt sich bei einem Mißverhältnis zwischen Körperlast und elastischer Tragfähigkeit einzustellen.

Festigkeit, Stellung und Größe des Beckens, Kräftigkeit und Form der Beine sowie Größe und Elastizität der Füße sind uns also ein Anhalt für die natürliche Belastungsfähigkeit und elastische Standsicherheit. Becken, Beine und Füße werden damit zum natürlichen Ausdrucksfeld für alle Eigenschaften, die mit Belastbarkeit und Standsicherheit in einem wurzelhaften Zusammenhang stehen.

Einschlägig sind hier Eigenschaftsanlagen der folgenden Art: Belastbarkeit, Standfestigkeit, Unumstößlichkeit, Standhaftigkeit, Sicherheit des Auftretens, Gewichtigkeit, Bodenverwurzeltheit, Festigkeit, Standort- und Standpunktsicherheit, Beharren usw. Wenn jemand auch innerlich und in übertragenem Sinne »Stellung bezieht«, »Stellung nimmt«, dann verrät sich dies in einer entsprechenden Zurüstung und Durchstraffung der Beine, in einem Anklammern an den Boden, in einem Abtasten der Unterlage auf ihre Festigkeit. Die Unsicherheit des Standpunktes zeigt sich auch in der Unsicherheit der Stehweise. Es gilt »hinzustehen«, sagt man, wenn etwas mit Beharrlichkeit und Unumstößlichkeit durchgefochten werden muß. Die Redensart: »Mit beiden Beinen auf der Erde stehen« als gleichbedeutend gebraucht mit: »Wirklichkeitssinn haben«, hat ihre gute Berechtigung. Ein leichter und lockerer »Standbein-Spielbein-Wechsel« wiederum kann natürliche Überlegenheit und unbekümmerte Standortsicherheit anzeigen. Unsicherheit des Standpunktes kann auch äußerlich zu einer Stellungsversteifung führen (170).

b) Durch die Beine ist der Mensch in die Welt gestellt, nicht nur wie durch das Rückgrat auf sich selbst bezogen. Mit ihrer Hilfe vollzieht er eine Bewegung gegenüber der festen Unterlage des Bodens. Die Beine sind die Fortbewegungswerkzeuge.

Die Fortbewegung auf und gegenüber dem Erdboden ist etwas anderes als die Bewegungsweise, welche auf das Rückgrat als die innerkörperliche Achse bezogen ist. Zwar ist jede Gliedmaßenbewegung zugleich auch auf das Rückgrat bezogen. Aber dieser Beziehungshintergrund reicht allein nicht aus. Bei Fortbewegung mit Hilfe der Gliedmaßen ist der feste Erdboden das ruhende Bezugssystem. Raumüberwindung kann nur erfolgen, wenn mit Hilfe der Gliedmaßen eine wechselnde Feststellbarkeit ausgelöst wird: einmal ist das Rückgrat festes Bezugssystem und die Gliedmaße bewegt sich gleichzeitig gegenüber der festen Unterlage; dann bildet wieder der Boden den Anhalt zum Aufruhen, und die Gliedmaße bewegt sich samt dem Körper ihm gegenüber fort. Durch das Gehen mit mehreren Gliedmaßen überschneidet sich dieser Wechsel der Bezugssysteme dauernd; so kommt eine fließende Gesamtbewegung zustande. Bei Tier und Mensch sind die Beine Mittler, mit deren Hilfe die Verschiebung der beiden Bezugssysteme als Ganze gegeneinander erst möglich wird.

Die Gliedmaßen können ihre Tragefunktion und diejenige der Bewegung zugleich erfüllen, weil sie ebenso wie das Rückgrat gelenkig sind.

Die Beweglichkeit beginnt, wenn auch in nur schwachem Grade, beim Becken. Es ist gegenüber der Säule leicht nach vorn und hinten verschieblich. Geläufiger ist ein Auf- und Abschwanken beider Seiten beim Stehen. Beckenbeweglichkeit ist allerdings nur passive Verschieblichkeit, ermöglicht durch die Gelenkigkeit der Säule.

Ausgesprochen gelenkig und aktiv beweglich ist dagegen die Verbindung zwischen Becken und Oberschenkel. Das Hüftgelenk ist eins der beweglichsten Gelenke des menschlichen Körpers. Es ist ein Kugelgelenk mit drei Freiheitsgraden. Die gelenkige Hüft-

Schenkel-Verbindung zusammen mit der Verschieblichkeit des Beckens würden allein schon ausreichen, den Körper schrittweise von Ort zu bewegen; Stelzengang und Gehweise mit Ganzschenkelprothesen beweisen es.

Die Beweglichkeit der Beine wird noch erhöht durch deren gelenkige Unterteilung in den Knien. Das Kniegelenk ermöglicht ein Abheben des Unterschenkels und des Fußes vom Boden und ein ebenso bewegliches Wiederaufsetzen. Durch die Schleuder- und Pendelbewegung des Unterschenkels wird die Wirkung der Schwerkraft für die Fortbewegung mitbenützt.

Die Verbindung der beiden Unterschenkelknochen – des tragenden Schienbeins und des spannenden Wadenbeins – zum Fuß ist ebenfalls gelenkig. Wie das Handgelenk ist auch das Fußgelenk sehr kompliziert. Aktiv gelenkige Beweglichkeit, passive Verschieblichkeit der Fußteile und notwendige Festigkeit sind gleichermaßen gewährleistet. Der Fuß einschließlich der Zehen besteht aus nicht weniger als sechsundzwanzig Einzelknochen und -knöchelchen. Festigkeit und Elastizität sind durch ausgiebige Verbänderung gesichert. Elastisch bewegliche Nachgiebigkeit und gleichzeitige Festigkeit sind erforderlich zum Aushalten des Druckes von oben und zur Anpassung an die Unterlage. Der Fuß muß sich gelenkig und verschieblich anpassen können, sei die Unterlage glatt oder rauh, eben oder uneben, schief oder waagerecht, regelmäßig oder ungleichmäßig, fest oder schwankend.

Zu der hochgradigen Gelenkigkeit des knöchernen Modells kommt noch die Ausrüstung mit einer entsprechend differenzierten Muskulatur.

Erscheinungsmäßig offenbart sich das Dargetane an der Art und dem Grad der Beweglichkeit der Gliedmaßen, also am Gehen. Erkennt man doch einen Menschen auch von hinten an seinem Gang. Rein gestaltliche Anhaltspunkte sind die Beinlänge, die zum Ausgriff im Schritt befähigt, ebenso die Form der Fußwölbung, die die Elastizität des Auftretens gewährleistet, und die muskuläre Ausstattung. Besondere Massigkeit der Glieder steht der Beweglichkeit hindernd im Wege.

Die Erscheinungsbilder der Gehweise hängen mit den gestaltlichen Merkmalen eng zusammen. Wir kennen den schweren, den leichten, den beflügelten, den lahmen, den schleppenden, den steigenden, den stelzenden, den hinkenden, den hüpfenden, den springenden, den natürlichen, den schlürfenden, den raschen, den langsamen, den plumpen, den schwerfälligen, ferner den weit ausgreifenden, den kurz tretenden, den trippelnden usw. Gang. Die Arten des Auftretens bezeichnen wir als sicher, als unsicher, als leicht usw.

Die Schwere oder Leichtigkeit, die Längenproportionen, die Gelenkigkeit und Elastizität der unteren Extremitäten bestimmen die Eigenart des Ganges. Dieser wird zum Ausdrucksfeld für die körperlich-seelische Art der Bewegungsfähigkeit im Sinne der und in Analogie zur Raumüberwindung.

Oft genug wird der Lebensvollzug in Analogie zur Raumüberwindung vorgestellt. Man spricht vom »Lebenswandel«, »vom Leben auf großem Fuße«, vom »Lebensgang«, von der Sicherheit oder Unsicherheit des Auftretens, von der Festigkeit des Wandels, vom Ausgriff, vom Streben, von Bewegtheit und Beweglichkeit, von Gelenkigkeit, von Unbeirrbarkeit und Zielbestimmtheit, von Dynamik oder Ruhe, von einem In-die-Welt-Hineinspringen, von einem Zögern, von einem tastenden und vorsichtigen Vorgehen usw.

Der Beckengürtel und das ihm angeschlossene Gliedmaßenpaar wurden damit unter zwei Gesichtspunkten, einem statischen und einem dynamischen, betrachtet. Beiden gemeinsam ist, daß sie den Menschen im Verhältnis zu seiner festen Raumunterlage sehen. Anders war es bei der Wirbelsäule. Was dort Haltung war, heißt hier Stand. Selbstbezogener Beweglichkeit dort entspricht hier räumliche Vonortbewegung.

Im Verhältnis zur festen Raumunterlage als Bezugssystem kann individuell mehr das statische oder mehr das dynamische Moment vorherrschen. Erscheinung und Wesen können mehr durch die Funktion der Belastbarkeit, des Tragens und des Beharrens akzentuiert sein; sie können aber ebenso auch die Fähigkeit der Raumüberwindung, den Ausgriff und die Dynamik bevorzugt unterstreichen.

c) Außer dem Stehen und dem Gehen darf das Sitzen nicht übersehen werden.

Schon die menschliche Gesäßentwicklung weist dem Sitzen eine besondere Bedeutung zu.

Das Sitzen ist eine Zwischenstellung zwischen Liegen und Stehen. Das Liegen als Ruhelage deutet an, daß keine Bereitschaft zur räumlichen Fortbewegung besteht. Das Stehen hingegen ist eine Art Dauerbereitschaft zum Gehen und Sichvonortbewegen. Das Sitzen ist aufzufassen als partielle Ruhe und als partielle Bereitschaft zugleich. Es ist partielle Ruhe, weil die Gehwerkzeuge außer Funktion sind. Es ist partielle Bereitschaft, weil sich der Körper aufrecht hält und alle übrigen Funktionen, insbesondere die Sinne, in wacher und tätiger Bereitschaft bleiben.

Das Sitzen erlaubt unter Ausschaltung der Vonortbewegung eine besonders günstige einseitige Bereitstellung der Sinnes- und Aufnahmeorgane. Es ist die geeignete Körperstellung für eine Haltung, die sich von einer den Außenraum überwindenden Dynamik abkehrt und die lebendigen seelischen Kräfte nach innen und auf sich selbst zurückwendet. Es ist die Stellung für die Selbstbetrachtung, für das – durchaus wache! – Sich-in-sich-selbst-Versenken.

In den Formen und Gewohnheiten des Sitzens bestehen große Unterschiede. Die in unserer Kultur entwickelte Sitzform läßt zugleich an Stühle, Sessel und ähnliche Möbelstücke denken. Andere Kulturkreise pflegen Formen des Hockens. Was bei uns der Stuhl ist, ist dort sinngemäß der Teppich.

Unsere Sitzform kommt dem Stehen ungleich näher als die Hockform. In ihr spricht sich die ganze Dynamik unserer abendländischen Seelenhaltung aus, unsere ständige Bereitschaft zum raumüberwindenden Ausgriff. Ja man könnte sagen, daß unser Sitzen gar kein reines Sitzen ist. Es ist eine Art Starthaltung, die zum Stehen und Gehen überleitet.

Wir haben nicht zufällig die natürliche, wirkliche und vollkommene Sitzform wiederentdeckt in der Berührung und Begegnung mit der Natur. Indem wir wanderten, ohne uns Stühle mitzunehmen, lernten wir es wieder, einfach auf dem Erdboden zu sitzen. Und gleichfalls nicht zufällig entdeckten wir dabei auch wieder eine Form der natürlichen Geselligkeit: mit völlig wachen Sinnen, mit völliger Geöffnetheit unter gleichzeitiger wirklicher Ausschaltung außendynamischer Momente dem anderen zugewendet sein.

2. Der Schultergürtel und die oberen Gliedmaßen: Auch die Entfaltung des Schultergürtels und der oberen Gliedmaßen unterscheidet den Menschen in bedeutender Weise vom Tier. Auch diese Tatsache steht im engsten Zusammenhang mit der menschlichen Aufrichtung. Beim Tier sind die vorderen Extremitäten gleichwie die hinteren in die Funktionen des Tragens und der räumlichen Fortbewegung eingeschaltet. Beim Menschen sind sie im wesentlichen davon befreit. Geblieben ist die Beweglichkeit im allgemeinen, die aber nicht im Dienste der Fortbewegung steht.

Durch die Ablösung der menschlichen Vorderextremitäten vom Boden und damit von jeder Lastübernahme- und Fortbewegungsfunktion werden diese zu einem Organ völlig freier, ungebundener und unbelasteter Beweglichkeit. Deshalb kann hier auf eine statische Betrachtung als unwesentlich verzichtet werden.

Schulter, Arm und Hand des Menschen sind schon durch ihren Bau auf ein erstaunliches Maß vielseitiger und differenzierter Beweglichkeit abgestellt. Der Schultergürtel unterscheidet sich vom Beckengürtel durch seine Lockerkeit und Beweglichkeit. Er ist kein in sich zusammengewachsenes Gebilde wie das Becken. Gewahrt bleibt nur die funktionale Einheitlichkeit. Eine feste Verbindung mit dem Rückgrat fehlt ebenfalls. Die Schulterblätter sind an der Rückenseite des Brustkorbes lose beweglich und verschieblich aufgesetzt, ohne mit der Säule oder unter sich eine feste Verbindung einzugehen. Aktive Beweglichkeit durch Muskelzug und passive Verschieblichkeit – z. B. beim Aufstützen des Vorderkörpers – sind gleichermaßen leicht möglich. Mit der Vorderspange, dem Schlüsselbein, hat das Blatt nur eine gelenkige Verbindung in dem sog. Schultereckgelenk. Die Schlüsselbeine ihrerseits sind dem Brustbein gelenkig angeheftet. Der obere Gürtel ist im Gegensatz zum Becken ganz entscheidend nach der Beweglichkeit hin akzentuiert.

Der Oberarm ist mit dem Schultergürtel durch ein Kugelgelenk verbunden. Das Schultergelenk ist das beweglichste des Körpers überhaupt. Zusammen mit der Beweglichkeit des Gürtels hat der Oberarm die Möglichkeiten der Auf- und Ab-, der Vor- und Rück-, sowie der Drehbewegung. Er kann aber auch vom Körper nach auswärts geschoben und umgekehrt an diesen herangezogen werden.

Auch Ober- und Unterarm sind gelenkig verbunden, wiederum in einer differenzierteren Form als beim Knie. Das Ellbogengelenk besteht aus drei verschiedenen Einzelgelenken. Seine Konstruktion erlaubt außer dem Strecken und Beugen auch ein Ein- und Auswärtsdrehen des Unterarmes.

Die Hand ist vielfältig gelenkig durch das sog. Handgelenk, die einzelnen Fingergelenke und die Entgegenstellbarkeit des Daumens. Die aktiven Bewegungsmöglichkeiten sind bedeutend mannigfaltiger als beim Fuß, weil die Belastungsfunktion zurücktreten kann.

Der obere Gürtel und die ihm angehängten Extremitäten stellen insgesamt ein System nacheinandergeschalteter Beweglichkeiten dar. Der Handraum, der über die differenziertesten Beweglichkeitsformen verfügt, kann durch die Beweglichkeit des Unterarmes je nach Bedarf innerhalb dessen Reichweite verlegt werden. Der Oberarm wiederum ermöglicht eine beliebige Verlegung des Unterarm-Hand-Feldes innerhalb seiner Reichweite. Diese wird ihrerseits verlängert, erweitert und vervollständigt durch die Beweglichkeit des Gürtels. Schließlich erfährt die Gürtel-Oberarm-Reichweite eine nochmalige Ausweitung und Vervollständigung durch die Beweglichkeit der Säule im Lendengebiet. Und steht nicht die Vonortbewegung des Menschen durch die Beine und Füße ebenfalls im Dienst der Heranbringung des Handraumes an bestimmte, räumlich entfernte Objekte? Die oberen Extremitäten, besonders die Hände werden für den Menschen zum eigentlichen Ziel- und Erfolgsorgan, das die gesamte Beweglichkeit des Körpers auf sich lenken und für sich und seine Zwecke beanspruchen kann.

Auch die Hand erhebt den Menschen wiederum über das Tier. Dieses hat eigentlich nur ein Ziel- und Erfolgsorgan, seine Freß- und Einverleibungswerkzeuge (von den Geschlechtsorganen sei hier abgesehen). Die triebhafte tierische Bewegung steht letzten Endes im Dienste des Mundes; sie zielt auf Nahrungsaufnahme durch den Mund. Der Mensch hat sich mit der Hand ein zweites Erfolgsorgan mit neuer, selbständiger und über die triebhafte Nahrungsaufnahme hinausgehender Zielsetzung geschaffen.

Alle auch den Tieren möglichen Funktionen sind in der Form und der Bewegungsweise des menschlichen Schultergürtels und der oberen Extremitäten »aufgehoben« und erhalten. Sie geben unter Umständen der spezifisch menschlichen Verwendungsweise ihren besonderen Akzent, der sich auch erscheinungsmäßig ausprägt.

Ein kräftiger oberer Gürtel mit entsprechenden Armen und Händen kann die Beweglichkeit zugleich mit Hindernis- und Widerstandsüberwindung verbinden. Die Handbetätigung erreicht ihr Ziel, auch wenn zugleich erhebliche Kraftleistungen des Haltens, des Tragens, des Ziehens, des Schlagens, des Zerdrückens, des Zupackens, des Zertrümmerns, des Aufhebens erforderlich sind. Beweglichkeit des Gürtels und der Extremitäten in allen ihren Gelenken sowie deren Verschieblichkeit ermöglichen leichte Überwindung räumlicher Schwierigkeiten. Je feingliedriger, zarter und graziler besonders die Hände sind, desto differenzierter können die Verrichtungen sein. Immer schon läßt sich erscheinungsmäßig unterscheiden, welcher Teil des Gürtels und seiner Anhangsgebilde am kräftigsten, am beweglichsten oder am differenziertesten entwickelt ist.

Die Eigenart des oberen Gürtels, der Arme und der Hände gibt

Aufschluß über Art und Grad der Fähigkeit des Durchwirkens und Durchherrschens des räumlichen Umfeldes. Ungebunden freie Beweglichkeit ist Voraussetzung für ein Ordnen und Gestalten desselben. Die Hand ist dem Menschen ein neues, spezifisches Ziel- und Erfolgsorgan zum Zwecke der frei ordnenden und eigenschöpferischen Gestaltung seiner Umwelt.

Die besondere Gestalt des oberen Gürtels und seiner Extremitäten weist hin auf Eigenschaftsanlagen der folgenden Art: Tatkraft, Geschicklichkeit, schöpferische Findigkeit, Tatwille, Können, Leistungsfähigkeit und Leistungskraft, Ordnungs- und Gestaltungskraft oder umgekehrt auf Mangel an schöpferischen Fähigkeiten, an Behendigkeit, an Handlichkeit, an der Fähigkeit des Zupackens, des Zuschlagens, des Festhaltens, des Begreifens, des Erfassens, des Beherrschens und des Gestaltens.

Oberer Gürtel und obere Extremitäten sind das Ausdrucksfeld für Tatbereitschaft (»die Fäuste ballen«), für Müdigkeit und Tatenlosigkeit (»die Hände in den Schoß legen«, »die Arme verschränken«, »die Arme auf den Rücken legen«, »die Hände falten«, »die Schultern hängen lassen«, »die Finger spreizen«, »die Arme erheben oder sinken lassen«). Diese Eigenschaften sind spezifisch menschlich; denn das Tier kennt keine schöpferische Gestaltung und kennt keine Kraftanstrengung im Sinne der Tat.

Nicht zufällig ist die menschliche Hand zugleich in der differenziertesten Weise mit dem Tastsinn begabt zum Zwecke der ständigen Kontrolle und Steuerung ihres ordnenden und gestaltenden Tuns.

Die Ablösung der Arme und Hände vom Boden und deren Befreiung von der Fortbewegungsfunktion stehen in Parallele zu der Ablösung der Sinne vom Boden. Wie durch die Aufrichtung das Auge frei wird zum Erkennen, so die Hand für das Schaffen. Beide, der menschliche Ausblick in die »Welt« und die eigenschöpferische Gestaltung, stehen im engsten wechselseitigen Zusammenhang. In beidem zusammen, im Blick über die triebhaft gebundene Umwelt hinaus in die Weite der Welt und in der schöpferischen Eigen- und Umgestaltung derselben, findet der Mensch seine spezifische Erfüllung und Vollendung. Beides ist ihm schon durch die Natur als höchste Möglichkeit und Aufgabe gesetzt.

4. Der Rumpf und die Glieder

Für die äußere Erscheinung eines Menschen sind die Proportionen zwischen Rumpf und Gliedmaßen von charakteristischer Bedeutung. Deshalb sind diese auch Gegenstand vergleichender Messung sowohl in der Rassenkunde als auch in der Konstitutionsforschung.

Im Grundverhältnis von Rumpf und Gliedmaßen hat immer der Rumpf als Körperstamm die Hauptmasse und das Hauptgewicht. Ihm gegenüber sind die Gliedmaßen nur Anhängsel. Das proportionale Verhältnis läßt im einzelnen allerdings eine beachtliche Schwankungsbreite zu. Diese kann sich ebenso aus den Längenverhältnissen wie aus der Massigkeit ergeben.

Charakteristische Proportionen solcher Art sind gemeint, wenn die Rede ist von schlank, hager, dick, rund, stämmig, breit, massig, derb, feingliedrig, hochgestaltig, zart, grazil, langbeinig, kurzbeinig, von »Sitzgröße«, »Stehriese« usw.

Das Gefälle von der körperlichen Hauptmasse des Rumpfes zu dessen gliedhaften Anhanggebilden ist von Fall zu Fall recht verschieden.

Eine besonders starke Gefälleform läßt sich folgendermaßen kennzeichnen: die Körperachse ist weitestgehend zum Körperstamm erweitert durch eine mächtige Entfaltung von Brust und Bauch. Es ist das Erscheinungsbild der Runden und Dicken. Stamm und Rumpf wirken verhältnismäßig kurz; der mächtigen Stammentwicklung steht eine vergleichsweise schwach akzentuierte Gliedmaßenentfaltung gegenüber. Letzteres beginnt schon bei der Ausprägung der beiden Gürtel: der »faßförmige« Brustkorb wird vom Schultergürtel nicht ausladend überdacht und überragt; das Becken ist nicht übermäßig weit, was zum Überhängen und Überquellen des Bauches bei schlechter Haltung, bei guter Ernährung, bei Müdigkeit oder im Alter führt. Die Gliedmaßen sind nur mäßig lang und verjüngen sich rasch. Auch der muskuläre Apparat ist nicht so sehr ausgeprägt; betont tritt die Fettbildung innerhalb der Gesamtmasse in Erscheinung. Insgesamt ergibt sich bei einem dicken, massigen, runden Rumpf mit verhältnismäßig kurzen und zunehmend graziler werdenden Gliedmaßen ein Gliederungsgefälle, dessen Form dem Kretschmerschen Pykniker sehr nahe kommt.

Zwei Formen mit schwachem Gliederungsgefälle sind demgegenüber der schlanke, zarte, grazile sowie der derbe, grobe, massige

Typ. Im Sinne KRETSCHMERS sind dies der Asthenisch-Leptosome und der Athletiker.

Der grazile Typ hat die folgenden Merkmale: Der Körperstamm bleibt schmal, schlank, hager; das knöcherne Gerüst ist ebenfalls schmal; die Muskulatur hat mehr den Charakter des Sehnigen. Erweiterung des Stammes durch vermehrten Fettansatz tritt nicht ein. Die Gliedmaßen sind gleichfalls schlank und grazil gebaut, verhältnismäßig lang in ihren einzelnen Teilen. Letzteres wird besonders deutlich an der Hand- und Fingerform.

Die derbe, die »athletische« Form des schwachen Gliederungsgefälles hat folgende allgemeine Kennzeichen: Kräftige Stammentwicklung, jedoch nicht in der Form des Dicken, Runden und Faßförmigen, vielmehr breit und auch tief zu nennen. Knochen- und Muskelrelief treten deutlich in Erscheinung. Der Eindruck der Kürze des Rumpfes entsteht nicht. Die Gliedmaßen sind ebenfalls knochig, kräftig, muskulös sowie verhältnismäßig lang. Die beiden Gürtel sind gut entwickelt: die breite, kräftige Schulter lädt mächtig über dem Brustkorb aus, so daß die Brust eine Art Keilform annimmt; auch die Beckenschaufeln sind gut und kräftig entfaltet. Die Enden der Extremitäten, die Hände und die Füße sind nicht nur lang, sondern auch derb und kräftig.

Was haben diese Verschiedenheiten des Gliederungsgefälles seelisch-charakterologisch zu bedeuten?

Einbettung des Rückgrats in einen massig entfalteten Körperstamm unterstreicht bei den Runden und Dicken die Achsenfunktion im statischen Sinne. Das Rückgrat ist in besonderer Weise ruhendes Bezugssystem für alle körperlichen Eigenbewegungen. Durch die massige Stamm- und Rumpfentwicklung wird seine Gelenkigkeit und Eigenbeweglichkeit eingeschränkt. Der »Pykniker« hat in den Lenden- und Halspartien kein besonderes Maß differenzierter Beweglichkeit. Um so mehr hat er es in seinen grazilen, sich rasch verjüngenden Extremitäten. Starkes Gefälle bedeutet starke Gliedmaßenbeweglichkeit. Diese hebt sich als leicht, behende und lebendig gegenüber dem stabilen Bezugssystem des Rumpfes besonders ab. Verhältnismäßige Unbeweglichkeit des Stammes und Rückgrates und betont stammbezogene Leichtbeweglichkeit der Gliedmaßen sind typisch für alle Formen, die wir als Lebhaftigkeit, Quickheit, Lebendigkeit, Kugeligkeit, Wendigkeit, Geschicklichkeit, Betriebsamkeit, Geschäftigkeit, Quecksilbrigkeit kennen.

Bei der Gefälleform des »Athletikers« sind Körperstamm und

Rumpf breit und tief und deswegen ebenfalls im vollen Sinne stabile und feste Achse. Aber die Eigenbeweglichkeit in Lenden und Hals ist leichter und läßt größere Ausschläge als bei den »Runden«, »Dicken« und »Kurzen« zu. Knöchernes Modell und Muskulatur deuten auf physische Belastbarkeit, auf Widerstandsfähigkeit hin. Muskulöse Knochigkeit, Längen- und Größenentfaltung der Extremitäten weisen hinaus auf das feste außerleibliche Bezugssystem bei der Vonortbewegung. Diese Gefälleform ist geschaffen, beträchtliche Lasten aufzunehmen und zu übertragen sowie sich kräftig ausgreifend im Außenraum zu bewegen. Für den oberen Gürtel gilt ein Entsprechendes. Arme und Hände sind geeignet, den Aktionsraum auch dann zu beherrschen und zu bewältigen, wenn dazu erheblicher Kraftaufwand vonnöten ist. Insgesamt: Raumüberwindung und Ausgriff in der Bewegung, die Beseitigung von kraftverzehrenden Widerständen, die Übernahme gleichzeitiger Belastungen sind diesem Typ gemäß.

Die Populärphysiognomik nennt einen dem KRETSCHMERschen Athletiker nahekommenden Typ »Tat- und Bewegungsnaturell«. In der Tat liegt diesem Typ Bewegung im Sinne des Ausgriffs im Raume, ganz und gar nicht allerdings eine (pyknische) »Beweglichkeit«. Auch »Tat-Natur« ist richtig, wenn der Aufwand an Kraft gemeint ist, den jedes Tun erfordert. Diese Menschen sind in ihrem Tun und Lassen nicht auf die eigene Achse und »auf sich selbst« bezogen. Ihre Gestalt weist sie hinaus auf eine starke Verhaftung im Objektiven und Sachlichen.

Hagerkeit, Dünne und Schlankheit des Körperstammes bei der dritten Gefälleform setzen einer differenzierten Beweglichkeit der elastisch gelenkigen Säule die geringsten Hindernisse entgegen. Die Säulenbeweglichkeit läßt sich auf das vollkommenste ausschöpfen und ausnützen. Möglich ist eine Fülle fein abgestufter Formen des Beugens, des Sichneigens, des Drehens, des Wendens. Wie bei der zweiten Gefälleform sind die Gliedmaßen ebenfalls auf den Ausgriff im Raume zugeschnitten. Diese gestatten ein zähes und ausdauerndes Bewältigen des Raumes (Sehnigkeit) sowie ein differenziertes Durchwalten des Aktionsraumes infolge ihrer Feingliedrigkeit; aber das Moment der Belastbarkeit und des geballt massiven Kraftaufwandes tritt zurück. Die Beziehung zu den beiden Bezugssystemen, also zur Säule und zum festen Grund, ist ähnlich verteilt wie beim Athletiker. Beide Bezugsformen aber sind qualitativ differenzierter und verfeinerter. Die Beziehung auf das Rückgrat eröffnet alle denkbaren Möglichkeiten in der Abstufung des Haltungsausdruckes. Die Möglichkeiten differenziertesten Haltungsausdruckes sind das Hauptcharakteristikum dieses Types. Als ausgesprochene Haltungstypen stehen diese Menschen neben den eigenbezogenen beweglichen Pyknikern und den athletischen »Tat- und Bewegungsnaturen«.

Das Maß und die Art, wie der einzelne Mensch in seinen Bewegungen nach dem einen der beiden Bezugssysteme hin akzentuiert ist, gibt auch einen sicheren Anhalt über den Grad seiner Sach- und Aufgaben- bzw. seiner Selbstbezogenheit. Die erste Gefälleform ist im Tun und Handeln ausgesprochen selbstbezogen, selbstgebunden, selbstverhaftet, was allerdings noch nicht Egoismus im sittlichen Sinne bedeutet. Verglichen mit den beiden anderen Typen ist aber diese Selbstbezogenheit wenig differenziert; sie bleibt gleichsam eine naive und unkomplizierte. Die zweite Gefälleform ist mehr sach-, leistungs- und tatbezogen. Das Selbst ist zwar nicht naiv, aber auch nicht ausgesprochen differenziert. Es ist ein Selbst schlichter und fester Art, das am leichtesten zur Selbstvergessenheit neigt. Die dritte Gefälleform besitzt weder ein unbekümmert naives noch ein robustes, aber auch nicht ein sich verlierendes und vergessendes Selbst. Aber dieses ist hoch kompliziert und differenziert, weshalb es bei aller Hingabe an die Sache sich nie vergißt und verliert. Die differenzierten und auch überfeinerten Sachbezüge sind die Spiegelung einer ebensolchen Selbstbezogenheit.

B. Der Kopf

Der Kopf ist in der Erscheinung vom übrigen Körper deutlich abgehoben und nur durch die Brücke des Halses mit diesem verbunden. Entwicklungsgeschichtlich ist er kein einheitliches Gebilde. Ober- und Hinterkopf, die den obersten Teil des Zentralnervensystems umschließen, sind aus dem unsegmentierten vorderen Teil der Körperachse hervorgegangen. Ihnen haben sich noch Teile der ursprünglichen Kiemenanlage angegliedert, aus denen der Ober- und der Unterkiefer und Teile des Ohres hervorgingen. Aus der Kiemenanlage stammen diejenigen Schädel- bzw. Gesichtsteile, die deren Urfunktion, nämlich die Nahrungs- und Sauerstoffaufnahme, übernommen haben.

1. Der Kopf als Endstück der Körperachse

Als Ganzes und vor aller Differenzierung ist der Kopf einfach als die Verlängerung der Körperachse zu betrachten. Als Endstück der Körperachse begegnet er den Umweltwiderständen immer als erster. Für den Menschen kommt ein Weiteres und Neues hinzu: durch die Aufrichtung ist der Kopf nicht nur der vorderste sondern zugleich der oberste Teil der senkrecht gestellten Körperachse.

Beide Bedeutungsrichtungen sind gesondert zu behandeln:

1. Die Bewegung des Tieres durch seine Umwelt birgt die ständige Möglichkeit des Zusammenstoßes in sich. Stelle des ersten Zusammenstoßes ist die Körperspitze, der Kopf. Der Kopf jedes Tieres ist auf eine besondere Form der Hindernisbegegnung und Widerstandsbewältigung innerhalb einer besonderen Umwelt hin geschaffen. Es gibt zwei Grundformen der Hindernisbegegnung, die direkte und die indirekte, entsprechend zwei besonders akzentuierte Kopfbeschaffenheiten.

Bei der vorzugsweise direkten Widerstandsbegegnung müssen die Knochenplatten des Schädels, besonders des Stirnschädels, Druck, Stoß, Gegenstoß und Schlag auszuhalten imstande sein. Ein zweites unterstützendes Merkmal ist eine Nackenwirbelsäule, die nicht sogleich ausweicht, sondern Stoß und Druck standhalten kann. Hinzu kommt die Beschaffenheit der knöchernen Säule wie der Bänder und der Muskeln.

Bei der vorzugsweise indirekten Hindernisbegegnung liegen die Dinge gerade umgekehrt. Der Kopf muß ausweichen, sich heben, senken, beugen, drehen, er muß sich jeder Hindernisform irgendwie anpassen können. Dazu sollte er in erster Linie beweglich und gelenkig sein. Er hat aber außer seiner Gelenkigkeit in den Freßorganen keinerlei eigene Beweglichkeit. Er empfängt diese von der Wirbel-, insonderheit von der Halswirbelsäule. Die gelenkige Verbindung zwischen Hinterhaupt und oberstem Halswirbel und diejenige zwischen oberstem und zweitem Halswirbel heißen »Kopfgelenke«. Von ihrer Beweglichkeit hängt die indirekte, die anpassende Hindernisbegegnung ab. Notwendig ist außerdem weniger eine starke als vielmehr eine differenzierte Muskulatur. Je bevorzugter die indirekte Begegnungsweise ist, desto mehr kann die direkte zurücktreten, desto weniger wichtig ist eine allzu starke Ausprägung des knöchernen Stirnschädels.

Der Mensch ist nicht wie manche Tiere auf eine der beiden Widerstandsbegegnungen spezialisiert. Die individuelle Streubreite ist also sehr groß. Je derber, kräftiger, knochiger, eckiger, unförmiger und breiter der Schädel eines Menschen ist, desto größer ist seine Anlage zur direkten Widerstandsbegegnung, desto mehr geht seine Neigung dahin, »mit dem Kopf durch die Wand zu wollen«. Der kräftige, breite, feste, muskuläre Nacken unterbaut diese natürliche Anlage zur direkten Widerstandsbegegnung noch. Man spricht ja auch beim Menschen vom »Stiernacken«. Hohe Beweglichkeit der Kopfgelenke, dünner Hals und schwächerer Nacken bilden die natürliche Voraussetzung für die passive und auch aktive Anpassung an die Hindernisse; denn der Kopf läßt sich leichter drehen, biegen, neigen oder beugen.

Eine sich auf die Art der Widerstandsbegegnung beziehende Konstante steckt in den folgenden Eigenschaften: Dickschädeligkeit, Hartnäckigkeit, Halsstarrigkeit, Störrischkeit, Bockigkeit, Trotz, Eigenwilligkeit, Sturheit, Widerspenstigkeit, Stoßkraft, Kräftigkeit, Kampflust, Unnachgiebigkeit, Geradheit, »Männlichkeit«; Anpassungsfähigkeit, Gelenkigkeit, Wendigkeit, Nachgiebigkeit, Neigung zum Ausweichen, Verschlagenheit, »Falschheit«, Hinterlist, »Sichdrehen und -winden«, diplomatische Geschicklichkeit usw.

2. Die Bezeichnung des Kopfes als Haupt setzt die Aufrichtung voraus und ist deshalb spezifisch menschlich.

Als oberstes Endstück der Säule hat der Kopf beim Menschen noch deutlicher als schon beim Tier die Funktion des Zeigers. Die Bewegungsausschläge der Säule werden durch ihn verdeutlicht, vergrößert oder auch repräsentativ übernommen. Dreht, wendet, neigt, beugt sich die Säule, so ist immer der Mitausschlag des Kopfes am sichtbarsten. Die Ausdruckskraft folgender Erscheinungsformen ist bekannt: der hängende oder der hochgetragene Kopf, das gebeugte oder das gesenkte Haupt, das Hochrecken, das Senken, das Hängenlassen des Kopfes, das Neigen des Hauptes usw.

Der Kopf macht aber die Ausschläge der Säule nicht bloß mit. Er stellt sich diesen auch entgegen, wenn das labile Körpergleichgewicht gefährdet ist. Man denke an Wurfbewegungen, z. B. beim Diskuswurf. MOLLER vergleicht den Kopf mit der lose beweglichen Billardkugel (171). Es ist auch kein Zufall, daß das eigentliche Gleichgewichtsorgan im Kopfe stationiert ist.

Der Kopf ist also nicht bloß Zeiger, er ist auch selbständiges Gewicht. Je mehr er wiegt, je größer er erscheinungsmäßig ist, je lockerer und beweglicher er auf der Säule aufsitzt, um so leichter erfüllt er die selbständige Funktion des Gleichgewichtsreglers. Das menschliche Haupt ist allerdings nicht nur in diesem statischen Sinne Gleichgewichtsregler. Auch in dem übertragenen der Beherrschung des menschlichen Leibes ist der »Kopf« Ausgleicher und Gegengewicht.

Sitz- und Trageweise, Größe, Gewicht und Beweglichkeit des menschlichen Hauptes sind das natürliche Ausdrucksfeld des inneren Gleichgewichtes.

Es sind spezifisch menschliche Haltungseigenschaften, die wir in diesem Zusammenhang herausstellen können: Stolz, Würde, innere Freiheit, Ungebrochenheit, Offenheit, Geradheit, Menschenwürde; Einbildung, Hochmut, Hochnäsigkeit, Achtung, Herausforderung, Demut, Bedrückung, Entwürdigung, Depression.

2. Das Gesicht und der Schädel

Die besondere Stellung des Kopfes im Körperganzen wird erst recht durch seine ausgezeichnete Organausstattung deutlich.

Er ist zwar nicht der alleinige, aber doch der vorzüglichste Träger wichtigster Sinnesorgane; gleichzeitig schließt er das oberste nervöse Zentralorgan in sich ein.

1. Der Kopf als Körperspitze ist mehr als die blinde Spitze des Pfeiles. Er bewegt sich als ein sehender, hörender, tastender, riechender, schmeckender. Die Sinnesausstattung macht seinen Vorstoß in die Umwelt zu einem wohlorientierten. Die Sinnesorgane sind Leuchten, die der Organismus sich selbst aufgesteckt hat und voranträgt. Durch ihre Eindrücke werden die Bewegungen gelenkt und gesteuert.

Nicht alle Sinnesorgane sind für die Umweltorientierung gleich wichtig. Für den Menschen ist der Gesichtssinn am bedeutendsten. Unsere Sprache bezeichnet deshalb das der Umwelt zugekehrte Sinnesfeld des Schädels kurzerhand mit »Gesicht«. Sie meint aber das Gehör, den Geruchs- und den Geschmackssinn und schließlich denjenigen Teil der Tastsinnausstattung, der dem Kopf zufällt, mit.

Das Auge zieht repräsentativ eine Reihe von Kennzeichen allgemein ausdrucksmäßiger Art auf sich. Seine Bedeutung für die menschliche Ausdruckssprache wurde bereits ausführlich erörtert. Das Ohr ist beim Menschen ausgesprochenes Organ des empfänglichen Vernehmens. Direkte aktive Reizorientierung fehlt ihm. Doch dürften Differenzierung, Feinheit, Größe und Stellung des äußeren Ohres brauchbare Anhaltspunkte für die Art der akustischen Umweltorientierung geben. Der Sitz des menschlichen Geruchsorgans, die Nase, ist für die Form des Gesichtes besonders charakteristisch. Eine eingehende Untersuchung der Bedingungen der Geruchswahrnehmung dürfte daraus Hinweise auf Art und Bedeutung der geruchlichen Orientierung finden können. Die Tastorientierung ist vorzugsweise an die Lippen gebunden. In der Stärke oder Schwäche ihrer Ausprägung erblicken wir einen Hinweis auf die (»sinnliche«) Berührungsorientierung. Die Geschmacksorientierung ist ebenfalls an den Mund gebunden. Je mehr dieser als Geschmacksorgan funktioniert, desto mehr treten ausdrucksmäßig die Züge des »Prüfens« wie auch der sog. »Geschmacksreaktionen« in Erscheinung.

Zusammenfassend läßt sich sagen: Form- und Ausdrucksprägung der Sinnesorgane des »Gesichtes« vermitteln Anhalte für den Grad und die besondere Art der sinnlichen Orientierung des Menschen in seiner Umwelt und in der Welt.

Eine entsprechende Konstante ist enthalten in allgemeinen Eigenschaftskennzeichnungen, wie Wachheit im Sinne allgemeiner sinnlicher Geöffnetheit und Orientierungsbereitschaft, Aufgeschlossenheit, Aufgewecktheit oder Verdöstheit, Verschlafenheit, Verträumtheit. Vieles wurde schon bei der Behandlung des Auges dargelegt. Erinnert sei an »Helligkeit«, »Lichtheit« oder »Mit-offenen-Augen-in-die-Welt-sehen«. Auf die anderen Sinnesfelder weisen »Spürsinn«, »einen Riecher haben«, ein »Schnüffler« sein. Auch die vorsichtige prüfende Haltung, der kritische Zug, der Ausdruck der Sinnlichkeit, der Wärme und Kälte, des Ekels, der Lust, des Bitteren, der Süße gehören hierher.

2. Der Schädel im engeren Sinne, der Gehirnschädel, trifft sich auf der Stirn mit dem »Gesicht«. Er ist Träger des obersten nervösen Zentralorganes. Auf die Schwierigkeiten eines Rückschlusses von der äußeren Schädelform auf das Gehirn wurde bereits hingewiesen.

Die Entfaltung des Hirnschädelvolumens gibt im Zusammenhang mit entwicklungsgeschichtlichen Überlegungen einen gewissen Anhalt über die zentralnervös bedingten Bewußtseinsfunktionen.

Anläßlich der Behandlung des Zentralnervensystems sprachen wir von Bewußtheit, Vorbewußtheit, Willkürlichkeit, Einheitlichkeit, Verfaßtheit.

Aufschlußreicher als die absolute Größe des Hirnschädels ist dessen proportionales Verhältnis zum Gesichtsschädel. Je mehr der

Gesichtsschädel hervortritt und je mehr Leben er auf sich und seine Sinnesorgane vereinigt, desto mehr treten innerhalb der seelischen Ganzheit Sinnlichkeit, Fülle, Substanz, Kraft hervor. Ein Vorwalten des Gehirnschädels deutet auf Dominanz der Bewußtheit, der seelischen Gesammeltheit, der Verfaßtheit. Tritt der Gehirnschädel wie beim Tier noch weitgehend zurück, so entstehen in der Seele wohl Bilder, aber keine volle Bewußtheit, keine Gedanken. Wo umgekehrt das Gehirn und seine Funktionen das Übergewicht haben, wo wenig Kraft und Leben aus dem Gesicht spricht, da kann es beim Menschen an Inhalt, an Fülle, an seelischer Substanz, an Farbigkeit und an Sinnlichkeit fehlen. Es herrscht allenfalls des »Gedankens Blässe«. Beim Säugling, bei dem die Seele noch wenig konkreten Inhalt durch die Sinne hat, dürfte z. B. im Wachzustand eine Art leere Bewußtheit herrschen. Der stark ausgeprägte Gehirnschädel ist zunächst noch ein leeres, bereitgestelltes Gefäß. Zu einer Gegenüberstellung von Gehirn- und Gesichtsschädel steht in Parallele eine solche von Gedanken und Anschauung, von Bewußtheit und Sinnlichkeit, von Blässe und Farbigkeit, von Kühle und Wärme, von Abstraktheit und Konkretheit, von menschlicher Distanziertheit und Lebensverbundenheit.

3. Der Mund

Mund und Nase sind Teile des Gesichtsschädels. Beide haben Anteil an der Sinnesausstattung der Körperspitze. Beide zusammen bilden das Unter- bzw. Mittelgesicht. Sie nehmen teil an der Orientierung des Lebewesens in seiner Umwelt. Soweit Mund und Nase noch andere Funktionen erfüllen, besteht dafür kein einheitlicher und zusammenfassender Begriff. Die Zusammenhänge sind indessen entwicklungsgeschichtlich vorgezeichnet. Hervorgegangen aus der ursprünglichen Kiemenanlage, sind Mund und Nase die Organe der Nahrungs- und der Luftaufnahme. Der Nahrungsaufnahme durch den Mund fällt in unserer Betrachtung eine besondere biologische und psychologische Bedeutung zu. Als Organ der Nahrungsaufnahme ist der Mund das ursprünglichste Erfolgs- und Zielorgan überhaupt.

Wir behandeln zuerst die Funktion der Nahrungsaufnahme, dann diejenige der Luftaufnahme und -abgabe.

1. Die zielhaften Bewegungen des Tieres und dessen sinnliche Orientierung – von der Arterhaltung abgesehen – stehen im Dienste

der Nahrungssuche und -findung. Die Nahrung wird durch den
Mund einverleibt. Die sinnlich gesteuerte und orientierte Bewegung
steht also ursprünglich unmittelbar im Dienste des Mundes. Er ist
das Urerfolgsorgan des Leibes. Als solches ist er mehr und etwas
anderes als nur ein Teil des »Gesichtes«.

Die Erscheinungsmerkmale des menschlichen Mundes als Nah-
rungsaufnahme- und Einverleibungsorgan sind Form und Größe
sowie die Besonderheiten des Essens.

Die architektonisch-gestaltliche Eigenart des menschlichen Mundes ist bestimmt durch die knöcherne und muskuläre Ausstattung
der Kiefer. Kräftige Kiefer sind in einem ursprünglichen Sinne geeignet, Nahrung und Beute festzuhalten, zu zertrümmern, einzuverleiben, durch Abbeißen aus der Umwelt herauszulösen, zu zer-
kauen und zu zerkleinern, auch wenn diese hart, kräftig und wider-
ständig sind. Es steht Kraft für die Durchsetzung des Erfolges zur
Verfügung. Im engsten Zusammenhang mit der Beschaffenheit der
Kiefer steht diejenige der Zähne. Auch gesunde und kräftige Zähne
disponieren dazu, ein Habenwollen durchzusetzen.

Beim Essen kann man zwischen der Kau- und der Schlingarbeit
unterscheiden. Es gibt Eßweisen mit ausführlichem und umständ-
lichem oder mit flüchtigem Kauen. Es gibt solche, bei denen der
Hauptakzent auf der endgültigen Einverleibung, also auf dem Verschlingen liegt: das Kauen wird dabei vernachlässigt; der Mund
wird funktional zum Rachen gemacht; das Essen wird ein »Fressen«
und gieriges Verschlingen. Nun hat das Kauen beim Menschen
nicht bloß den Sinn des Zerkleinerns und des Vorverdauens; es hat
zugleich den Zweck des Prüfens durch den Geschmackssinn. Es gibt
eine ausgesprochen prüfende Eßweise; sie unterscheidet sich von
der langwierig kauenden und von der gierig verschlingenden. Die
prüfende Eßweise, also diejenige mit Geschmack und Verstand,
unterscheidet den Menschen von vielen Tieren. Die Vorschaltung
des Prüfens vor die Nahrungseinverleibung ist ebenfalls eine menschliche Form, sich von der Unmittelbarkeit der Triebbefriedigung
zu distanzieren. Ausdruckspsychologisch ist deshalb der sog. »prüfende Zug« um den menschlichen Mund von besonderer Wichtigkeit
(172). Ein Gleiches gilt von den sog. Geschmacksreaktionen, die
als Mimik des Bitteren und des Süßen bekannt sind (173).

Die Wesensbedeutung der verschiedenen Erscheinungsweisen des
Mundes beruht darauf, daß er das Organ des ursprünglichen Habenwollens, das Urerfolgsorgan schlechthin ist. In der Form und Kraft

der Kiefer und Zähne, in der kauenden, schlingenden oder prüfenden Eßweise drücken sich Grad, Kraft und Eigenart des Wollens aus, das ursprünglich aus einem Haben- und Einverleibenwollen hervorgeht.

Wir können also aus der Gestaltung des Mundes wie in der Eßweise vorzüglich Modi des Wollens ablesen: naturhafte Kraft des Willens, also des Festhaltens, Bewältigens, Bezwingens, Verarbeitens, Gefügigmachens, Sichnutzbarmachens, Beherrschens, auch des Zertrümmerns und Zerstörens. Erkennbar sind weiterhin Triebunmittelbarkeit und Wahlbestimmtheit des Wollens, Triebbestimmtheit, Willkürbestimmtheit, spielerisches Genießen, Gier und Wählen, Wahllosigkeit und Wählerischsein, Zügigkeit und Entschiedenheit, Langwierigkeit, Umständlichkeit (»kauendes« Verfahren), Beherrschtheit und Diszipliniertheit, Selbstbeherrschung und Sichgehenlassen. Das Sichbeherrschen steht im Gegensatz zu der ungehemmten gierigen Triebbefriedigung. Die Mundpartie ist Ausdrucksfeld für beides.

2. Mund und Nase haben sich zwar im Laufe der Entwicklung getrennt; Aufnahme und Abgabe der Atemluft ist in erster Linie auf die Nase übergegangen. Notfalls kann beides auch durch den Mund erfolgen. Besonders ist der Mund in den Luftwechsel eingeschaltet als Sprech- und Lautgebungsorgan.

Die ausströmende Luft wird dazu benützt, im Kehlkopf Schwingungen zu erzeugen. Diese werden durch die Resonanzverhältnisse, wie sie sich aus der Gaumen-, Zahn- und Lippenstellung sowie aus der Zungenbewegung ergeben, zu bestimmten Lauten geformt.

Lautgebung dient zunächst einfach dem Sichbemerkbarmachen. Das hungernde Kind schreit, um seine Mutter herbeizuzwingen. Mit dem Schreien und Lautgeben wird – abgesehen davon, daß es einen inneren Zustand ausdrückt – eine Einwirkung auf die Umwelt erzielt. Diese kann abzielen auf Nahrungsforderung, auf die Abstellung irgendeines Übels, auf das Abschrecken des Gegners, auf das Anlocken eines Partners usw. Allem dem liegt zugrunde die unmittelbare Verflochtenheit des Lebewesens mit dem übrigen Leben, das Angewiesensein des Einzellebewesens auf andere, die notwendige Verbundenheit allen Lebens untereinander. In der Lautgebung tritt, wie in den übrigen Formen des Sichbemerkbarmachens, das Einzellebewesen aus sich selbst heraus und bringt sich in eine lebensnotwendige Beziehung zu anderen Wesen.

Je mehr ein Einzelwesen auf seine Umwelt und auf das übrige Mitleben bezogen ist, je mehr es von anderen Lebewesen abhängig ist, je mehr es seine Artgenossen braucht, desto wichtiger wird biologisch das Sichbemerkbarmachen bzw. das sinnhafte Sichverständlichmachen. Dies ist am meisten beim Menschen der Fall, dessen gesamte Existenz von Anfang an an dem Mitdasein seiner Artgenossen gebunden ist und von diesen mitgetragen wird. In lebendiger Kommunikation mit seiner Umwelt schafft er sich ein Mittel der differenziertesten Verständigung, das Sprechen. Dieses ist eine ursprüngliche Gemeinschaftsfunktion, eine soziale Funktion, die den einen Menschen auf den anderen hinweist.

Die verschieden geformte Erscheinungsweise des menschlichen Mundes ist auch aus dessen Eigenschaft als Sprechorgan zu verstehen. Die sich besonders in Mundverschluß, Lippenform, Mundbreite, Zungenbeweglichkeit kundgebende Sprechbereitschaft wird zum Ausdruck der Art und des Grades der mitmenschlichen Umwelt- und Gemeinschaftsbezogenheit.

In der Mundpartie kommen Gemeinschaftsbezogenheit, Geöffnetheit, Aufgeschlossenheit, Zugänglichkeit, Abgeschlossenheit, abweisende Verschlossenheit, Härte, Kühle, Güte, Gefühlsgeöffnetheit, Umweltbezogenheit überhaupt, Selbständigkeit, Auf-sich-selbst-Gestelltsein, Aus-sich-Herausgehen, In-sich-Gekehrtsein, Fordern, Bitten, Verbissenheit, Weichheit, Härte, Strenge, Milde, Egoismus, Gewalttätigkeit, Liebe, Lieblosigkeit, Zugänglichkeit, Unzugänglichkeit usw. zum Ausdruck.

Rückblickend ergibt sich, daß der Mund unter zwei sehr verschiedenen Gesichtspunkten gesehen werden muß. Er ist besonderes Ausdrucksfeld des Wollens, des Habenwollens. Deshalb drücken sich in ihm Eigenschaften aus, die von der Durchsetzungskraft und -fähigkeit des Einzelwesens Zeugnis geben. Aber aus dem Munde sprechen auch das starke Angewiesensein auf das andere Leben, die Notwendigkeit der Verbindung mit diesem, des Sichöffnens und der Aufnahme von Gemeinschaftsbeziehungen. Beide Funktionen sind in der Wirklichkeit und in ihrem Ausdruck eng verbunden. Gewalttätigkeit, Strenge, Härte z. B. sind Sozialbeziehungen, aber ausgesprochen willensbestimmter Art. Individuell kann die Form- und Ausdrucksprägung des Mundes mehr den Willens- oder mehr den Gemeinschaftsakzent tragen. Der Mundausdruck bewegt sich zwischen den Polen des Wollens und der Aufgeschlossenheit, der Wahrung individuellen Daseins und der Bezogenheit auf anderes Leben, der Selbstbehauptung und der Güte, der Selbstbeherrschung und der Geöffnetheit.

4. Zusammenschau

1. Die lebenswichtigen Funktionen des Kopfes als Körperspitze und als Haupt sind die folgenden: er ist Träger des obersten Teiles des Zentralnervensystems und damit der für den Menschen so bedeutsamen Bewußtseinsfunktionen. In seinem Gesichtsteil sind die wichtigsten Sinnesorgane, mit deren Hilfe der Mensch sich in der Umwelt und Welt orientiert, versammelt. Er ist Urerfolgs- und Zielorgan, dazu da, die für die individuelle Daseinserhaltung notwendigen Nahrungsstoffe aufzunehmen und dem Körper zur weiteren Verarbeitung zuzuführen. Er ist schließlich das Organ der Lautgebung, der lebenswichtigen und sinnbezogenen Kommunikation.

Allen diesen Funktionen gemeinsam sind die Zukehr, die Auseinandersetzung, die Beziehungsaufnahme des Lebewesens mit Welt und Umwelt, mit der Außenwirklichkeit überhaupt. Der Kopf, insbesondere aber das Gesicht, sind in ihrem Ausdruck geradezu repräsentativ für den Inbegriff dieser Bezüge. Im Gesicht, in der Geöffnetheit und aktiven Bereitstellung der Sinnesorgane, in der Kundgabebereitschaft des Mundes spiegelt sich das Interesse wider, welches das Lebewesen mit der übrigen Wirklichkeit verbindet.

Das Urinteresse steht im Dienste der Erhaltung des Daseins. Aus der Umwelt werden die notwendigen Stoffe als Nahrung erkannt und aufgenommen. Aufnahmeorgan ist der Mund. In seinem Bereich spricht sich deshalb auch das aus, was das Lebewesen braucht, haben will und erstrebt. Beim Tier stehen auch Orientierung und Bewegungssteuerung durch die Sinnesorgane im wesentlichen im Dienste dieses Urinteresses. In der Gerichtetheit, dem Suchen und in der Wachheit der Sinne tun sich deshalb mit die Interessen in ihrem Aktuellsein und in ihrer Eigenart kund. Besteht eine Interessenverbindung mit der Außenwirklichkeit, dann sind die Organe tätig, suchend, geöffnet und in Bereitschaft.

Das Gesicht ist mit seiner Öffnung und Bereitstellung allerdings nicht der alleinige Ausdrucksträger des Interesses. Eine erscheinungsmäßig viel deutlichere Interessenkundgabe ist die Zuwendung des Kopfes. Dieser vollbringt eine Generalbereitstellung der im Gesicht versammelten Sinnes-, Erfolgs- und Kundgabeorgane. Er stellt im groben einen möglichst direkten, und indem er sich verschiebt, einen möglichst nahen Bezug zum Gegenstand her.

Öffnung und Bereitstellung des Gesichts sowie Zuwendung und Nahekommen des Kopfes genügen aber nicht immer, um eine ergiebige Beziehung zum Gegenstand des Interesses zu vermitteln. Der Gesamtkörper muß eine Zuwendung vollziehen. Unter Umständen muß er sich sogar von Ort bewegen, um in die Sphäre des Interessenobjektes zu gelangen. Die zielgerichtete Bewegung des Gesamtkörpers zeigt Grad, Art und Richtung des Interesses an.

Wir können zusammenfassen: im Interesse stellt sich die gesamte Leibeserscheinung in den unmittelbaren Dienst der Erfolgsorgane des Gesichtes, also der in ihm versammelten Sinnes-, Aufnahme- oder Kundgabeorgane. Stets ist dabei das Lebewesen über sich selbst hinaus gerichtet. Die Öffnung und Bereitstellung der Erfolgsorgane, die Zuwendung des Kopfes und des Gesamtkörpers sowie deren Bewegungs- und Aktionsrichtung zeigen dies. Gesicht und Kopf sind die eigentlichen Repräsentanten der Interessehaltung des Lebewesens.

Die Urfunktion des Rumpfes ist eine ganz andere. Der Rumpf verleibt ein und ist das große Verarbeitungszentrum. In ihm macht sich der Organismus die aufgenommenen Stoffe erst zu eigen. Indem innerhalb der tierischen Existenz die gesamte Interessenahme (vom Geschlechtsleben abgesehen) im Dienste des Urerfolgsorganes, des Mundes, steht, stellt sie sich letztlich doch wieder in den Dienst des aufnehmenden, verarbeitenden, resorbierenden Rumpfes. Der Gesamtorganismus und seine gesamte Interessehaltung kommen zur Ruhe, wenn die lebensnotwendigen Stoffe in genügender Menge den verarbeitenden Organen zugeführt sind. Abschließung der Organe nach außen, Abwendung, Ruhe und Desinteressiertheit sind die Folge.

Interessiertheit und Desinteressiertheit, Bewegung und Ruhe, Zuwendung und Abwendung, Geöffnetheit und Verschlossenheit sind innerhalb des Gesamtlebensvollzuges engstens aufeinander bezogen, stehen in polarem Ergänzungsverhältnis und lösen sich in rhythmischem Wechsel ab. Aber der Akzent kann mehr auf der einen oder mehr auf der anderen Seite liegen. Kopf und Gesicht, also Interesse und Außenwendung, oder Rumpf und Bauch, also Ruhe, Verdauen, Aufnehmen, Resorbieren können den Daseinsschwerpunkt repräsentieren. In einem Falle herrschen Zuwendung zur Um- und Außenwelt und Bewegung vor; die zweite Lebensform bevorzugt das In-sich- und Mit-sich-selbst-Beschäftigtsein und die beharrende Ruhe. Der hungernde und begehrende Zustand des Interesses und der Zugewendetheit, der Aufgeschlossenheit, der Zugänglichkeit und der satte Zustand der Umweltabkehr, des Schlafens und des In-sich-selbst-Zurückgezogenseins stehen bei Tier und Mensch in rhythmischem Wechsel. Charakterologisch bedeutsam ist, daß es beide Zustände als habituelle Formen mit charakteristischer äußerer Erscheinung gibt. Der aufgeschlossenen, umweltbezogenen Haltung des Interessierten steht die chronische Verdauungshaltung des Satten gegenüber.

2. Das soeben Ausgeführte gilt nicht für den Menschen allein.

Beim Menschen ist der Mund als Aufnahmeorgan zwar in ebendemselben Sinne Urerfolgsorgan wie beim Tier. Aber er ist nicht mehr das einzige und alleinige Erfolgs- und Zielorgan, welches die Sinnesorgane, die Bewegungswerkzeuge und die Kundgabeweisen in seinen Dienst spannt. Die Organe der Orientierung, der Bewegung und der Kundgabe haben sich beim Menschen aus ihrer ursprünglichen Rolle als bloßer biologischer Mittel gelöst. Sie haben sich verselbständigt und sind selbst Erfolgsorgane geworden. Das unmittelbare Verhältnis zwischen Sinneseindruck, Bewegungsziel sowie Kundgabe und Befriedigung triebhafter Bedürfnisse ist zwar nicht vollkommen aufgehoben; aber es ist aufgelockert und im Einzelfalle lösbar. Die Aufrichtung öffnete den Sinnesorganen, insonderheit dem Auge, die »Welt«; sie löste aus der lediglich sinnlich-triebhaften Verhaftung mit der Umwelt; sie vermittelte einen umfassenderen, die biologischen Bedürfnisse weit übersteigenden Horizont. Auf dem Hintergrund dieser Voraussetzung wächst aus der biologisch notwendigen Orientierung zugleich ein Erkennen. Die Sinnesfunktionen stehen beim Menschen nicht mehr bloß im Dienste lebenswichtiger Orientierung und Bewegungssteuerung; sie dienen dem Erkennen und dem Aufbau einer »Welt«.

Auch die menschliche Kundgabeweise des Sprechens erhebt sich über bloß biologische Zwecke; sie ist mehr als nur der Ausdruck triebhafter und affektiver Bedürfnisse und Regungen. Mit ihr schafft sich der Mensch eine selbstzweckhafte geistige Welt als Medium seiner Gemeinschaftsbeziehungen.

Nicht zu übersehen ist die Herauslösung der vorderen Gliedmaßen aus der Fortbewegungsfunktion. Mit der selbstzweckhaften Aufgabe des Ordnens und Gestaltens der Umwelt und Welt ist die menschliche Hand ein neues, zusätzliches und selbständiges Erfolgsorgan, das weit über den Dienst an der unmittelbaren Triebbefriedigung hinausragt.

Mit seinen neuen Erfolgsorganen neben dem Mund sind dem Menschen über die triebhafte individuelle Selbsterhaltung hinaus

neue Zielsetzungen und Aufgabenstellungen erwachsen, die erst
seine volle und eigentliche Daseinserfüllung ausmachen. Indem er
– repräsentativ formuliert – im Auge, im sprechenden Mund und
in der Hand neue Erfolgsorgane erhalten hat, schafft er sich über
den biologischen Rahmen hinaus eine Welt des Erkennens, der
sprachgebundenen Geistigkeit, des ordnenden und selbstschöpfe-
rischen Gestaltens. So ist der Mensch nicht mehr bloß triebgebun-
denes »Natur-« und »Umwelt-« sondern »Kulturwesen« (174).

ZWEITER HAUPTTEIL

WUCHS- UND NATURFORMEN
DER LEIBESERSCHEINUNG

Der erste Hauptteil versuchte, die Gesamterscheinung von den Systemen und Gliedern her verständlich zu machen. Zweck und Ziel war es, den seelischen Sinn der Erscheinung in seinen Wurzeln aufzuspüren und aufzudecken. Die Organ- und Gliedsysteme wurden um der genaueren Analyse willen aus dem lebendigen Insgesamt der leiblichen Erscheinung herausgelöst. Um sich von Beginn an sogleich wieder dem Wirklichen, dem Lebendigen und dem Ganzen zu nähern, wurden diese schrittweise in ihrem Zusammenspiel betrachtet. Die lebendige Leibeserscheinung ist ein Zusammen- und Ineinanderwirken aller Systeme und Glieder. Für das Verständnis dieses lebendigen Insgesamtes sind nunmehr die Voraussetzungen erarbeitet. Es kann jetzt unternommen werden, an die menschliche Erscheinung als ganze heranzugehen, ohne in einem undifferenzierten Gesamteindruck steckenzubleiben.

Die Richtigkeit des methodischen Ansatzes muß sich erweisen in der Anwendung seiner Ergebnisse auf bestimmte Wuchsformen der Erscheinung und auf die ganzheitlichen Erscheinungsbilder der Lebensalter und der Geschlechter.

Die Behandlung ganzheitlicher Erscheinungsformen führt allerdings über eine bloße Anwendung des Bisherigen hinaus. Die Behandlung der Wuchs- und Naturformen der Erscheinung wird im einzelnen wie im grundsätzlichen noch einmal Neues und Wesentliches erbringen.

VII. LEIBESERSCHEINUNG UND WUCHS

Mit dem Begriff des Wuchses denken wir beispielsweise an die schlanke, die große, die grazile, die dicke, die runde, die kleine, die breite, die wuchtige Erscheinung. Wir sprechen weiterhin von gerade, schief, kümmerlich, einseitig, gleichmäßig oder ungleichmäßig gewachsen. Unter Wuchs versteht man die Erscheinungsform als geworden auf Grund natürlicher Wachstumsgesetzlichkeiten. Wir werden beispielhaft die Körpergröße als hervorstechendes Kennzeichen des Wuchses behandeln und fragen, was sie seelisch zu bedeuten hat. Als besonders interessantes Wuchsproblem wollen wir dann noch dasjenige der Symmetrie und der Asymmetrie der Gestalt herausgreifen.

1. Die Körpergröße

Die Körpergröße ist vielleicht das auffallendste Gesamtmerkmal der äußeren Erscheinung. Sie ist repräsentativ für den Wuchs überhaupt. Unsere Sprache spricht von »großen Menschen«, von »kleinen Leuten«, von »kleinen und großen Formaten« und meint damit allerdings nicht bloß etwas Körperliches. Unwillkürlich sind wir geneigt, bestimmte Charakterzüge mehr großen, andere hingegen mehr kleinen Menschen zuzuschreiben.

Körpergröße ist in erster Linie das Ergebnis bestimmter Vorgänge, die wir als Wachstumsprozesse bezeichnen. Innerhalb eines gewissen Schwankungsrahmens ist sie darüber hinaus auch noch das Ergebnis momentaner körperlicher Zustände.

Wachstum (175) ist ein fortwährendes Aufbauen. Es ist gebunden an das Vorhandensein der notwendigen Aufbaustoffe, die dem Organismus auf dem Wege der Ernährung zugeführt werden müssen. Die Wachstumsentfaltung steht in Beziehung zu dem vorhandenen Nahrungsspielraum. Je größer dieser ist, desto ungehinderter und erfolgreicher können sich die Aufbau-, Wachstums- und Entwicklungsprozesse vollziehen. Mangel und Einengung führen umgekehrt zu Stillstand und Abbau. Die Getreidepflanze, die ihren Nährboden mit Unkraut zu teilen hat, bleibt wachstumsmäßig zurück hinter derjenigen, die auf unkrautfreiem Acker steht. Zwischen Körpergröße und Weite bzw. Enge des Nahrungsspielraums scheint eine eindeutige, und zwar auch quantitativ faßbare Beziehung zu bestehen.

Die Gunst oder Ungunst der äußeren Wachstumsbedingungen setzt der Größenentfaltung allerdings einen gewissen Spielraum, so daß die normale Wachstumsmitte nach beiden Seiten in gewissem Umfang unter- bzw. überschritten werden kann. Jenseits dieser Breiten sind absolute und unübersteigbare Grenzen durch das erbbedingte Gattungs- und Artgefüge gesetzt. Die Größenentfaltung

ist nämlich einer der verhältnismäßig präzise festlegbaren Anlage-
und Erbfaktoren.

Zwar kommen bei Pflanze, Tier und Mensch auffallende Abweichungen von dem gattungs- und artbedingten Rahmen der Größenentfaltung vor. Riesen- und Zwergwüchsigkeit sind aber Abnormitäten, die mit dem Nahrungsspielraum nichts zu tun haben.

Die tatsächliche Größenentfaltung ist das Ergebnis des harmonischen bzw. disharmonischen Zusammen- oder Gegeneinanderspieles
verschiedener Blutdrüsen. Setzt z. B. die Geschlechtsdrüsenfunktion
früh ein, dann hört das Größenwachstum früher auf. Hinter der
abnormen Abweichung von der artgemäßen Durchschnittsgröße ist
immer eine Disfunktion gewisser Blutdrüsen zu suchen. Ob diese
ihrerseits durch Mängel in den äußeren Wachstumsbedingungen
(etwa der Unterernährung mit Vitaminen usw.) oder durch Störungen im Anlagegefüge oder durch beides zugleich zustande kommt,
bleibe dahingestellt.

Augenmaß oder Meßband allein genügen nicht, um an die Bedeutung des Phänomens Körpergröße heranzukommen. Das erscheinungsmäßige Bild sollte unter verschiedenen Gesichtspunkten
betrachtet werden, ehe man bestimmte Schlüsse zieht. Stehen Größe
oder Kleinheit im Zusammenhang mit der Gunst oder Ungunst der
Wachstumsbedingungen, dann muß z. B. auch das übrige körperliche Wachstum ein entsprechendes Bild der Vollkommenheit oder
der Verkümmerung bieten. Ist die Größe nur eine der Ausdrucksformen eines allgemein guten Wachstums- und Entwicklungs-
standes, darf sie uneingeschränkt positiv gedeutet werden. Ist umgekehrt Kleinheit nur Teilphänomen einer allgemeinen Verkümmerung zufolge ungünstiger Wachstumsbedingungen und Einengung
des Nahrungsspielraumes, darf in ihr ein negativ zu deutendes
Moment erblickt werden. Größe und Kleinheit müssen aber stets
darauf hin betrachtet werden, ob sie nicht der Ausdruck der Rassen-
eigenart sind. Die Größe ist dann nur Teilmoment innerhalb eines
bestimmten einheitlichen Erbgefüges, das zu gewissen äußeren
Wachstumsproportionen führt. Schließlich muß das jeweilige Erscheinungsbild noch unter dem Gesichtspunkt angesehen werden,
ob es im Rahmen der normal-menschlichen Wachstumsgrenzen und
-proportionen bleibt; andernfalls ist auf eine Disharmonie der Drüsenfunktionen zu schließen. Nicht zuletzt sind selbstverständlich
Alter und Geschlecht für die Beurteilung der Größe mit zu berücksichtigen.

Die Wesensbedeutung der Körpergröße läßt sich folgendermaßen umreißen: körperliche Größenentfaltung ist der Ausdruck des Grades sowie der Harmonie der Entfaltung der rasse-, art-, gattungs-, alters- und geschlechtsbedingten Anlagen überhaupt *).

Größe kann zum allgemeinen Ausdruck seelisch-körperlicher Kräftigkeit und Leistungsfähigkeit werden. Die Anlagen und Fähigkeiten sind voll und ganz entfaltet. Größe bedeutet in diesem Falle zugleich Ruhe, Sicherheit, Stabilität und Ausdauer. Soweit Größe ein Kennzeichen für die Eigenart des Rassencharakters ist, deutet ein Herausfallen aus dem rassischen Größenrahmen auf ein Herausfallen aus dem Rassencharakter überhaupt hin. Größe als Ausdruck der Stimmigkeit oder Unstimmigkeit der inneren Sekretion weist auf die Kategorien des Gesunden oder Ungesunden, des Harmonischen oder Disharmonischen, der Stabilität oder Labilität, der Einheitlichkeit oder Uneinheitlichkeit, der Normalität oder Abnormität hin.

In der Wirklichkeit überschneiden sich diese Momente, wie durch eine Beobachtung des Verfassers gelegentlich einer früheren Lehrtätigkeit bei der Polizei erhärtet werden kann. Es war Gepflogenheit, die Neuankömmlinge der Größe nach in vier Ausbildungseinheiten einzuteilen. In der Schulausbildung machten die Lehrer nach einigen Kursen die Beobachtung, daß Größengruppe 2 immer die beste war. Gruppe 4 hingegen war stets die eindeutig schlechteste. Die Gruppen 1 und 3 lagen in der Mitte. Bei Gruppe 2 mit den durchschnittlich oder etwas überdurchschnittlich Großen handelte es sich wahrscheinlich um die körperlich und damit auch seelisch-geistig Vollentfalteten und optimal Entwickelten. Das Umgekehrte trifft für Gruppe 4 zu. Verkümmerungen und Disfunktionen machen sich bemerkbar. Disfunktionen dürfen auch bei der Gruppe der Übergroßen mitangenommen werden.

Die Bedeutung der Körpergröße für die menschliche Charakterprägung läßt sich jedoch mit dem Bisherigen nicht erschöpfend dartun. Größe ist als eines der auffallendsten Erscheinungsmerkmale ähnlich wie z. B. auch körperliche Abnormitäten von zentraler Bedeutung für das Selbsterleben des Menschen. Abweichungen vom Durchschnitt nach unten oder oben werden deutlich empfunden und bewußt erlebt. Der Große erlebt seine Größe als Vorteil; er kann über die anderen hinwegsehen, auf sie herabblicken usw. Er kann

---

*) Die Bedeutung der Harmonie wird heute besonders bestätigt durch die akut gewordene Problematik der Akzelleration.

sie aber auch als Nachteil erleben, wenn ihm daran liegt, nicht aufzufallen. Kleinheit bietet gerade die entgegengesetzten Vor- und
Nachteile.

Größe und Kleinheit werden über das Selbsterleben zu ganz verschiedenen Lebensanreizen. Dem Großen fällt mancherlei anstren-
gungslos zu, das andere sich erst erwerben müssen. Eigenschaften
wie die folgenden sind naturgemäß bei großen Menschen häufiger
als bei kleinen zu finden: Großzügigkeit, Gelassenheit, Ruhe, Selbstverständlichkeit des Gebarens, auch Gleichgültigkeit, Mangel an
Streben und an Ehrgeiz. Sofern der Große ein habituelles Interesse
am Nichtauffallen haben zu müssen glaubt, neigt er zu Schüchtern-
heit, Scheu, Unsicherheit, Verlegenheit, übergroßer Bescheidenheit.
– Kleinheit als Mangel erlebt bedeutet einen mächtigen Lebens-
anreiz in der Richtung auf Ehrgeiz, Geltungssucht, Streberei, Gespanntheit, Gewalttätigkeit, Energischsein, Heftigkeit usw. Der
Kleine will durch gesteigerte Anspannung das erwerben, was ihm
die Natur nicht von selbst in den Schoß legt. Er neigt zu Über-
kompensation. Nicht selten gelingt es ihm damit, seinen größeren
Konkurrenten zu überflügeln. Während der Große besitzt und vernachlässigt, erstrebt und überkompensiert der Kleine.

2. Asymmetrie

Gewohnterweise erblicken wir in dem menschlichen Leibe ein
symmetrisches Gebilde, bei dem sich rechte und linke Seite spiegel-
bildlich entsprechen. Oberflächlich gesehen haben alle auffallenden
Teile der äußeren Erscheinung eine Rechtslinksentsprechung: unsere
Gliedmaßen und unsere Sinnesorgane sind paarig vorhanden und
symmetrisch angeordnet. Die beiden Körperhälften scheinen sich
vollkommen symmetrisch beiderseits der Körperachse aufzubauen.

Der menschliche Leib ist indessen kein rein symmetrisches Gebilde. Nicht allein, daß nicht alle Organe paarig sind, auch ihre
Anordnung entspricht nicht immer dem Grundsatz der strengen
Symmetrie. Magen, Darm, Leber, Herz sind z. B. nur einmal vorhanden gegenüber der Paarigkeit der Lungen oder der Nieren. Un-
paarige Organe sind nicht immer gleichmäßig um die Körperachse
herumgelagert, so wie etwa die Nase »mitten im Gesicht«. Das Herz
z. B. ist nach links seitlich aus der Körperachse herausgerückt.
Paarige Organe haben auch nicht immer die gleiche Größe. Rechte

und linke Lungenhälfte, die beiden Nieren sind stets unterschiedlich groß. Die wenigen Beispiele zeigen, daß der menschliche Körper kein streng symmetrisches Gebilde ist. Symmetrische Paarigkeit, unsymmetrische Paarigkeit, Unpaarigkeit bei symmetrischer und bei asymmetrischer Lage kommen nebeneinander vor. Eine interessante Überschneidung von Paarigkeit und Symmetrie einerseits mit Unpaarigkeit und Asymmetrie andererseits besteht beim Herzen. Ursprünglich aus einer paarigen Anlage hervorgegangen, hat es sich hernach zu einem unpaarigen Organ mit gleichzeitig asymmetrischer Lage entwickelt. Bekannt ist auch die funktionale Asymmetrie der beiden Großhirn- sowie der beiden Körperhälften.

Um diese Tatsachen muß man wissen, will man das Phänomen der Erscheinungsasymmetrie richtig würdigen. Im folgenden werden unter Asymmetrien nur solche Phänomene verstanden, in denen eine Abweichung von einer normalerweise vorhandenen Symmetrie vorliegt. Gemeint ist die Abweichung von der äußeren Symmetrie bei paarig angelegten Gliedmaßen und Sinnesorganen oder die Hälftenverschiedenheit unpaariger mittkörperlich gelegener Organe und Körperteile.

Es gibt Asymmetrien auf der Grundlage einer angeborenen Abnormität. Ein Glied z. B. ist einseitig zuviel oder zuwenig vorhanden. Viel häufiger sind die erworbenen Asymmetrien. Zu denken ist z. B. an rachitische Verkrümmungen oder Verkürzungen. Die allermeisten erworbenen Asymmetrien aber sind Haltungsasymmetrien, die weder auf angeborener noch auf rachitischer Grundlage, noch etwa durch einen Unglücksfall (Verlust eines Gliedes) entstanden sind. Sie sind der Ausdruck einer habituell gewordenen einseitigen Haltung.

Asymmetrie hat da, wo normalerweise Symmetrie herrschen sollte, stets eine mehr oder minder große Störung des Körpergleichgewichtes zur Folge. Der Körper sucht diese automatisch auszugleichen, in erster Linie durch die Verstellung seiner beweglichen Achse, des Rückgrates. Bei jeder körperlichen Asymmetrie, die zu einer Störung des normalen Körpergleichgewichtes führt, tritt das Rückgrat automatisch als Ausgleichsmechanismus in Kraft (176).

Wie sich der Körper im Interesse der Wahrung seines Gleichgewichtes durch kompensatorische Verschiebungen des Rückgrates hilft, zeigt das Beispiel einer angeborenen Beinverkürzung. Die Wirbelsäule gibt nach, indem sie sich nach der hängenden Seite hin durchkrümmt. Die erzwungene Abbiegung wird wieder ausgeglichen durch eine verstärkte Ausbiegung darüberliegender Säulenteile nach der anderen Seite. Dadurch wird die gesamte Körperform in sich verschoben; insbesondere erfahren die inneren Organe und Weichteile im Gefolge der gelenkig skelettären Verschiebung eine gegenseitige Lageänderung. Im ganzen handelt es sich um eine Anpassung zunächst des Skeletts und dann auch der Muskeln, Bänder und Weichteile an die gestörte Gleichgewichtslage.

Mit dieser Störung des normalen Gleichgewichtes ist eine Behinderung des Gesamtorganismus, sei es seiner normalen Beweglichkeit oder der Arbeitsweise seiner Organe, verbunden. Dauerverkrümmungen der Säule bewirken eine Verschiebung der Wirbel gegeneinander und unter Umständen eine Schädigung für die aus den Zwischenwirbellöchern austretenden Nervenbahnen. Dies ist eine Erkenntnis, von der die Heilmethode der Chiropraktik ausgeht.

Erscheinungsmäßig treten Asymmetrien in verschiedenen Formen auf. Es gibt Asymmetrien, die auf Verkürzungen und Verkrümmungen der Beine beruhen und die ganze Figur verbiegen. Besonders häufig ist die schiefe Haltung des Kopfes. Schiefhaltung des Kopfes kann durch momentane Ermüdung verursacht sein. Die tonisch herabgespannte Muskulatur ist außerstande, den schweren Kopf aufrecht zu halten, so daß er seitlich oder nach vorne übersinkt. Es kann sich um einen habituellen Mangel an tonischer Spannung überhaupt handeln. Die Deutung des Phänomens ergibt sich aus der Deutung des muskulären Zustandes von selbst. Schiefstellung des Kopfes kommt aber auch – gerade als Dauererscheinung – bei gutem Muskeltonus und im Zustand körperlicher Frische vor. Einseitigkeiten im Spannungs- und Dehnungsgrad der Bänder und Muskeln und eine mehr oder minder große skelettäre Verschiebung haben sich verfestigt. Die Halswirbel sind in ihrer Lage zueinander verschoben. Das Erscheinungsbild verrät nicht nur ein einfaches Seitneigen oder Nachvornüberkippen des Kopfes wie im Falle der Ermüdung. Die Kopfhaltung ist zumeist in zwiefacher Richtung gegen die normale Lage verschoben: seitlich geneigt und zugleich verdreht. Der Kopf sitzt nicht gerade und senkrecht sondern windschief über der Säule.

Eine erscheinungsmäßig ebenfalls leicht faßbare Form der Asymmetrie ist diejenige der Schultern. Sie kommt häufig mit der windschiefen Kopfstellung zusammen vor. Die eine Schulter ist gegenüber der anderen gehoben und zugleich etwas nach vorne geschoben. Der eine Arm steht dem etwas zurückhängenden anderen gegenüber vor. Wie bei der windschiefen Kopfstellung kann auch hier an den Anfang einer Schraubenbewegung gedacht werden.

Das Gemeinsame dieser beiden Erscheinungsformen der Asymmetrie besteht in der Herausrückung der Wirbelsäule und Körperachse aus ihrer senkrechten und geraden Richtung. Es entsteht eine Mißweisung der Säule. Abgesehen von der Behinderung der Beweglichkeit besteht beim Vorstoß in die Umwelt immer eine Unstimmigkeit zwischen Säulen- und Bewegungsrichtung.

Asymmetrien, wie z. B. die windschiefe Kopf- und Schulterhaltung, sind stets verbunden mit einer Einengung der körperlich-seelischen Beweglichkeit und deuten auf ein Abweichen von der geraden, direkten Bewegungs- und Wegrichtung hin.

Asymmetrien der genannten Art bringen immer Beschränkungen der seelischen Elastizität, der natürlichen Gelenkigkeit und Anpassungsfähigkeit mit sich und führen zu Erstarrungen, Verschrobenheiten, Festgefahrenheiten. Die Mißweisung der Körperachse drängt zum Einschlagen nicht gerader Wege bzw. zur Zielerreichung auf Umwegen. Bewegungsbehinderung und Starre erzwingen immer ganz bestimmte Seiten- und Auswege. Die Einbuße der natürlichen Beweglichkeit und Elastizität führt zu einer überkompensatorischen, besonders differenzierten Ausgestaltung der verbliebenen Bewegungsmöglichkeiten.

Die Erfahrung lehrt, daß ausgesprochene Haltungsasymmetrien – also solche, die nicht aus ursprünglich organischen Defekten oder auf einseitiger beruflicher Beanspruchung beruhen – mit sehr ausgeprägten charakterlichen Sondermerkmalen verbunden sind. Es kommt vor, daß alle Angaben der betreffenden Menschen als gewollte oder ungewollte Irreführung aufgefaßt werden müssen, daß hinter ihren Worten stets ein anderer Sinn zu suchen ist. Umweg, Hintergrund und Hinterhalt sind ihr Operationsgelände. Die Praktiken der Heuchelei, der Scheinheiligkeit, der Hehlerei und des Intrigantentums sind zuweilen erstaunlich gut entwickelt und geradezu virtuos gehandhabt. Das Grundschema derselben ist aber auch von einer ebenso erstaunlichen, geradezu mechanischen Gleichförmigkeit. Das Kompensations- und das Behinderungsmoment erweisen sich eben als gleichermaßen gültig.

Die Haltungsasymmetrie kann als Sonderform der Ausdrucksasymmetrien überhaupt angesehen werden. In den weiteren Zusammenhang derselben gehören noch die ungleiche Öffnung der Augen, das einseitige Lächeln und ähnliches.

Bei der ungleichen Öffnung der Augen wird auf der einen Seite eine Reizanpassung vorgenommen, die durch die Stellung und Öffnung des anderen Auges als scheinbar nicht vorhanden dargestellt ist. Das Phänomen erklärt sich aus einer Mißweisung zwischen wirklicher und dargestellter Absicht, zwischen Interessiertheit und Desinteressiertheit. Die asymmetrische Verzerrung des Lachens wird schon durch LERSCH berührt: »In dem Augenblick, in dem das Mienenspiel der Vpn. das einseitige Lachen zeigt, ist in ihnen kein ungetrübter Zustand der Froheit mit dem im wesentlichen wertbejahenden Aufgeschlossen- und Hingewendetsein an die Umwelt aktuell. Der Zustand der reinen bejahenden Froheit wird in seinem Realwerden verhindert durch die in der Innervation des Triangularis erscheinende Haltung der Ablehnung einer Wert- und Bedeutungszuerkennung und verleiht dem Lachen den Charakter der sarkastischen, spöttischen Reserve« (177). Einseitiges Lächeln ist also der Ausdruck einer inneren Zwiegerichtetheit und Zwiespältigkeit. Es fügt sich ohne Schwierigkeit in den Gesamtdeutungsrahmen der Haltungs- und Ausdrucksasymmetrie ein.

VIII. LEIBESERSCHEINUNG UND LEBENSALTER

(Ausschnitthaft dargestellt an der Wachstumsentwicklung)

Der Mensch existiert nicht nur in der Normalform des Erwachsenen. In Wirklichkeit ist er Kind, Jugendlicher, Erwachsener, alternder Mensch, Greis oder einer der fließenden Übergänge dieser Formen. Gerade die Erscheinung liefert die sichtbaren Anzeichen dafür, auf welcher Alters- und Entwicklungsstufe ein Mensch sich befindet. Sie spiegelt die Prozesse, die Verlaufsformen und die Ergebnisse des Werdens und Wachsens, des Umbauens und Veränderns, des Auf- und Abbauens besonders deutlich wider.

Die menschliche Erscheinung ist einer ständigen Wandlung und Veränderung unterworfen. Am bekanntesten sind Wandlungen während der zwei Jahrzehnte zwischen der Geburt und dem vollen Ausgewachsensein. Doch handelt es sich mit diesen Veränderungen nur um einen Ausschnitt. Im Augenblick der Geburt hat das menschliche Wesen bereits ganz gewaltige entwicklungsmäßige Verwandlungen hinter sich. Der aus der Befruchtung hervorgegangene Keimling ändert, wandelt und entwickelt sich ständig, bis er als geburtsreife Frucht den mütterlichen Leib verläßt (178). Die nachgeburtlichen Verwandlungen sind nur eine Fortsetzung – und zwar schon eine wesentlich gebremste – dessen, was sich bereits in der vorgeburtlichen Zeit vollzogen hat. Der menschliche Leib hört aber auch mit dem Erreichen seiner Reifung und Ausgewachsenheit nicht auf, sich zu ändern und zu wandeln; er verbleibt in ständigem Umbau, Aufbau und Abbau.

Die Wandlungen und Veränderungen der menschlichen Erscheinung innerhalb des Zeitraumes zwischen der Geburt und der Ausgewachsenheit und Reife sollen hier einfach als Wachsen bezeichnet werden. Die wachstumsmäßigen Veränderungen und Wandlungen ergeben sich aus Prozessen des Werdens, des Aufbauens, des Sichentwickelns und -entfaltens. Die Jugendzeit stellt den vorwiegend aufbauenden Schenkel in der Kurve der Wandlungen und Veränderungen der menschlichen Erscheinung dar. Ihr gegenüber ist das Altern der vorwiegend abbauende Schenkel, zu kennzeichnen durch das Vergehen, Zerfallen, Ablagern und Erstarren. Das biologische Ziel im aufbauenden Schenkel der Entwicklung ist die Erreichung des Zustandes der Ausgewachsenheit. Erst mit diesem hat nämlich der Mensch den höchstmöglichen Grad seiner Selbsterhaltungsfähigkeit erreicht. Innerhalb desselben Zeitraumes muß aber auch noch die Arterhaltungsfähigkeit erreicht werden. Auch dieses Ziel wird erlangt durch eine Folge bedeutsamer Veränderungen und Wandlungen des Organismus und der gesamten Erscheinung. Diese Vorgänge sollen im Unterschied zu denen des Wachsens mit Reifen bezeichnet werden.

Die gesamten Entwicklungsvorgänge innerhalb des gewählten wichtigen Zeitausschnittes können also im wesentlichen als ein Wachsen einerseits und als ein Reifen andererseits gekennzeichnet werden. Ziele sind die Ausgewachsenheit und die Reifung.

Wachstum und Reifung können in dem soeben festgelegten Sinne nur theoretisch reinlich und vollkommen voneinander getrennt werden. Bei zahlreichen entwicklungsmäßigen Veränderungen der Leibesgestalt dürfte schwer zu sagen sein, ob sie mehr als Reifungs- oder mehr als Wachstumsvorgänge aufzufassen sind. In einem übergreifenden Sinne stehen beide gleichermaßen im Dienste eines und desselben Lebens- und Daseinswillens. Für die enge Zusammengehörigkeit beider Vorgänge spricht die Tatsache, »daß das Wachstum vollendet ist, wenn die geschlechtliche Reifung erreicht ist« (179).

Trotz des engen tatsächlichen Zusammenhanges beider Entwicklungslinien darf ihre Verschiedenheit nicht übersehen werden. Unterschiedlich sind die biologischen Sinnrichtungen, aber auch die wirklichen Verläufe. Das weibliche Germa z. B. ist substantiell fertig, wenn das Mädchen 4–5 Jahre erreicht hat. Dann tritt eine Pause ein; die an sich »reife« Funktion wird nicht ausgelöst sondern auf Jahre ausgesetzt, »da das Soma der Konsequenz dieser Funktion, der Konzeption noch lange nicht gewachsen ist« (180). Das bedeutet in anderen Worten: die Reifung ist gewissermaßen schon frühzeitig vollendet; aber das Wachstum ist noch nicht soweit, weshalb die Folge der Reifung noch nicht eintreten darf. »Die Retardation«, fährt BOLK im Sinne seiner Fetalisationstheorie fort, »hat beim weiblichen Germa nicht das Wachstum gehemmt, sondern die Reifung der an sich schon zur Reifung fertigen Elemente auf ein höheres Alter verschoben« (180). Wachstums- und Reifungsvorgänge können also wohl gleichlaufen. Aber es gibt ein Voraneilen auf der einen, ein Abwartenmüssen auf der andern Seite usw. Daß es sich um zwei verschiedene Linien handelt, beweist auch die Art ihres Erlöschens. Die Arterhaltungsfähigkeit erlischt viel früher als die Fähigkeit zur Fristung des individuellen Daseins. Als Gattungswesen ist der Mensch früher tot denn als Individualwesen. Es gibt tierische Gattungen, z. B. bestimmte Insekten, bei denen beides auch zeitlich im wesentlichen zusammenfällt (181).

Wachstum bringt erscheinungsmäßige Veränderungen mit sich, die zur Ausgewachsenheit und damit zur höchstmöglichen Selbsterhaltungsfähigkeit des Einzelindividuums führen. In seelischer Hinsicht soll dabei von einer »Fertigung« gesprochen werden. Reifung und Reifen hingegen bringen Veränderungen des Organismus und der Erscheinung mit sich, die auf die Erlangung der vollen Arterhaltungsfähigkeit, also der Fortpflanzungsfähigkeit hinzielen. Diese bedeutet Geschlechtsreife in körperlicher und »Reifung« in einem ganz speziellen und tief bedeutsamen seelischen Sinne. Daß unter seelischer Reifung allerdings etwas viel Umfassenderes und Tieferes zu verstehen ist als das lediglich Erwachen der sog. »Sexualität«, sei ausdrücklich festgestellt.

Die hier vollzogene Abgrenzung befindet sich im Einklang mit der Sprache, die von reifen Früchten dann spricht, wenn die Samen keimfähig geworden sind.

Die wachstumsmäßigen Veränderungen des Gesamtorganismus und seiner Erscheinung, denen in diesem Kapitel der Vorzug gilt, erschöpfen sich keineswegs darin, daß der Leib einfach größer oder schwerer und damit auch leistungsfähiger wird, daß er also seine Größe vervierfacht oder sein Gewicht vereinundzwanzigfacht. Es sind dies gewiß keine unwesentlichen, aber an sich fast zu selbstverständliche Voraussetzungen, die zur körperlichen Ausgewachsenheit und zur seelischen Fertigung führen. Wachstum besteht nicht bloß in einem fortlaufenden Größer- und Schwererwerden. Größer- und Schwererwerden verlaufen auch nicht gleichmäßig; Perioden verhältnismäßig stärkerer Größenzunahme alternieren mit solchen verhältnismäßig stärkerer Gewichtszunahme. STRATZ hat auf Grund dieser Beobachtung schon zu Beginn des Jahrhunderts bestimmte Phasen der menschlichen Wachstumsentwicklung festgelegt.

Nur wenige der körperlichen Proportionen sind »alterskonstant«, d. h. sie erfahren von der Geburt an keine wesentliche Verschiebung mehr. Einige derselben sind der Längenbreitenindex des Schädels, die vordere Rumpflänge im Verhältnis zur Körperlänge, das Verhältnis der Schulterbreite zur Körperbreite, die relative Hand- und Fußlänge, die Abschnittsgrenzen der Beine. Weitaus die meisten Körperproportionen aber erfahren mitunter recht beträchtliche Verschiebungen. Dies hat eine ständige Umgestaltung der äußeren Erscheinung zur Folge. ZELLER wurde dadurch zu einer Unterteilung der Entwicklungszeit in bestimmte Phasen veranlaßt. Er nennt zwei Phasen besonders intensiver Umgestaltung und auffallender Verschiebung der Körperverhältnisse. Durch den »ersten Gestaltwandel« während des 6.–7. Lebensjahres wird das Kleinkind zum Schulkind und Jugendlichen. Der »zweite Gestaltwandel« leitet den pubertierenden Jugendlichen zum Erwachsenen über. Vor, zwischen und nach diesen beiden Phasen liegen Zeiten des harmonischen Ausbaus.

Wachstum erschöpft sich aber nicht in einem Umbauen und Umschaffen der äußeren Gestalt. Auch die inneren Organe verschieben ihre Formverhältnisse. Darüber besteht allerdings noch nicht so viel Klarheit wie über den Wandel der äußeren Proportionen. Sicher ist aber, daß Wachstum Gestaltwandel und zugleich auch Funktionswandel ist. Das Kind ist nicht bloß ein verkleinerter Erwachsener, der Erwachsene ist nicht nur ein vergrößertes Kind! Es bestehen auch qualitative Unterschiede (182, 183, 184, 185). Aufgabe ist es, die qualitativen Wesensunterschiede zwischen Kind und Erwachsenem auch von der Erscheinung her verständlich zu machen.

Im folgenden wird das kindliche Erscheinungsbild vergleichend neben dasjenige des Erwachsenen gestellt. Es werden jeweils bestimmte Unterschiede gestaltlicher und funktionaler Art herausgegriffen, um daraus seelische Verschiedenheiten herzuleiten. Dabei soll nicht auf die Phasen und Stufen der Wachstumsentwicklung abgehoben werden. Vielmehr gilt es, die Gesamtwandlung aufzuzeigen, nicht deren einzelne Etappen. Dies ist gegenüber den von psychologischer Seite bereits vorgelegten Phasenschilderungen kein Rückschritt, da es hier nicht auf zusammenhängende Bilder bestimmter Art ankommt sondern auf ein grundsätzliches Verständnis des sich entwickelnden Menschen von seiner Leiblichkeit her. Deshalb kann auch die Synthese der Typologie mit dem Entwicklungsgedanken, wie sie CONRAD versucht hat, hier beiseite bleiben.

1. Der Gestaltwandel

Die wachstumsmäßige Verwandlung der menschlichen Gestalt, das Verschieben ihrer wichtigsten Proportionen wurde sehr deutlich dargestellt durch STRATZ. Es sind hauptsächlich Kopf, Rumpf und Extremitäten, die sich gegeneinander verschieben. Zu berücksichtigen sind auch die Verschiebungen innerhalb dieser Hauptpartien des Körpers. Am Kopf z. B. wird der Anteil des Gesichts ständig wachsend gesteigert. Ein ähnlicher Wandel vollzieht sich in den Rumpfproportionen zwischen Brust, Bauch und Becken.

Wir behandeln nun nacheinander die Wachstumswandlungen zwischen Rumpf (Körperstamm) und Gliedmaßen, zwischen Schädel und Gesicht, zwischen Kopf und Gesamtkörper sowie zwischen den Einzelteilen des Rumpfes.

1. Der Körperstamm – also Rumpf, Hals und Kopf –, dessen Hauptteil beim Erwachsenen der Rumpf ausmacht, ist den Extremitäten gegenüber das entwicklungsgeschichtlich Frühere.

Die Proportionsverschiebung zwischen Körperstamm und Extremitäten – hauptsächlich der unteren – läßt sich auf die verschiedenste Weise verdeutlichen. Die STRATZsche Darstellung macht schon Gebrauch von der Aufzeigung der allmählichen Verschiebung des Punktes der Körpermitte. »Infolge des relativ stärkeren Wachstums der unteren Extremitäten verlagert sich auch der Punkt der Körpermitte. Er ist beim zweimonatigen Fetus unter dem Kinn gelegen, rückt dann beim Neugeborenen bis über den Nabel herab, um beim Erwachsenen (Europäer) mit dem Oberrand der Symphyse zusammenzufallen« (186). – Dieselbe Wachstumsverschiebung wird deutlich am Wandel der relativen Stammlänge (»Sitzhöhe«). »Im Verhältnis zur Körpergröße beträgt die Stammlänge beim europäischen Neugeborenen ungefähr 66, beim ausgewachsenen Mann 52, bei der Frau 53« (in Prozenten der Körperlänge) (187). Dieselbe Grundverschiebung kommt nochmals zum Ausdruck in dem Wandel des relativen Nabel-Scheitel- bzw. Nabel-Sohlen-Abstandes. »Nach DAFFNER beträgt beim Neugeborenen die Nabel-Scheitel-Höhe noch 54,5%, der Nabel-Sohlen-Abstand hingegen bloß 45,5% der Körperhöhe. Mit 22 Jahren hat sich das Verhältnis dergestalt gewandelt, daß der Nabel-Scheitel-Abstand nur noch 40,1%, der Nabel-Sohlen-Abstand hingegen 59,9% der Körperhöhe ausmacht« (188). – Ein besonderes Licht fällt auf die Tendenz der wachstumsmäßigen Verschiebungen auch durch die folgende Tatsache: Die untere Körperhälfte besitzt beim Neugeborenen etwa ein Drittel, beim Erwachsenen jedoch über die Hälfte der gesamten Körpermuskulatur.

Die untere Körperhälfte, das sind aber im wesentlichen die Beine, wächst in der Zeit von der Geburt bis zum Zustand der Ausgewachsenheit bedeutend stärker als die obere. Der Körperstamm bleibt verhältnismäßig zurück hinter der Wachstumsentwicklung der Beine bzw. der Extremitäten überhaupt.

In denjenigen Phasen der Jugendentwicklung, in denen sich die Körperproportionen besonders auffallend und stürmisch verschieben, erfahren die Beine (Extremitäten) einen besonders kräftigen Längenzuwachs. Die Phase des ersten Gestaltwandels nach ZELLER um das 6. Lebensjahr erweist sich als eine Streckung des gesamten Körpers, besonders aber als eine kräftige Längenentwicklung der Beine (189). Die Beine des »Schulkindes« sind nicht nur absolut, sondern auch relativ erheblich länger als beim »Kleinkind«. »Wir sehen schlanke, in ihrer Muskelform und Kontur scharf gezeichnete Extremitäten« (190). Auch der zweite Gestaltwandel bringt noch einmal einen Wachstumsschub entsprechender Art. Die vorherige gestaltliche Harmonie wird gesprengt durch einen erneuten Längenwachstumsimpuls, der wiederum den Beinen (Extremitäten) auf Kosten des Körperstammes zugute kommt. So entsteht die langbeinige, kurzrumpfige, disharmonische Pubeszentengestalt, die allerdings nicht endgültig ist. Die übrigen Verhältnisse holen anschließend wieder etwas auf; die Entwicklung führt allmählich über zu der harmonisierten Erwachsenengestalt.

Will man sich klarmachen, was diese entwicklungsmäßig bedingte Verwandlung der menschlichen Erscheinung nicht allein körperlich sondern auch seelisch bedeutet, vergegenwärtigt man sich am besten die folgende Gegenüberstellung: das hilflos auf dem Rücken liegende Neugeborene einerseits und den Erwachsenen andererseits, welcher ebenso fest in der Welt steht, wie er sich sicher in ihr bewegt. Dazwischen liegt ein weiter Weg mit einschneidenden körperlich-seelischen Wandlungen und Entwicklungen.

Der Embryo wird im mütterlichen Leibe gehalten, ohne aktiv etwas zu der Bestimmung seiner Lage und seines Haltes beizutragen. Dies ist weitgehend auch noch beim Neugeborenen der Fall. Der Körperstamm ruht auf der außerkörperlichen Unterlage auf und wird von dieser getragen. Nur dieses Aufruhen auf einer tragenden Unterlage ermöglicht eine gewisse Beweglichkeit. Die Gliedmaßen-beweglichkeit ist, abgesehen von ihrer objektiven Ziellosigkeit und ihrer rein reflexiven Ausgelöstheit, dadurch ausgezeichnet, daß sie sich zunächst nur auf den Körperstamm als einziges Bezugssystem bezieht. Die Bewegungen sind zunächst allein rückbezogen auf die Masse von Stamm und Rumpf als den Repräsentanten des eigenen »Selbst«.

In zunehmendem Maße wird das sich bewegende Wesen auch mit den außerleiblichen Bezugssystemen seiner Beweglichkeit bekannt. Die Gegenstände der nahen Umwelt, also die Unterlage, die Decke u. dgl., werden in den Vollzug der rein eigenbezogenen Bewegungen als Hindernisse und Widerstände eingefügt. Die Außenwirklichkeit meldet sich als zusätzliches Bezugssystem an, und das Kind strebt auch von sich aus, mit der außerleiblichen Wirklichkeit in eine positive Beziehung zu kommen. Die nach den aufgehängten Spielsachen greifenden Händchen haben schon ein objektives Bezugssystem hinzugewonnen; ihre Bewegungen sind nicht nur aus ihrer Beziehung auf das Eigensein zu verstehen. Die Extremitäten (Hände und Füße) werden Vermittler zwischen Außenwirklichkeit und Eigensein. Der erste Schritt ist getan, sich auch aktiv aus dem bisherigen Zustande des »Nurinsichruhens« und »Versunkenseins«, der reinen Rückbezogenheit und des reinen Getragenwerdens herauszulösen. Damit ist allerdings die ungeschiedene Einheitlichkeit zwischen Eigensein und außerleiblichem tragendem Daseinsgrunde noch lange nicht völlig aufgegeben.

Einen weiteren Schritt vorwärts bedeutet es, wenn das Kind sich am Gitter des Bettes oder sonstwo festhalten, sich hochziehen und aufrichten lernt. Es ist ein Losreißen aus der reinen Eigenbezogenheit und aus dem bloßen Getragensein. Kommt das Kind vollends auf die Beine und kann stehen, so haben die Extremitäten eine gewaltige Leistung vollbracht, die allerdings nicht möglich wäre ohne eine kräftige wachstumsmäßige Entwicklung derselben. Kann sich das Kind auf allen vieren, später auf den Beinen halten und bewegen, dann hat es ein neues Verhältnis zur Wirklichkeit gefunden. Noch nicht für sein Bewußtsein, aber doch für sein Erleben steht ihm die Außenwirklichkeit als neues Bezugssystem gegenüber. Die Außenbezogenheit bleibt zwar noch lange recht fragwürdig und kann jederzeit wieder zugunsten der reinen Eigenbezogenheit aufgegeben werden.

Auch beim Erwachsenen kommt es zu keiner vollkommenen Aufgabe der kindlichen Form. Auch er kann sich absolut genommen in der Außenwirklichkeit nicht selbst halten und tragen, so weitgehend es ihm auch möglich ist, sein Verhältnis und seine Lage zu dieser selbst zu bestimmen. Auch er muß immer wieder zur kindlichen Form zurückfinden: in der Ruhe, im Schlaf, in der Erholung tut er es in selbstverständlicher Weise.

Der aufgezeigte Entwicklungsgang wäre nicht möglich ohne die proportionalen Veränderungen der leiblichen Erscheinung. Das Kind ist schon rein leiblich zu dem Wirklichkeitserleben des Erwachsenen nicht imstande. Der Erwachsene umgekehrt ist schon rein körperlich nicht mehr zu einem echt kindlichen Erlebnisvollzug fähig. Wandlung des Erlebens, Umzentrierung des Verhältnisses zur Welt und der Wandel der leiblichen Erscheinung sind sich gegenseitig Ursache und Wirkung zugleich und entfalten sich in engster Verflochtenheit. Der Weg von der kindlichen Erlebensweise des Sichgetragen- und -geborgenfühlens und von der reinen Bezogenheit auf das Eigensein hin zu einem objektiven Bezug und einem Gegenüber, hin zum Ausgriff oder Stand in der Welt ist lang und weit. Er beansprucht die ganze Entwicklungszeit; er wird teils allmählich und gleitend, teils ruckhaft und schubweise zurückgelegt. Er ist mit der Erreichung der körperlichen Ausgewachsenheit und der seelischen Fertigung noch nicht zu Ende gegangen. Beim Erwachsenen sind noch beide Formen in einer gleichmäßigen Harmonie verbunden: Ich und Welt, Eigensein und objektive Außenwirklichkeit stehen sich gegenüber und haben ein Verhältnis zueinander gefunden. Der Erwachsene bewegt sich und ist tätig in der Welt mit der Hilfe seines Bewegungs- und Handlungsapparates. Er wird aber auch noch von der Welt getragen und gehalten. Wäre letzteres nicht mehr der Fall, dann wäre seine Daseinssicherheit erloschen.

Das Ausmaß der Umzentrierung von der kindlichen Urhaltung des Getragenseins und der reinen Eigenbezogenheit in diejenige der Gegenüberstellung zur Welt, der Außenbezogenheit in Bewegung und Haltung ist bei den Erwachsenen individuell verschieden. In Arbeit und Erholung, in Betätigung und Ruhe, im Wachsein und im Schlafe werden normalerweise beide Bezugsformen beansprucht. Eigen- und Sachbezogenheit stützen und tragen sich gegenseitig. Es gibt Erwachsene, die in den kindlichen Formen steckenbleiben, die nicht objektiv handeln, sich nur »ausleben«, im Affekt und im Genuß wie in einer selbstbezogen betriebsamen und geschäftigen Beweglichkeit. Andere wiederum haben sich gleichsam zu einseitig objektiviert; sie müssen sich irgendwo an der Außenwelt festklammern und festkrampfen, weil sie die kindliche Sicherheit des natürlichen Sichgehalten- und -getragenwissens eingebüßt haben.

2. Eine ähnliche Verschiebung wie zwischen Körperstamm einerseits und Extremitäten andererseits vollzieht sich am Kopf des Menschen zwischen Schädel und Gesicht, zwischen Neuro- und Splanchniogranium.

Sosehr die wachstumsmäßigen Verschiebungen am Kopfe ins Auge fallen, sind sie doch nicht so leicht mit objektiven Methoden festzustellen und in Maßzahlen zu fassen wie die Verschiebungen der Körperproportionen. Anhaltspunkte geben Vergleiche zwischen Gesichts- und Schädelbreite; auch die Gesichtshöhe kann herangezogen werden. STRATZ macht Gebrauch von der Verschiebung der Pupillarebene. Entscheidend bleiben aber jene Veränderungen, die ZELLER als »qualitative« bezeichnen würde. Es sind diejenigen der fortschreitenden Ausformung und Entwicklung des Unter- und Mittelgesichtes gegenüber dem Schädel und auch dem Obergesicht. Am sichersten sind sie ausdrucksmäßig, nach ZELLER »nur somatoskopisch in der freien Anschauung der Gestalt« zu fassen; sie wandeln den »Gesamtausdruck des Kindes« entscheidend um (191).

Die Gestaltwandlung des Kopfes in nachgeburtlicher Zeit setzt nur fort, was sich innerhalb der fetalen Entwicklung bereits anbahnte. Erst beim Erwachsenen erlangt dann das Gesicht seine eigentliche Form und Profilierung, wobei nicht zu übersehen ist, daß sich der Prägungsvorgang auch später weiter fortsetzt.

Das Gesicht des Neugeborenen und des Säuglings ist noch klein, seine Formen sind weich und ungeprägt. Einen Wachstumsrückstand gegenüber dem Gehirnschädel haben die unteren und auch die mittleren Gesichtspartien. Verhältnismäßig besser ist das Obergesicht entwickelt. Die Stirn tritt durch ihre Höhe und Steilheit hervor. Man denke auch an die »großen« Kinderaugen. Die Verschiebung der Proportionen und die Wandlung der Formen lassen sich einigermaßen aus den STRATZschen schematischen Darstellungen erkennen. Die Veränderungen des Gesichtes und Schädels vollziehen sich besonders auffallend in den Zeiten intensiver wachstumsmäßiger Verwandlungen überhaupt. »Mit der Vollendung des ersten Gestaltwandels sehen wir den Kopf relativ sehr stark verkleinert, die Gesichtspartie gegenüber der Stirnpartie vergrößert und stark differenziert. ... Diesen Veränderungen entspricht der Ausdruckswandel des Gesichtes« (192). Das Einsetzen gesteigerter Wachstumsimpulse führt auch hier zuerst zu einer Sprengung der vorherigen Harmonie, zu einer bezeichnenden »Verplumpung« der Züge. Erst nach Abschluß der Verwandlungsperiode folgen wieder Ausgleich und Harmonisierung. Erhalten bleiben aber eine Gesichtsstreckung und die kräftigere Herausprägung und plastischere Formung der unteren Partien. Der zweite Gestaltwandel bringt eine erneute Proportionsverschiebung; die Tendenzen des ersten werden noch einmal fortgesetzt und erweitert. Wieder zeigt sich die Wandlung durch eine Verplumpung und disharmonische Vergröberung der Züge an. Das Ergebnis sind dann die endgültigen Proportionen zwischen Gehirnschädel und Gesicht, ist das verlängerte Gesicht des Erwachsenen mit deutlicher Ausformung der unteren und mittleren Partien.

Die Deutung dieses Formwandels muß ausgehen von der Funktion des Kopfes als Körperspitze. Er vertritt den Gesamtkörper bei der Begegnung mit Umwelt und Außenwirklichkeit. Besonders aber gilt dies für das Gesicht. Dieses repräsentiert die Art der Interessenahme, insonderheit durch die beiden in ihm versammelten Erfolgsorgane Auge und Mund.

Das kindliche Sehorgan als Ganzes unterscheidet sich von demjenigen des Erwachsenen nicht so sehr als »Auge«, d. h. als physikalischer Apparat zur Aufnahme und Verarbeitung optischer Eindrücke (193). Etwas zugespitzt könnte man sagen: der Unterschied liegt im »Blick«, d. h. in der Tätigkeit des aktiven Bereitstellungsapparates.

a) Wohl öffnet das Neugeborene die Augen und empfängt optische Eindrücke. Aber es »sieht« noch nicht eigentlich, es »beobachtet«, es »blickt« nicht. Die Sprache spricht je nach der Mundart von »schauen«, von »gucken« usw. Das kleinkindliche Sehorgan hat zwar Eindrücke, aber es ist diesen mehr passiv im Sinne einer reinen und bloßen Empfänglichkeit ausgeliefert. Es kann diese noch nicht aus eigenem Antrieb herbeiführen. Das Neugeborene hat noch keine aktive Blicksteuerung. Den Eindrücken ausgeliefert, lernt es erst allmählich, ihnen passiv zu folgen. Zunächst scheint es sich um rein reflexiv bedingte Verschiebungen der Augen zu handeln. Etwas wie ein Blick kommt erst zustande, wenn das Kind gelernt hat, optischen Objekten nicht mehr nur passiv angezogen sondern auch aktiv interessiert zu folgen. Es ist ein großer Fortschritt, wenn es am Ende des ersten Vierteljahres fähig wird, Dinge in seinem unmittelbaren Nahraum fixierend ins Auge zu fassen. Indem es z. B. die Bewegungen seiner Figur und Hände mit dem Blick verfolgt und sie festhält, ist es aus dem Zustande bloßer Beeindruckbarkeit und Empfänglichkeit herausgelangt. Es kann jetzt auch von sich aus Eindrücke suchen, festhalten, verschärfen, ablehnen, vertiefen usw. Es gewinnt eine innerlich aktive Zuwendung zu Umwelt und Welt.

Mit dem Erwerb der Steuerbarkeit des Sinnesapparates, mit dem aktiven Verfolgen und Festhalten eines Blickzieles sind zu dem »Gucken« und »Schauen« auch das »Sehen« und »Blicken« hinzugekommen; späterhin wächst daraus noch das »Beobachten« hervor. Es ist die aktive Wendung des Menschen zur Welt und zum Aufbau eines Weltbildes. Das Auge wird mehr als Sinnesorgan; es wird zugleich bedeutsames Erfolgsorgan. Der Mensch steht seiner Umwelt nicht bloß als Beeindruckter sondern als Erkennender gegenüber. Aus der bloß passiv empfänglichen Reizaufnahme wird das Interesse an erstrebter Erfahrung und Erkenntnis.

Diese hier geschilderte Entwicklung des menschlichen Sehorgans ist begleitet von einer entsprechenden Entwicklung und Differenzierung des muskulären Bereitstellungsapparates. Der feinere Ausdruck des älteren Menschen im Umfeld seiner Augen beruht eben auf der Differenzierung des aktiven Bereitstellungsapparates.

Das kindliche Schauen ist allerdings nicht nur eine niedrigere Form des Sehens, die es unter allen Umständen zu überwinden gilt. Je mehr es neben der allmählich hinzukommenden aktiven Form gleichzeitig erhalten bleibt desto empfänglicher, beeindruckbarer, aufgeschlossener, weiter, tiefer und sogar auch »objektiver« bleibt der Mensch. Hört die Fähigkeit zur empfänglichen Schau auf, dann engt sich der Blick ein; er spezialisiert sich nur noch und legt sich starr fest. Das verengte Blickfeld läßt sich die Fülle der Wirklichkeit entgehen. Der erwachsene Mensch sollte eigentlich beide Weisen der Eindrucksgewinnung gleichermaßen in sich entwickelt haben. Empfänglichkeit des Schauens und Aktivität des Erkennens zusammen bringen das menschliche Weltbild der Wirklichkeit am nächsten.

b) Mundpartie und Untergesicht sind bei der Geburt wachstumsmäßig noch weiter im Rückstand als die übrigen Gesichtspartien; der zurückzulegende Weg ist demnach ein recht großer.

Am Mund kommt das tierische Urinteresse an all dem zum Ausdruck, das der Organismus zu seiner Lebenserhaltung braucht, das er in einem ursprünglich biologischen Sinne »will«. Der Mund ist repräsentativ für das »Wollen«. Seine Betätigungsart, seine Form sprechen mehr als sonst etwas im Gesicht die Ausdruckssprache des Willens. Dieser steht ursprünglich im unmittelbaren Dienste der Selbsterhaltung. Letztere ist gesichert, wenn dem Organismus die nötigen Nährstoffe zugeführt werden. Ein Lebewesen, das in diesem Sinne nicht mehr »will«, hat sich selbst und sein Dasein aufgegeben.

Das Saugen an der mütterlichen Brust legt schon den Anfang späterer Entwicklungen. Das Kind ist, um seinen Hunger zu stillen, zu einer gewissen Leistung gezwungen; es muß sich anstrengen. Hat es sich gesättigt, ist es durch die geleistete Arbeit auch sichtlich ermüdet. Das Saugen ist die erste »Willensleistung«, um dem Organismus das zuzuführen, was er braucht und was er »will«.

Bevor es zu dieser Eigenleistung kommt, tut sich der kindliche »Wille« schon durch das »Schreien« kund. Das kleine Wesen appelliert fordernd an die Umwelt. Wer die Vehemenz im Schreien des gesunden hungernden Kindes einmal erlebt hat, bekommt einen anschaulichen Begriff von dieser ursprünglichsten »Willens«kundgabe, die ausgesprochenen Forderungscharakter hat.

Das Forderungswollen, ursprünglich also ein Schreien, auch später oft noch ein »Mundaufreißen«, bleibt auch künftig erhalten. Es formt sich mit der Entwicklung der Sprechfähigkeit um. Mit der Weiterentwicklung des Mundes, seiner Kiefer- und Zahnausstattung wächst und entwickelt sich auch die positive Wollensfähigkeit weiter. Die differenzierte Entwicklung des Mundes ist deshalb das natürliche Ausdrucksfeld der differenzierten Willensentwicklung des Menschen. Die höchste Leistungsform menschlichen Wollens ist

die Selbstbeherrschung; sie drückt sich denn auch in einer geschlossenen Mundspalte am deutlichsten aus.

Der Mensch entwickelt mehr und mehr eine neue Form des Wollens, diejenige des Anstrengungs- und Leistungswollens. Auch wenn
diese vollentwickelt ist, bleibt die vital ursprüngliche Form des
Forderungswollens weiterhin erhalten. Leben bleibt immer zugleich
auch Forderung an die Umwelt. Sterben ist das Erlöschen des for-
dernden Daseinswillens. Askese, Lebensverneinung kennt nur die
Leistungsseite und die Anstrengungsform des Wollens in Gestalt
einer einseitigen und höchst differenzierten Selbstbeherrschung. Wo
das Leben selbst verneint wird, wird auch das Urrecht des Forderns
aufgegeben.

Es kann nicht der Sinn einer Willenserziehung sein, das ursprüngliche Forderungswollen abzutöten, zu verhindern und zu zerbrechen. Positiver und wichtiger ist es vielmehr, dem primitiven For-
derungs- ein differenziertes Leistungs-, Anstrengungs- und Beherr-
schungswollen an die Seite zu stellen. Dies geschieht durch Anstrengung, Betätigung und Leistung, natürlich auch durch die Kraft,
sich selbst etwas zu versagen. Selbstbeherrschung ist eine der höchsten menschlichen Fähigkeiten. Wäre sie aber nicht die positive
und selbstverständliche Ergänzung und Überformung eines zugleich
erhaltenen Forderungswollens, dann führte sie zur Selbstaufgabe
des Lebens- und Daseinsrechtes in der Welt.

Aus diesen Urkomponenten des Wollens und deren Entwicklung
lassen sich im Einzelfalle charakterologische Unterscheidungen ableiten. Der vollwillens- und daseinskräftige Erwachsene vereint beide
Wurzeln des Wollens in sich: die eine erhaltend, die andere hinzu-
entwickelt und erworben. Ihm steht der willensschwache Mensch
gegenüber; er hat weder die eine Form in genügender Stärke von
der Natur mitbekommen, noch war er die andere hinzuzuerwerben
imstande. Er verrät sich erscheinungsmäßig in der schwach entwickelten Kieferpartie, in dem kraftlosen Abklappen der Kiefer
und in der passiven Öffnung des Mundes. Die willenskräftigen Naturen haben zwei Unterformen. Bei der einen überwiegt das Forderungswollen. Es sind diejenigen, die ihren Mund wohl »aufreißen«
können, die aber kein entsprechendes Leisten, Anstrengen, Selbst-
beherrschen gelernt haben. Ihre Mundpartie ist kraftvoll entwickelt;
es liegt aber weniger die Tendenz zum Schließen als zum aktiven
Öffnen des Mundes vor, was sich besonders auch in der Lippen-
formung verrät. Die andere Unterart hat die Leistungs-, Anstren-

gungs- und Beherrschungsform kultiviert, was in dem bestimmten und betonten Schließen des Mundes zum Ausdruck kommt. (LERSCH sieht im Mundverschluß das Versagen der Äußerungsbereitschaft. Dies ist aber nur eine Seite. Sie ergibt sich, wenn wir im Munde einseitig das Sprechorgan sehen. Umfassender ist es, im Munde das Urerfolgsorgan überhaupt zu sehen!)

3. Der Kopf, insonderheit aber der Gehirnschädel, eilt dem übrigen Körper wachstumsmäßig voran. Dies ist am deutlichsten in der frühen Fetalzeit ausgeprägt. Das allmähliche Aufgeben des Vorsprungs setzt noch während der Fetalentwicklung ein. Im zweiten Schwangerschaftsmonat nimmt der Kopf die volle Hälfte der Gesamtlänge des Embryos ein; bei der Geburt hat er nur noch ungefähr den vierten Teil der Körperlänge; der Kopf des Erwachsenen aber macht im Durchschnitt nur noch den achten Teil derselben aus.

Das absolute Wachstum des Kopfes ist bei der Geburt allerdings noch nicht abgeschlossen. Auch der Gehirnschädel wächst noch weiter. Das Ausmaß dieses Wachstums ist aber nicht mehr zu vergleichen mit demjenigen anderer Körperteile und -partien. Der Kopf ist also seinen definitiven Maßen bei der Geburt schon viel näher als der übrige Körper. Nach MARTIN beträgt die Kopflänge des Neugeborenen bereits 59%, die Kopfbreite 58%, die Kopfoberhöhe 64% des endgültigen Erwachsenenmaßes (194).

Die enorme Schädelentwicklung in den frühesten Entwicklungsstadien ist der erscheinungsmäßige Ausdruck einer entsprechenden Gehirnentwicklung. Dies ist kein Widerspruch zu der Tatsache, daß das Großhirn des Neugeborenen noch nicht arbeitsfähig ist. Die Gehirnteile werden erst allmählich funktionsfähig, und zwar die stammesgeschichtlich älteren Partien des Zentralnervensystems vor den stammesgeschichtlich jüngeren (195).

Wenngleich die Gehirnentwicklung bei der Geburt noch nicht abgeschlossen ist, so wurde doch bereits ein ungeheuer weiter Entwicklungsweg zurückgelegt. Dies hängt zusammen mit der Organisationshöhe des menschlichen Zentralorgans. Als ein kompliziertes Instrument muß es schon frühzeitig bereitgestellt werden, damit es rechtzeitig in Funktion treten kann.

Wenn die Kopfhöhe von der Hälfte der Körperlänge im zweiten Fetalmonat auf etwa ein Achtel beim Erwachsenen herabsinkt, geschieht dies nicht zugunsten des Rumpfes. Gewinner sind vielmehr die Extremitäten, im besonderen die Beine. Beim Erwachsenen machen diese rund die Hälfte der gesamten Körperlänge aus. Vom zweiten Fetalmonat bis zur Ausgewachsenheit vollzieht sich eine Proportionsumkehr zwischen den Beinen und dem Kopf. Gewinner ist also insgesamt der Fortbewegungsapparat.

In diesen Feststellungen steckt eine gewisse Ungenauigkeit insofern, als der Kopf bloß äußerlich als eine Einheit anzusehen ist. Die proportionalen Verschiebungen innerhalb des Kopfes zugunsten des Gesichtes und zuungunsten des Gehirnschädels kamen schon zur Sprache. Sie einberechnet, ist nämlich die obige Gesamtverschiebung noch viel größer, als aus den Verhältniszahlen über die relative Kopfhöhe hervorgehen kann. Der Gewinn der Gesichtshälfte geht zugunsten des aktiven Bereitstellungsapparates der Sinne. Die Mundpartie aber, der Mund mit dem Unterkiefer, ist der einzige, auch gelenkig bewegliche Teil des knöchernen Schädels. Auch innerhalb des Schädels vollzieht sich also eine wachstumsmäßige Verschiebung, die ganz allgemein zugunsten der beweglichen Systeme vor sich geht.

Die allgemeine Tendenz der Verschiebung wird noch deutlicher als an der äußeren Gliederung an dem inneren systemhaften Aufbau des Körpers. Der Gesamtkörper vergrößert sich von der Geburt bis zur Ausgewachsenheit gewichtsmäßig rund 21mal, Gehirn und Rückenmark aber nur 3,76- bzw. 7,1mal. Das Skelett, also der passive Bewegungsapparat, hat einen Zuwachs um das 27,2fache, die Muskulatur (der aktive Bewegungsapparat) sogar um das 37fache. Diese Tatsachen beweisen noch einmal eindringlich, daß insgesamt der Bewegungsapparat der Gewinner ist.

Es ist bekannt, daß der Mensch als das denkbar hilfloseste Wesen das Licht der Welt erblickt*). Außer ein paar Reflexen und Mechanismen ist ihm so gut wie nichts angeboren. Er steht seiner Umwelt, in der er sich späterhin selbständig zu behaupten hat, völlig unangepaßt gegenüber. Die Tiere sind mit viel mehr fertigen Mechanismen ausgestattet. Angeborene Fähigkeiten erlauben es ihnen, sich z. B. sogleich auf die eigenen Beine zu stellen, selbst Nahrung zu suchen, überhaupt den eigenen Körper zu handhaben. Das Mißverhältnis zwischen dem zur Lebensbehauptung Erforderlichen und und den angeborenen fertigen Mechanismen und Fähigkeiten ist beim Menschen weitaus am größten. Er muß sich die lebensnotwendigen Fähigkeiten und Fertigkeiten im Laufe seiner unverhältnismäßig langen nachgeburtlichen Entwicklungszeit selbsttätig er-

---

*) Portmann spricht in seinen Werken von „physiologischer Frühgeburt".

werben. Er muß die Orientierung in Umwelt und Welt erst erlernen, muß sich das Hauptinstrument seines Umganges, die Sprache, noch aneignen.

Der fertige erwachsene Mensch kann sich im Gegensatz zum Neugeborenen in seiner Welt und Umwelt orientieren, bewegen, behaupten, zurechtfinden. Er kann dies nicht so sehr auf Grund angeborener Instinkte sondern auf Grund seiner Erfahrungen. Für kein Lebewesen ist die Erfahrung von solcher Wichtigkeit wie für den Menschen. Er muß sich so gut wie alles erst erfahrungsmäßig zu eigen machen, muß es erst erwerben, um es zu besitzen.

Diese Tatsache macht es verständlich, warum der Gehirnschädel, das heißt eigentlich der zentralnervöse Apparat des Menschen, schon so frühzeitig und so gewaltig entwickelt ist. Die menschliche Entwicklung nach der Geburt ist nicht nur ein einfaches Wachsen. Der Mensch wird nicht bloß größer, schwerer, kräftiger. Seine Weiterentwicklung steht von Beginn an unter zentraler geistiger Führung. Der Mensch muß sich die Instrumentarien, mit denen er sich in der Welt behauptet, in ihrem Heranwachsen gleichzeitig zu eigen machen.

Das menschliche Gehirn ist soweit bereit und vorausentwickelt – wenn auch noch keineswegs fertig –, daß es den heranwachsenden Körper fortschreitend in Führung nimmt und ihn zu einem weitgehend selbstgeschaffenen Instrument macht. Der Körper des erwachsenen Menschen ist nicht nur ein Produkt des natürlichen Wachstums; er ist zugleich geistig selbsttätig mitgebaut. Gesamtkörper und Einzelorgane werden zu einem brauchbaren und wirklich differenzierten Instrument erst unter geistiger Führung. Nun wird klar, warum der Wachstumsgewinn in so unverhältnismäßig hohem Maße dem Bewegungsapparat zufällt. Dieser ist es, der über die quergestreifte Muskulatur am meisten der zentralnervösen, willkürlichen und bewußten Steuerung unterliegt. Gerade der differenzierte Bewegungsapparat wächst nicht nur von selbst heran; er wird mitgeschaffen durch Übungs- und Anpassungsimpulse, die infolge der geistigen Steuerung und der geistigen Geöffnetheit des Menschen zustande kommen. Der Mensch übt sich in seiner erfahrungsschöpferischen, geistig gesteuerten Spielperiode zu dem heran, was er späterhin ist.

Der Erwachsene unterscheidet sich vom Kinde dadurch, daß er sich unter geistiger Führung und Steuerung einen differenzierten körperlichen Apparat zur Bewegung, zur Handlung, zur Bereit-

stellung der Sinnesorgane miterschaffen hat. Er hat sich seine Welt
gestaltet und erworben und hat seinen Körper erfahren. Das Kind
hat vorerst nur einen Steuerungsapparat ziemlich fertig bereitliegen,
um mit seiner Hilfe den Körper während der nachfolgenden Entwicklungszeit beherrschbar zu übernehmen und zu einem verfügbaren, wohldifferenzierten Instrument zu machen. Die Leistung des
kindlichen zentralnervösen Apparats mit seiner hohen Plastizität
in der Entwicklungszeit ist unermeßlich groß. Angeboren ist dem
Menschen eine hohe Erfahrungsfähigkeit; Erfahrungen zu machen,
bleibt seiner weiteren Entwicklung vorbehalten. Der Erwachsene ist
dem Kinde überlegen auf Grund seiner Erfahrungen. Gegenüber
dem erstarrenden Alter beruht sein Vorteil in der noch vorhandenen
jugendlichen Plastizität und Erfahrungsfähigkeit.

Es gibt Erwachsene, denen man schon körperlich ansieht, daß sie
zwar gewachsen sind, aber nicht unter zielweisender geistiger Führung und Steuerung das aus sich gemacht haben, was der Mensch
eigentlich daraus machen soll und kann. Sie behalten in Ausdruck
und Gestalt einen infantilen Charakter bei. Sie sind wohl plastisch,
aber nicht geformt. Ihr Kopf ist noch kindlich übergroß, ihr Körper
verrät betonten Fettansatz und eine wenig durchgebildete Muskulatur. Das Ausdrucksbild des Gewachsenseins ohne eine durch
geistige Steuerung erworbene Differenzierung zeigen besonders kraß
Kinder, die eine frühkindliche Gehirnschädigung hinter sich haben.
Es gibt auch Erwachsene, die zwar ihren Körper in differenziertester
Weise durchgestaltet haben, ihn beherrschen und gebrauchen können, aber die jugendliche Plastizität frühzeitig eingebüßt haben.
Sie sind nicht bloß fertig sondern bereits in Mechanismen erstarrt;
die plastische Wandelbarkeit fehlt. Es sind Menschen, die nicht
mehr erfahrungsfähig sind.

4. Der Rumpf erfährt im Laufe der nachgeburtlichen Entwicklung
hinsichtlich seiner relativen Größenmaße keine wesentlichen Änderungen. Er behält, von kleinen Schwankungen abgesehen, seinen
Verhältnisanteil an der Gesamtkörperlänge.

Trotzdem ist auch der Rumpf des Erwachsenen nicht bloß »größer« als derjenige des Kindes. Kleinkindliches Vorherrschen des
Bauches und walzenförmige Brust verlieren sich schon nach dem
ersten Gestaltwandel, erst recht aber sollten sie beim Erwachsenen
verschwunden sein. Bauch, Brust und Becken haben sich beim
Erwachsenen gegenüber dem kleinen Kinde erheblich geändert.

Im einzelnen lassen sich die Änderungen folgendermaßen umreißen: die faßförmige Brust wird länger; die ziemlich horizontal verlaufenden Rippen senken sich nach vorne; der Brustkorb streckt sich, verliert an Tiefe und gewinnt an verhältnismäßiger Breite; die extreme Einatemstellung des kindlichen Thorax baut sich ab; der Bauch tritt seine frühkindliche Vorherrschaft ab; das Becken gewinnt, besonders beim weiblichen Geschlecht, an Kräftigkeit. Diese Änderungen zeichnen sich sehr deutlich während der Gestaltwandlungsperioden ab. ZELLER charakterisiert die Rumpfentwicklung nach der ersten Gestaltwandlungsperiode u. a. folgendermaßen: »Wir sehen den Brustkorb, der flacher und schmaler geworden ist, der durch Muskeln und Rippen deutlich geprägt ist. Wir sehen endlich die Haltung der Wirbelsäule deutlich differenziert, die Ausbildung der Glutäen in derselben Weise verändert« (196). Auch beim zweiten Gestaltwandel wird die Rumpfform in ähnlichem Sinne weiterentwickelt. Am Ende steht die besonders beim Manne ausgeprägte und geformte Brust und das besonders beim Weibe gutentwickelte Becken; der Rumpf ist durch die Taille gegliedert, der Bauch zurückgetreten.

Die Bedeutung dieser Veränderung läßt sich sowohl vom Rumpfganzen wie von seinen Teilen her erörtern.

Der Rumpf ist als erweitertes Rückgrat als besondere Repräsentation des Selbstes anzusehen. Indem der Gesamtrumpf sich in sich durchgliedert, beweglicher wird und Form gewinnt und sich insbesondere auch aufrichtet, wird in Parallele dazu aus dem naiv ungefährdeten und außer aller Fragwürdigkeit stehenden kindlichen Selbst ein durch Gefährdungen hindurchgegangenes, bewußt gewonnenes, sich seiner Menschenwürde bewußtes, differenziertes Erwachsenenselbst. Dieses ist um so gefestigter und sicherer, als auch die kindliche Form noch in ihm »aufgehoben« ist. Die tatsächliche Form des Selbstes des einzelnen Erwachsenen kann undifferenziert naiv, kindlich, ungebrochen geblieben sein. Es kann in anderen Fällen wiederum um so differenzierter, bewußter, empfindlicher, gefährdeter sein.

Mit dem Zurücktreten des kindlichen Bauches treten auch Bestimmtheit und Abhängigkeit von den Zuständen des Hungers, der Sättigung, der Bekömmlichkeit, der Unzuträglichkeit im leiblich-seelischen Haushalt des Menschen zurück. Dies ist gleichbedeutend mit einer Verminderung der Lust-Unlust- und der Launen-Bestimmtheit. Sowie sich der Verdauungsapparat auf längere Sicht einrichtet, treten auch hier mehr und mehr seelische Dauerhaltungen in Erscheinung. – Die Brust des Erwachsenen verharrt nicht mehr in der extremen Einatmungsstellung; sie ist nicht mehr so ausgesprochen der Luftsack mit leicht veränderlicher Atmung. Die kleinkindliche starke Stimmungsbestimmtheit verliert sich ganz in Parallele zu der Lust-, Unlust- und Launenabhängigkeit zugunsten stabilerer seelischer Haltungen. Entwicklungsbedingte charakterologische Unterscheidungen liegen auch hier nahe. Beweglichere, momentabhängigere, reagiblere seelische Verfassungen stehen stabileren und in sich gefestigteren gegenüber. Ist es unterblieben, zu den ersteren die letzteren hinzuzugewinnen, so handelt es sich um typisch »kindische« Menschen, gekennzeichnet durch Stimmungslabilität, Launenhaftigkeit und reine Lustbestimmtheit. Beherrschen die letzteren allein das Feld, dann fehlt es an Lebensunmittelbarkeit; Grundsätzlichkeit, Starre, Unelastizität bestimmen den Typ.

2. Der Funktionswandel

Hat man hinsichtlich des Gestaltwandels bereits ziemlich sicheren Boden unter den Füßen, so liegen die Dinge beim Funktionswandel ausgesprochen schwierig. Die Verwandlungen der Gestalt sind schon dem bloßen Augenschein zugänglich und lassen sich durch Methoden des Messens erhärten. Veränderungen von innen her oder an den inneren Organen hingegen lassen sich oft nur erschließen. Trotzdem ist deren Bedeutung sehr groß. Ja den äußeren Verschiebungen gehen solche innerer Art voran und liegen ihnen direkt zugrunde. Die Ergebnisse der heutigen Blutdrüsenforschung z. B. erhärten den Zusammenhang zwischen Körperwachstum und Drüsenfunktionen.

Der Begriff des Funktionswandels ist vorläufig mehr eine Analogiebildung und läßt sich noch nicht völlig klar umreißen. Gedacht ist an das verschiedene Wachstums- und Entwicklungstempo der inneren Organe und der Organsysteme. Man weiß z. B., daß Herz, Leber oder die nervöse Substanz nicht gleichmäßig wachsen. Man weiß ferner, daß es innere Organe und Organsysteme gibt, deren Verhältnisse »alterskonstant« sind, so z. B. das relative Volumen und Gewicht der Lunge. Gedacht ist beim Funktionswechsel auch an die Veränderung in der Form der einzelnen Organe. CONRAD sagt mit Recht: »Form und Funktion der Organe bilden eine untrennbare Einheit« (197). Und schließlich ist noch gedacht an den Wandel der inneren Beschaffenheit. – Alles dies: also die wachstumsmäßige Verschiebung der Organe gegeneinander, die Änderungen der Formen und der Wandel der inneren Beschaffenheiten, hängt zusammen mit einer Verschiebung und Wandlung der Funktionen oder hat solche im Gefolge.

Die sachlichen Grundlagen sind im folgenden hauptsächlich aus dem Werke BROCKS »Biologische Daten für den Kinderarzt« entnommen (198).

1. Von besonderem Interesse ist zunächst der Kreislauf. Im Augenblick der Geburt setzt sich zwecks Arterialisierung des Blutes der kleine Lungenkreislauf an die Stelle des vorherigen plazentaren. Dies ist eine Art Neuanfang. Anschließend an die damit einsetzende Entwicklung vollziehen sich innerhalb der Kreislauforgane wachstumsmäßige Veränderungen, welche deren relative Größe, deren Form und deren innere Beschaffenheit betreffen. Zu erwähnen sind der Rückgang der zuvor unverhältnismäßigen Herzgröße, die Art der Faservermehrung des Herzmuskels, die Formveränderung des Herzens, die wechselnde Proportionierung der Herzkammern, der Wandel der lichten Weite der Kapillaren und der arteriellen Gefäße.

Kind und Erwachsener haben eine sehr verschiedene Pulsfrequenz. Das Herz des Neugeborenen schlägt mit 130–140 Schlägen in der Minute rund doppelt so schnell wie dasjenige des Erwachsenen mit seinen etwa 70 Schlägen. Die Raschheit der Schlagfolge des Herzens geht im Laufe der Entwicklung immer mehr zurück. Das Minutenvolumen der Blutmenge, die das Herz pro Körperkilogramm dem Körper zuschiebt, ist beim kleinen Kinde rund doppelt so groß wie beim Erwachsenen; denn der Sauerstoffverbrauch des ruhenden kindlichen Körpers ist auf das Körperkilogramm umgerechnet zwei- bis dreimal größer als beim Erwachsenen. Auch die Blutverteilung ist im kindlichen Organismus anders als beim Erwachsenen. Es befinde sich relativ mehr Blut im arteriellen und kapillaren Schenkel der Blutbahn; beim Erwachsenen hingegen soll der venöse Schenkel stärker angefüllt sein. Geringer als beim Erwachsenen ist der Blutdruck des Kindes.

Die entwicklungsbedingte Änderung der Atmung ist um so interessanter, als doch Volumen und Gewicht der Lunge in einem alterskonstanten Verhältnis bleiben. Das Kind atmet schneller als der Erwachsene. Die Atemfrequenz sinkt dann im Laufe der Entwicklung auf etwa ein Drittel ab. Dem steht eine zunehmende Vertiefung des Atmens gegenüber. Der Organismus lernt es, mit jedem einzelnen Atemzug mehr Luft zu wechseln. Das Atemvolumen steigt mit zunehmender Vitalkapazität auf das Vierzigfache an. Das Kind atmet noch verhältnismäßig flach und rasch, nach Tempo und Tiefe sehr veränderlich; die Atemzüge des Erwachsenen sind tiefer, langsamer und ausgeglichener.

Wichtig ist auch die Wandlung im sog. Grundumsatz. Schon innerhalb der Tierreihe ist dieser pro Körperkilogramm um so höher, je kleiner der Körper gewichtsmäßig ist. Der Energieumsatz des kindlichen Organismus ist höher als beim Erwachsenen. Der Höhepunkt liegt in einem Alter von $1\frac{1}{2}$-2 Jahren. Von dieser Zeit an nimmt der Grundumsatz bis zum Altern wieder ständig ab.

Ganz allgemein läßt sich sagen, daß im kindlichen Organismus alle Lebensvorgänge mit größerer Intensität verlaufen als beim Erwachsenen. Dies gilt für das Kreislaufgeschehen, die Atemfrequenz, den Energieumsatz. Die hohe Intensität aller Lebensprozesse im kindlichen Organismus hat ihren guten biologischen Sinn. Sie dient zuallererst dem wachstumsmäßigen Aufbau. Je jünger aber das Kind ist, desto größer ist die Wachstumsintensität.

In der nachgeburtlichen Entwicklungszeit wird allerdings nur noch ein Teil der umgesetzten Energie für den wachstumsmäßigen Aufbau des Körpers verzehrt. Der Rest wird in Bewegungsleistungen umgesetzt. »Je jünger der Mensch ist, desto größer ist sein Bewegungsdrang. Der Säugling bewegt sich im Wachsen fast ununterbrochen, wenn er nicht gerade durch die Nahrungsaufnahme gehemmt wird. Auch das Kleinkind ist noch durch seine Lebhaftigkeit gegenüber dem Schulkind ausgezeichnet, und dieses bewegt sich noch mehr als der Erwachsene, wenn auch die Unterschiede nicht mehr sehr groß sind« (199). Die hohe Intensität der kindlichen Lebensprozesse steht also im Dienste von Wachstum und Bewegung zugleich. Der Bewegungseffekt ist dabei beim Kinde um so größer, als nach angestellten Berechnungen das Kind seine Bewegung energetisch »billiger« ausführen soll als der Erwachsene.

Bemerkenswert ist die Tatsache, daß der Mensch, verglichen mit Tieren, ungemein langsam wächst (200). Man darf annehmen, daß die dadurch frei bleibende Energie beim Menschen der Bewegung zugute kommt.

Die hohe Intensität der Lebensprozesse des kindlichen Organismus zugunsten des wachstumsmäßigen Aufbaus und der Bewegung wirft auch ein Licht auf die seelische Eigenart des Kindes. Das kindliche Seelenleben verrät eine durchweg größere Lebendigkeit. Das Kind schöpft körperlich wie seelisch aus einem Lebensüberfluß, während der ausgewachsene Mensch bereits haushält und das Alter sogar spart. Fülle und Reichtum des Lebens können sich beim Kinde noch selbst verschwenden.

Indessen handelt es sich keineswegs um eine sinnlose Selbstverschwendung des Lebens und seiner Energien. Der hohe Energieüberschuß aus dem verlangsamten Wachstum wird nicht einfach in nutz- und sinnloser Bewegung – gleichsam in Unruhe – vertan. In der Bewegung, und zwar nicht allein in der örtlichen Fortbewegung oder beim Spiel des Handlungsapparates, auch in der dauernd lebendigen und aktiven Betätigung der Sinnessysteme »erfährt« der Mensch unermüdlich seine Welt. Er macht sich seinen Körper als vielseitig geübtes Instrument zu eigen und schließt sich seine Umwelt auf. Lebendigkeit als die Quelle der kindlichen Beweglichkeit ist etwas anderes als Unruhe, die abreagiert werden und verklingen muß. Sie ist der Urdrang des Lebens und der eigentliche Motor, sich die Welt in tausend Akten immer neu und immer tiefer zu erschließen und sich zu eigen zu machen.

Die fortschreitende Entwicklung führt zu einem allmählichen Abbau der ursprünglichen Lebendigkeit. Deren Versiegen im Alter bedeutet schließlich den Tod. Was baut sich daneben in positiver Hinsicht auf? Als Beispiel zur Verdeutlichung diene noch einmal die Atmung. Die kindliche Atmungsweise ist rasch, aber auch flach, veränderlich und sich jeder äußeren und inneren Wandlung anpassend. Die Atmung des Erwachsenen ist langsamer, dafür aber tiefer; die Vitalkapazität wächst, das Atemvolumen steigt sogar auf das Vierzigfache an. In der Vertiefung der Atemzüge bekommen diese selbst eine klare Form, einen ausgesprochenen Charakter; Volumen und Fassungskraft steigen; der einzelne Zug bewältigt mehr. Was also die Entwicklung hinzugewinnt, sind Form, Kraft, Leistungsvermögen, Prägung, Charakter, auch Differenzierung, Festgelegtheit, Bestimmtheit.

Der Vollerwachsene vereinigt noch beides in sich: er hat die Urlebendigkeit noch nicht ganz verloren; er hat sie aber schon in Formen gegossen, hat ihr Festigkeit und Beständigkeit verliehen, hält bewußt und gewollt mit ihr haus; er braucht sie aber noch nicht zu sparen wie das Alter. Er verfügt über ein Höchstmaß an Daseinsfähigkeit.

Es gibt Menschen mit einem Überschuß an Lebendigkeit, der sich bis ins hohe Alter erhält. Solche Menschen sind nie fertig; sie wenden sich dem Dasein immer neu zu im Erkennen und im Tätigsein. Umgekehrt gibt es einen Mangel an Lebendigkeit; frühzeitig erstarren und verkrusten Menschen, die keinen Energieüberschuß lebendig umzusetzen haben.

2. Die Sammelbezeichnung Funktionswandel umfaßt auch den inneren Umbau der körperlichen Substanz im Laufe der Entwicklung. So ist z. B. der Wassergehalt des menschlichen Körpers und seiner Gewebe auf den verschiedenen Entwicklungsstufen recht ungleich. Der Wasserbestand nimmt, berechnet auf die Gewichtseinheit, ständig ab. Jugendliche Gewebe enthalten nicht nur mehr Wasser; sie sind auch wasseravider. Der alternde Organismus wird, ganz wörtlich genommen, immer »trockener«.

Bemerkenswert ist der innere Umbau des Stützsystems. Ursprünglich rein knorpelig präformiert, setzt schon in der späten Fetalzeit unter Bildung von Knochenkernen die allmähliche Ablösung der knorpeligen durch knöcherne Substanz ein. Dieser Prozeß kommt im wesentlichen erst mit der Pubertät zum Abschluß. Die »Verknöcherung« geht aber auch dann noch weiter und wird zu einem wichtigen Altersmerkmal. Die Knochensubstanz selber wandelt sich insofern, als zunehmende Wasserverarmung einhergeht mit fortschreitender Anreicherung durch anorganisch-mineralische Substanzen.

Die Bedeutung dieser wachstumsmäßigen Umwandlungen läßt sich folgendermaßen umreißen: das Kind ist verglichen mit dem Erwachsenen leiblich und seelisch elastischer, biegsamer, plastischer, bildsamer, formbarer. Der Weg der Entwicklung führt zu zunehmender innerer Festigung, zu Geformtheit, Geprägtheit, zum fertigen »Charakter«, zu Härte und Belastbarkeit, aber auch zum allmählichen Verlust der bildsam plastischen Fähigkeiten. Der Erwachsene steht in der Mitte zwischen der absoluten, aber noch ungeformten Plastizität des jugendlichen Lebens und der erstarrten Geformtheit und Brüchigkeit des Alternden.

3. Es bleibt noch ein Wort zu sagen über die wachstumsmäßigen Verschiebungen der Organsysteme gegeneinander. Daß der Bewegungsapparat einen gewaltigen Wachstumsgewinn zu verzeichnen hat, wurde bereits abgehandelt.

Dieser Wachstumsgewinn gilt auch den inneren Organen gegenüber. Letztere sind die Träger der auf-, ab- und umbauenden Lebensprozesse. Der Bewegungsapparat mit seiner Muskulatur dient der Begegnung des Lebewesens in seiner Umwelt. Je älter und fertiger ein Lebewesen ist, desto mehr treten die innerlich aufbauenden Prozesse zurück. Die der Bewegung in der Außenwelt dienenden Lebensäußerungen stehen im Vordergrund. Sie sind der Ausdruck eines zielgeleiteten Tuns, das durch Wille und Bewußtheit jederzeit steuerbar ist. Beim Kinde sind auch die äußeren Bewegungen noch vorwiegend Ausdruck innerer Antriebe, Ausdruck der Lebendigkeit überhaupt. Es ist umgekehrt wie beim älteren Menschen. Dieser schafft sich äußere Bewegung, setzt sich Ziele und verwirklicht sie durch bewußte und gewollte Innervation seiner quergestreiften Muskulatur. Indem er dies tut, regt er indirekt wieder seine inneren Organe: Lunge, Herz, Verdauungsapparat, zur Tätigkeit an. Während kindliches Tätigsein noch Ausdruck innerer Antriebe und unmittelbarer Lebendigkeit ist, erhält und erregt umgekehrt der Erwachsene seine nachlassende Lebendigkeit durch gewollte und bewußte Tätigkeit. Das Tun hat also bei beiden einen verschiedenen Charakter: beim Kinde ist es ganzheitlich, aus innerer Lebendigkeit und aus Lebensüberschuß geboren; beim Erwachsenen ist es bewußt, gewollt, einheitlich, zielvoll, differenziert, planvoll gesteuert.

Der Gesamtweg der Entwicklung verläuft von der Lebendigkeit und Unmittelbarkeit zur Bewußtheit und Gewolltheit, von der Ganzheitlichkeit zur Einheitlichkeit, von der Plastizität zum Geprägtsein und zur gefestigten Form. Der Erwachsene vereint beides gleichermaßen in sich. Indem er nach dem einen oder dem anderen Pol hin besonders akzentuiert ist, ist er in seinem Wesen mehr »jung« oder mehr »alt«.

3. Zusammenschau

1. Keine Erscheinung eines Menschen, so wie sie sich tatsächlich und wirklich darbietet, ist etwas Festes und Bleibendes. Sie ist in ihrem augenblicklichen Stand nichts anderes als ein Querschnitt; sie ist ein Ausschnitt aus einer stetigen Linie sich wandelnder Formen und Gestalten. Die menschliche Einzelerscheinung läßt sich nur verstehen als ein Sichwandelndes, als ein Werdendes und Vergehendes, als ein Sichentwickelndes, Sichaufbauendes und Zerfallendes. Erst die Prozesse der Wandlung und Entwicklung, deren Ausgangspunkte und Ziele machen ein augenblicklich gegebenes Erscheinungsbild vollkommen verständlich und auch seelisch deutbar.

2. Der Verlauf des Werdens und der Entwicklung ist von Beginn

an eindeutig in seiner Richtung. Von der Zeugung seinen Ausgang nehmend, ist er kein zeitloses Geschehen; er rollt in der Zeit ab, ist unumkehrbar und besitzt eine streng gesetzmäßige Aufeinanderfolge (201).

So wie in der Phylogenese die Arten nur in einer bestimmten Aufeinanderfolge aufzutreten vermochten, sind auch in der Einzelentwicklung die Teilerscheinungen an einen bestimmten Zeitplan gebunden. »Nur in der Zeit der Gastrulation«, z. B., »kann im Ektoderm durch Induktion die Medullarplatte sich bilden, weder vorher noch nachher kann eine Induktion die Bildung einer Medullarplatte bewirken... In jedem einzelnen Stadium ist der gleichen Ursache am gleichen Ort eine andere Folge zugeordnet... Jedes Geschehen, ob normal oder durch künstlichen Eindruck bedingt, ist bestimmt durch seine Stellung im zeitlichen Gestaltungsplan« (202).

Der Amerikaner STOCKARD teilt die Ergebnisse interessanter Experimente mit tierischen Keimlingen und Larven mit (203). Seine Versuche bezweckten die experimentelle Störung der Keimentwicklung durch Veränderungen in der Abstimmung des embryonalen Milieus; er experimentierte mit dem Entzug von Sauerstoff, Nahrung oder Wasser, mit der Veränderung der Temperatur und mit der Einwirkung von Giftstoffen. Die Folge waren gewisse Mißbildungen, so z. B. ungewohnte Größenentwicklung und Abnormitäten wie Einäugigkeit, Doppelköpfigkeit, asymmetrische Organentwicklungen. Bemerkenswert für unseren Zusammenhang ist dies: die Art der entstandenen Abnormitäten hing nicht nur von der Art der angewendeten Milieuverschlechterung ab sondern ganz entscheidend mit von dem Zeitpunkt, in dem sie vorgenommen wurde. »So vermag z. B. eine Behandlung mit einer Menge Äther, Alkohol oder verschiedenen Salzen das Ei zu veranlassen, während der frühesten Stadien der Entwicklung eine nicht lebensfähige zweiköpfige Mißbildung hervorzubringen; ein wenig später kann dieselbe Dosis verschiedene Abweichungen in der Entwicklung des Zentralnervensystems hervorrufen; noch später kann sie abnorme Größe und Zwillingskörperbildung bewirken« (204). STOCKARD kommt zu dem Ergebnis: »Wenn der gleiche verzögernde Einfluß während verschiedener Entwicklungsstufen einwirkt, wird er zu ganz verschiedenen Reizantworten führen... Die Art der erzielten Konstitutionsstörung ist von dem Entwicklungsstadium oder dem Augenblick abhängig, während welchem das hemmende Mittel oder die Bedingung wirksam ist« (205).

Der Grund für die auffallende Zeitbedingtheit des Störungscharakters liegt darin, daß die Entwicklung der Organe als an einen bestimmten Zeitplan gebunden erfolgt. Wenn z. B. der Organismus mit der Ausknospung gewisser Organe beginnt, nehmen diese innerhalb der Gesamtentwicklung zeitweilig eine beherrschende und führende Rolle unter gleichzeitiger Unterdrückung anderer Wachstumsimpulse ein. Mißbildungen und Fehlentwicklungen bestimmter Organe werden deshalb um so schwerwiegender dann, wenn die betreffende Störung im Zeitpunkt der Ausknospung erfolgt.

Mit diesen Gesetzmäßigkeiten biologischer Art stimmen solche der körperlich-seelischen Entwicklung des Kindes überein. Bestimmte Fertigkeiten, bestimmte Dinge stehen immer im Vordergrund seines Denkens und Handelns. Wie alle organischen, so sind auch alle seelischen Entwicklungen an eine bestimmte Ablaufsfolge, an einen zeitlichen Gestaltungsplan gebunden. Die Beurteilung menschlicher Erscheinungen muß immer auch unter dem Gesichtspunkt betrachtet werden, ob die Entwicklung in der richtigen Form abgelaufen ist. Bezeichnungen für Erwachsene wie z. B. »infantil«, »knabenhaft«, »lausbubenhaft«, »backfischhaft« meinen u. a. immer auch das, daß die Entwicklung unrechtmäßigerweise in einem bestimmten Zeitpunkt gestockt hat, steckengeblieben oder erstarrt ist. Dies betrifft die körperliche und die seelische Entfaltung zugleich. Erwachsene Männer mit den körperlichen Erscheinungsmerkmalen des Vorpubertären haben stets auch seelisch die entsprechenden Entwicklungsrückstände konserviert.

Es gibt aber in der normalen Entwicklung keine Konservierung der Jugendlichkeit; es gibt nur eine richtige Erfüllung jeder Entwicklungsphase. Die verkrampfte Haltung ewig Pubertierender, das Ausweichen, Unterlassen, Versäumen der Geschlechtsliebe zu der Zeit, in der sie natürlicherweise aufblüht, die Unterlassung und Aufschiebung der Paarung und Zeugung u. a. m. führen auch seelisch und charakterlich zu Mißbildungen.

Mit der Entwicklungsidee solchermaßen Ernst machend, darf es auch für die Ethik nicht nur »zeitlose« Satzungen geben. Das Richtige darf nicht nur überhaupt erstrebt oder gewollt, sondern muß immer auch zur rechten Zeit geschehen und getan werden. Streng genommen gibt es kein Nachholen verpaßter, versäumter, unterlassener Gelegenheiten. Allein das Richtige zum richtigen Zeitpunkt ermöglicht eine wirkliche und wahre Verantwortlichkeit und bewahrt vor Mißbildungen auch des sittlichen Charakters.

3. Die Natur schafft das Neue nicht nur in stetigem Aufbau. Sehr oft tritt dieses plötzlich ein. Es sprengt gewesene Harmonie und bricht sich gewaltsam Bahn, nicht in allmählicher Entwicklung sondern in »Schüssen« und »Schüben«. Die Geburt z. B. löst bisherige Harmonie und Lebenseinheit und bedeutet plötzlichen Durchbruch einer neuen Daseinsform. Auch im Seelischen brechen neuartige Erlebnisformen plötzlich durch. Ohne Wachstumsschüsse und -schübe und ohne die damit verbundenen seelischen Durchbrüche würde der Mensch niemals den hohen Grad von Bewußtheit in seinem Erleben erlangen. Der Wachstumsschuß in der Pubertät z. B. und deren seelische Begleitphänomene stellen eine spezifisch menschliche Erscheinung dar (206).

Die Schübe und Schüsse der Wachstumsentwicklung sind oft die notwendigen leiblichen Voraussetzungen für die Durchbrüche neuer seelischer Erlebnisformen. Sie verleihen dem Entwicklungsgeschehen des Menschen zugleich einen akzentuiert geschichtlichen Charakter.

4. Die Wachstumsentwicklung mit dem Ziele der Erlangung der individuellen Selbsterhaltungsfähigkeit verläuft beim Menschen in besonders langsamem Tempo. »Wir brauchen neun Monate, um ein Körpergewicht von durchschnittlich 3,5 kg zu erreichen; das Rind hat nach einer intrautinären Phase von neun Monaten eine Schwere von 40 kg; das Pferd, das bei seiner Geburt elf Monate alt ist, ein solches von 40 kg. Und während das Rind, nach den Angaben RÜBNERS nur 47, das Pferd 60 Tage braucht, um das Doppelte des genannten Geburtsgewichtes zu erreichen, braucht der Mensch nicht weniger als 180 Tage, um sein Geburtsgewicht von 3,5 kg zu verdoppeln« (207). BOLK erblickt in der verlangsamten Entwicklung »das Essentielle des menschlichen Organismus«. »Das Tempo des menschlichen Lebensganges ist ein historisch verzögertes.« Der Mensch ist deshalb erst im »weit vorgerückten Alter zur Selbsterhaltung imstande« (208).

Kein anderes Lebewesen ist so lange und in so totalem Maße in seiner Jugend auf die elterliche Generation angewiesen. Gerade die noch in der Entwicklung befindliche Erscheinung weist eindringlich darauf hin, daß der Einzelmensch niemals ein auf sich selbst gestelltes und aus sich allein existierendes Wesen ist. Der Mensch, am wenigsten der sich noch entwickelnde, ist kein Einzelexemplar und als Individualität nicht verstehbar. Das menschliche Einzelwesen weist erscheinungsmäßig und seelisch über sich und seine Individualität hinaus auf überindividuelle Lebenszusammenhänge.

So ausgeprägt beim Menschen gegenüber allen Tieren das Individualwesen erscheinen mag, so intensiv sind bei ihm doch auch schon die gattungsmäßigen Bindungen. Der Mensch ist ein Gattungswesen, seelisch nur verstehbar als ein Gemeinschaftswesen. Dies sagt uns besonders seine lange, verzögerte Entwicklung.

Das Wachsen bis zur leiblichen Ausgewachsenheit und zur seelischen Fertigung zielt, so zeigte sich, auf den höchstmöglichen Grad der Selbsterhaltungsfähigkeit des menschlichen Einzelwesens. Aber dies ist nicht der einzige Sinn der Gesamtentwicklung. Diente diese nur der Selbsterhaltung, würde sich das Leben selber aufheben. Die Erhaltung der Gattung, die Erhaltung des Lebens im überindividuellen Sinne sind ebenso wichtig. Ist der Mensch auch dazu imstande, dann ist er nicht nur ausgewachsen und fertig sondern zugleich reif. Der reife Mensch schreitet über die Grenzen seines individuellen Seins hinaus. Er tut dies nicht bloß um seiner Bedürftigkeit willen. Er besitzt auch einen Überschuß und die Fähigkeit, zu geben, zu schaffen, zu gestalten, neues Leben zu zeugen, zu pflegen, zu hegen, aufzubauen, fruchtbar zu sein.

IX. ERSCHEINUNG UND GESCHLECHT*)

Der Geschlechtscharakter ist entscheidendstes Bestimmungsmerkmal jeder menschlichen Einzelerscheinung. Er ist für das Einzellebewesen von schicksalhafter Tragweite. Der Urzusammenhang zwischen körperlicher und seelischer Bestimmung tritt nirgends deutlicher zutage als an den Geschlechtsunterschieden. Alle Lebensbereiche sind mitbestimmt durch die innerseelische, die gesellschaftliche und kulturelle Tragweite der natürlichen Geschlechtertrennung. Die »Sexualisierung« des gesamten Daseins – verbunden mit einer Heraushebung des Sexuellen aus bloß biologischen Sinnbezügen – ist spezifisch menschlich.

Geschlechtlichkeit ist, wie man heute weiß, ein Erbfaktor. Über den Geschlechtscharakter ist im Moment der Befruchtung der Eidurch die Samenzelle bereits entschieden. Die Eizellen weisen den

---

*) Von Philipp Lersch erschien inzwischen eine Schrift mit dem Titel „Vom Wesen der Geschlechter" (München 1947), die u. a. auch die folgende Darstellung mit voraussetzt.

vollen Halbsatz (Halbsatz gegenüber den späteren Körperzellen) an Chromosomen auf; dies ist nur bei der einen Hälfte der männlichen Samenzellen der Fall. Die andere Hälfte hat ein Chromosom weniger; ihr fehlt das sog. X-Chromosom. Wird die Eizelle durch eine Samenzelle mit X-Chromosom befruchtet, entsteht aus dem Keimling ein weibliches Wesen. Die Befruchtung durch eine Samenzelle ohne eigenes X-Chromosom bewirkt ein männliches Wesen.

Das Einzelwesen ist vom Augenblick der Befruchtung an durch das ganze Leben hindurch in seiner leiblich-seelischen Totalität geschlechtsbestimmt. »Es wird jetzt ziemlich allgemein angenommen, daß mit der Befruchtung das überwiegende Geschlecht nicht nur der Keimzelle, sondern auch der Körperzellen festgelegt ist« (209). Jede einzelne Körperzelle besitzt den geschlechtsspezifischen Chromosomensatz. Beim männlichen Geschlecht beträgt dieser 47 ($2 \times 23 + 1$ X-Chromosom), beim weiblichen 48 ($2 \times 23 + 2$ X-Chromosomen) Chromosomen.

Die Tatsache, daß ein Teil der geschlechtscharakteristischen Erscheinungsmerkmale einer entwicklungsbedingten Ausprägungsfolge unterliegt, hat zur Unterscheidung sog. primärer von sog. sekundären Geschlechtsmerkmalen geführt. Erstere sind die schon bei der Geburt vorhandenen sichtbaren, spezifisch geprägten Geschlechtsorgane. Letztere prägen sich im wesentlichen erst während der Reifezeit vollends aus und charakterisieren mehr oder weniger die gesamte Erscheinung. Das Vorhandensein der sekundären Geschlechtsmerkmale zeigt die volle »Reife« an. Beim Manne sind es z. B. die Vergrößerung von Hoden, Skrotum, Penisumfang, die Scham-, Achselhöhlen- und Bartbehaarung, der Stimmwechsel, das Auftreten von Spermatozoen und schließlich die allgemeine »Vermännlichung« der Gesamtkörperform. Beim Weibe sind es u. a. die Hüftrundung, die weiblichen Brüste, die charakteristisch geformte Schambehaarung, die Achselhöhlenbehaarung, das Auftreten der monatlichen Blutung, die Fettpolsterung des Körpers in der typisch weiblichen Form (210).

Im weiteren sollen hier allerdings nur diejenigen Körpermerkmale, welche die »Männlichkeit« bzw. »Weiblichkeit« der Gesamterscheinung ausmachen, interessieren. Der männliche und der weibliche Körper verraten charakteristische Unterschiede in ihrer Gliederung, in ihrem Aufbau, in ihrer inneren Funktionsweise. Es gibt z. B. geschlechtsspezifische Akzentuierungen im Anteil und in der Entwicklung des knöchernen Systems, in der Beschaffenheit und Be-

deutung der Muskulatur, im Stoffwechsel- und im Kreislaufgeschehen (z. B. gibt es für den plazentaren Kreislauf keine männliche Entsprechung), in der Fettbildung, in der Wirkung der Keim-
drüsenhormone, in dem unterschiedlichen Wachstums-, Entwick-
lungs- und Reifungsrhythmus.

Die körperlichen und seelischen Unterschiede der Geschlechter
bahnen sich nicht erst mit der Reifung an. Es besteht schon vorher
kein absolut geschlechtsneutraler Zustand. Die Reifezeit bringt den
Geschlechtscharakter zwar endgültig zum Durchbruch; aber schon
früher bestehen charakteristische Unterschiede zwischen den Knaben und den Mädchen. Die besondere Interessenrichtung der Mädchen z. B. läßt schon die spätere Mütterlichkeit erahnen. Daß die
körperlichen Unterschiede noch nicht so deutlich und nicht so leicht
faßbar sind wie später, schließt ihr durchgehendes Vorhandensein
nicht aus.

1. Die geschlechtsspezifischen Unterschiede im Aufbau der Erscheinung

Sowenig wie bei der Wachstumsentwicklung können hier rein
quantitative Betrachtungen maßgebend sein. Aus der geringeren
Körpergröße des Weibes z. B. – nach MARTIN durchschnittlich 7% –,
aus den Unterschieden des Körper- und des Hirngewichts u. a. m.
lassen sich keine maßgeblichen seelischen Unterschiede ableiten.
Das Ergebnis wären Selbstverständlichkeiten oder oberflächliche
Plattheiten. Qualitative seelische Unterschiede sind nur abzuleiten
aus der verschiedenen Akzentuierung im inneren Aufbau der Erscheinung. Dies läßt sich beispielhaft zeigen am Knochensystem,
an der Muskulatur, an der Haut.

1. Das Geschlechtscharakteristische in der Ausprägung des knöchernen Systems bezieht sich auf eine größere Anzahl von Einzel-
und Gesamtmerkmalen. Zwei Gesichtspunkte sollen herausgegriffen
werden.

a) Es ist ein auffallendes (sekundäres) Geschlechtsmerkmal, daß
der Mann knochiger ist als das Weib. Knöcherne Einzelteile wie
Schädel, Schultergürtel, Arme, Hände, Brustkorb, Rückgrat, Beine,
Füße verraten es deutlich. Nach MARTIN »ist die Dicke der Schädel-
wandung beim Weibe um ein Drittel bis ein Viertel geringer als
beim Mann« (211). Dieser Unterschied ist viel beträchtlicher, als

nach dem rund 7prozentigen Unterschied der Körpergröße zu erwarten wäre.

Die derbere körperliche Knochigkeit verleiht auch dem männlichen Charakter vermehrte Schwere, Wucht, Festigkeit, Stabilität und Gehaltenheit, eine stärkere Gebundenheit durch die Gesetze der Schwerkraft, eine größere Sicherheit des Haltes und des Stehens. Der Mann ist in diesem bestimmt eingegrenzten Sinne körperlich und seelisch härter, schwerer, wuchtiger, fester, natürlich auch schwerfälliger, unbeweglicher, beharrender, ungelenker und unbeholfener als das Weib. Dieses ist hingegen leichter, lockerer, beschwingter, beweglicher und wohl auch gelenkiger, dafür aber weniger gewichtig, wuchtig oder schwer. Es besitzt eine geringere Härte und passive Belastbarkeit gegenüber Druck und Stoß von außen. Von einem ganz spezifischen Aspekt aus könnte man also sagen, daß das weibliche Geschlecht tatsächlich »schwächer« ist als das männliche. Daß die weibliche Seele in anderen Hinsichten auch »stärker« ist, wird sich noch zeigen.

b) Der Mann ist nicht nur überhaupt knochiger; sein knöchernes System ist im allgemeinen auch ausgeprägter, besonders deutlich am Schädel. Die männlichen Formen sind kantiger, eckiger, schroffer, winkliger, zusammen mit der betonteren Massigkeit gröber, derber, knorriger. Die Muskelmarken sind deutlich ausgeprägt. Das Weib hat auch schon im knöchernen System die runderen, weniger ausgeprägten Formen, die stumpferen Winkel. Das knöcherne Gefüge ist nicht bloß zarter, dünner, graziler, sondern auch »weicher«, runder, weniger schroff in der Formgebung. Die spezifischen Indizes erweisen dies auch im einzelnen. Der weibliche Schädel z. B. ist durchschnittlich etwas runder; seine Stirn ist runder und gewölbter, sein Stirnwinkel steiler.

In dem Formgepräge des Mannes verbinden sich das Schwere, Grobe, Massige mit dem Schroffen, Eckigen, Kantigen. Beim Weibe vermählen sich das Leichte, Gelenkige, Zarte mit der weicheren, runderen und ausgeglicheneren Form. Das Weib ist infolge seiner knöchernen Leichtigkeit und Gelenkigkeit, infolge seiner weicheren und weniger schroffen Prägung natürlicherweise das anpassungsfähigere Wesen. Das ist schon rein biologisch von großer Wichtigkeit (212).

In der geringeren knöchernen Massigkeit und Geprägtheit des Weibes drückt sich auch dessen stärkere leiblich-seelische Jugendlichkeit aus. Zum Teil ließe sich das aus dem früheren Wachstums-

abschluß desselben erklären. Die weibliche Seele ist in der Tat irgendwie jugendlicher als die erwachsenere männliche.

3. Der Mann besitzt dem Weibe gegenüber eine kräftigere und
ausgiebiger entwickelte quergestreifte Muskulatur. Es dürfte sich
ebenso wie bei der zarteren Skelettausprägung mit um ein echtes
sekundäres Geschlechtsmerkmal handeln.

Der Volumunterschied einzelner männlicher und weiblicher Kör-
performen vermittelt kein zureichendes Bild der unterschiedlichen
Muskelentwicklung. Die weiblichen Formen weisen nämlich im allgemeinen eine stärkere Fetteinlagerung auf. »Nach BISCHOFF ist
das Verhältnis zwischen Fett und Fleisch beim Neugeborenen
33% : 21% und wird beim erwachsenen Weibe 28% : 39%, beim
erwachsenen Manne 18% : 42%. Auf allen Lebensstufen überwiegt
die Muskulatur beim männlichen Geschlecht und tritt also um so
mehr hervor, je mehr es sich von der gemeinschaftlichen fettreiche-
ren Kindheit entfernt« (213).

Muskel- bzw. Fettakzentuierung bestimmen das Charakteristische
der Prägung und der Füllung an der Erscheinung mit. Betonte Ausprägung der quergestreiften Muskulatur gibt dem Manne und seiner
Eigenart das Bestimmte, das Feste, das Ausgeprägte, das Harte,
das Scharfe, das Gespannte, das »Charakteristische«. Vermehrte
Fetteinlagerungen machen das weibliche Gepräge leiblich und seelisch runder, ausgeglichener, geschmeidiger, weicher, auch fülliger
und plastischer.

Anders als bei der quergestreiften oder Skelettmuskulatur verhält es sich bei der glatten. Vergleichende Zahlenangaben stehen
zwar noch kaum zur Verfügung. Immerhin ist der größte glatte
Muskel des menschlichen Körpers überhaupt die weibliche Gebärmutter. Dieser glatte Hohlmuskel vollbringt während einer Schwangerschaft erstaunliche Halte- und bei einer Geburt darüber hinaus
auch noch gewaltige Kontraktionsleistungen (214). Der männliche
Organismus kennt dafür keine Entsprechung. Die Annahme geht
wohl kaum fehl, daß auch sonst die glatte Muskelbefaserung in den
inneren Organen, den Blutgefäßen, der Haut im Hinblick auf die
besondere Beanspruchung während der Schwangerschaft durch
Kreislauf-, Blutdruck-, Stoffwechselumstellungen beim Weibe leistungsfähiger und besser entwickelt ist als beim Mann.

Es sei daran erinnert, daß die quergestreifte Muskulatur den »aktiven Bewegungsapparat« repräsentiert. Beim Manne sind der passive und der aktive Bewegungsapparat stärker entwickelt als beim

Weibe. Aktive Bewegung infolge eigener Kraftanstrengung unter
Aufbietung von Eigenkraft ist dem Mann schon infolge seiner
Körperlichkeit gemäßer als dem Weibe. Der Mann hat für die Auseinandersetzung mit der widerständigen Außenwirklichkeit, für das
Sichbehaupten, für das Beseitigen, Überwinden und Überwältigen
von Hemmnissen von der Natur mehr Kraft mitbekommen als das
Weib. Schon eine oberflächliche Erscheinungsbetrachtung lehrt, daß
das männliche Geschlecht in diesem Sinne das »stärkere« ist. Ver-
steht man unter Aktivität eine Eigenschaft, die dynamisch nach
außen weist, auf die Bewältigung des Raumes und der äußeren
Widerstände durch eigene Anstrengung, dann ist das männliche
Geschlecht nicht allein das stärkere sondern auch das aktivere.

Die quergestreifte Muskulatur ist gerade beim Menschen das Instrument des Willens im eigentlichen Sinne. Alle Willensimpulse
fließen der Skelettmuskulatur zu. Jede Willensanstrengung, sei es
bei der Überwindung äußerer Widerstände, bei der Formung, Beherrschung, Zügelung oder Erziehung des eigenen Selbst, erfolgt
über die Innervation quergestreifter Muskeln. Die Natur hat den
Mann leiblich und seelisch zu dem willensbestimmteren, willens-
fähigeren, willenskräftigeren Geschlecht geschaffen. Auch die seelische Bewußtheit des Mannes ist vorwiegend Willensbewußtheit.
Männliche Selbstformung und Selbsterziehung, ebenso Differenzierung haben stets eine ausgeprägte Willensnote. Der Wille spielt
im seelischen Gesamthaushalt des Mannes eine zentralere Rolle als
beim Weibe. Jede Lebensäußerung der männlichen Seele, sei es eine
Handlung oder die Betätigung der Sinnesorgane (z. B. des Auges)
ist in stärkerem Maße aktiv getätigt und willensbetont als beim
Weibe; männliche Seelenprägung ist betonterweise aktive Willens-
prägung.

Selbstverständlich kann es sich hierbei nur um Akzente handeln.
Auch das Weib kann stark, kann aktiv sein und seinen ausgeprägten
Willen haben. Aber diese Eigenschaften sind für den Mann von
zentralerer Bedeutung; sie haben innerhalb seines Charakters einen
höheren Stellenwert. Das Wesen des Weibes kann hingegen nicht
so zentral von der quergestreiften Muskulatur, von deren Stärke,
Differenzierung und Prägung her erfaßt werden. Wenn bei ihm
überhaupt von der Muskulatur ausgegangen werden soll, dann schon
mehr von der glatten.

Die glatte Muskulatur vollbringt in erster Linie tonische Halteleistungen. Die Leistung der weiblichen Gebärmutter während der

Schwangerschaft ist eine solche des Haltens und Tragens. Das Kind wird »ausgetragen«. Erforderlich ist ein elastisches und doch beharrliches Anpassen der tonischen Spannung an das Maß dessen, was an Bürde und an Druck auftritt. Der weibliche Organismus ist während seiner größten spezifischen Leistung, dem Austragen des Kindes, zu gewaltigen inneren Umstellungen und Leistungen befähigt, die innerhalb des männlichen keine Parallele haben. In dieser Hinsicht sind Organismus und Seele des Weibes »stärker«.

Nicht das Maß an muskulärer Eigenkraft (quergestreift) ist es also, welches das Wesen weiblicher Kraft und Stärke ausmacht. Die Leistungshöhe des Weibes beruht auf der inneren Kraft seines Organismus. Nicht zufällig ist die Eigenschaft der Geduld dem Weibe mehr gegeben als dem Mann. Langmut, die Fähigkeit warten zu können, etwas ins Unabsehbare hinaus aushalten und ertragen können und dabei nicht unruhig und ungeduldig werden, das sind Fähigkeiten, mit denen das Weib den Mann an Seelenstärke im allgemeinen übertrifft.

Während der Schwangerschaft z. B. kann der versorgende und nährende Blutstrom nicht so sehr der Skelettmuskulatur zugute kommen wie beim Manne. Die Blutverteilung geht mehr zugunsten der inneren Organe, die u. a. den plazentären Kreislauf speisen. Die Versorgungsrichtung des gesamten Blutstromes ist mehr nach innen gerichtet und auf die innere Beanspruchung des Organismus abgestellt. Was dieser dabei leistet, ist gewaltig. »Man hat berechnet, daß eine Mutter mit 6 Kindern ihr Körpergewicht in einem Zeitraum von 20 Jahren dreimal wiederaufbaut« (215).

Dies alles setzt ein Maß an innerer Leistungsfähigkeit, Elastizität und auch an ursprünglicher Lebendigkeit voraus, dem der männliche Organismus nichts an die Seite zu setzen hat. Das Weib ist zwar weniger aktiv im Sinne der spezifischen Außenrichtungen seiner Energien als der Mann; es vermag aber mehr Energien nach innen zu sammeln und besitzt ein höheres Maß an innerer Lebendigkeit. Es schöpft damit aus anderen Quellen als der Mann. Sein Seelenhaushalt ist auch nicht so sehr bewußtseins- und willensbestimmt wie der männliche. Während der Mann will und etwas tut, unterliegt das Weib einem Geschehen und innerer Beanspruchung. Bei der Geburt z. B. muß der weibliche Organismus Leistungen vollbringen, die nicht vom Willen aus gesteuert sind. Das gebärende Weib sieht sich einem Geschehen ausgeliefert, das zu einer Wucht und Größe des Erlebens führt, welches sich in seiner Weise neben das männlich wagende Kampferleben stellen kann. Es bricht als ein Geschehnis herein und muß körperlich und seelisch durchgestanden werden. Die Natur selber und das Lebensgeschehen an sich brechen ins persönliche Erleben ein. Dieses unterliegt nicht der Willkür; es heischt aber leibliche und seelische innere Stärke.

An der Stärke des inneren Erlebens – eine Geburt ist natürlich der letzte Höhepunkt und die letzte Steigerung desselben – erwacht auch die Bewußtheit des Weibes und kommt zum eigentlichen Durchbruch. Das Weib hat eine andere Form von Wissen; der Charakter seiner Bewußtheit ist ein anderer als beim Manne. Auch Innerlichkeit und Innenwelt haben bei Mann und Weib eine qualitativ andere Tönung. Weibliche Innerlichkeit ist existentielleres Insichsein, denn für das Weib spielt sich das Größte, was ihm geschehen kann, leiblich und seelisch im eigenen Inneren ab. Männliche Innerlichkeit ist eigentlich nach innen gewendete Aktivität, so z. B. im Bohren, Grübeln, Denken, Aufbauen einer inneren Welt usw. Das Weib lebt unmittelbarer von innen und bleibt in sich; seine Innerlichkeit ist die ursprünglichere. Weibliche »Aktivität« ist nicht so ursprünglich und so wesenhaft wie beim Mann nach außen gerichtet. Es handelt sich eigentlich gar nicht um eine echte, willensbestimmte Aktivität, sondern um ein Nach-außen-Durchschlagen der starken inneren Lebendigkeit.

3. Viel greifbare Angaben über den geschlechtsspezifischen Unterschied der menschlichen Hautbeschaffenheit sind nicht vorhanden. Trotzdem lehren jeder Blick in ein männliches oder weibliches Gesicht oder jeder Händedruck, daß ein solcher besteht. Die unterschiedliche Hautbeschaffenheit ist ein ausgesprochen geschlechtsspezifisches Merkmal. Kennzeichnend ist die Aufmerksamkeit, die das Weib instinktiv der Hautpflege widmet.

Bekannt ist der geschlechtsspezifische Unterschied in der Behaarung. Die sog. Terminalbehaarung ist auf der weiblichen Haut geringer entwickelt als auf der männlichen. Die Unterschiede in der Verteilung der Behaarung sowie in der Form der behaarten Flächen gelten als sekundäres Geschlechtsmerkmal. Nach MARTIN soll die weibliche Haut im allgemeinen etwas heller sein als die männliche. Deutlich erkennbar sind die größere Zartheit und Glätte der weiblichen Haut auf Grund ihrer feineren Felderung. Auch der Glanz dürfte ein etwas anderer sein und mit ähnlichen Ursachen zusammenhängen. Zartheit, Weichheit und Geschmeidigkeit der weiblichen Haut sind Merkmale, die auf andere Schichtungsproportionen hinweisen. Aller Wahrscheinlichkeit nach dürfte die weibliche Ober- und wohl auch Lederhautschicht verhältnismäßig dünner sein. Demgegenüber dürfte die Unterhaut durch ausgeprägtere Fetteinlagerung entwickelter sein. Es ist ein geschlechtsspezifisches Merkmal, daß das Weib mehr Unterhautfett anlegt als der Mann. Die verstärkte Unterhautfettpolsterung ist es vor allem, welche der weiblichen Haut den Charakter größerer Weichheit und Geschmeidigkeit verleiht.

a) Die feinere, zartere, geschmeidigere, weichere weibliche Haut stellt, verglichen mit der männlichen, das feinere Instrument der Sinnlichkeit dar. Die Aufnahme von Sinnes-, insonderheit also von Berührungsreizen ist durch die weibliche Haut eine differenziertere. Dies gilt gleichermaßen für die objektive Seite der Empfindung wie für die subjektive des Fühlens.

Die weichere, dünnere und geschmeidigere Haut läßt das Weib mit der feineren Ansprechbarkeit auf Eindrucks- und Empfindungsreize ausgestattet sein. Es hat die differenziertere Eindrucksempfänglichkeit, das feinere »Fingerspitzengefühl«. Die Differenziertheit seiner sinnlichen Beeindruckbarkeit macht in dieser Hinsicht das Weib zum »objektiveren« Wesen. Es nimmt Eindrücke leichter, sicherer, mit feineren Unterschiedsnuancen wahr als der »dickfelligere« Mann. Das Weib kann auch seine Bewegung und sein Tun einer feineren und sichereren sensiblen Steuerung unterwerfen als der derber und gröber empfindende Mann. Es kann sich den Eigengesetzlichkeiten der Außenwirklichkeit in einer vollendeten Steuerung anpassen. Die ursprünglich auf sensibler Bewegungssteuerung beruhende Fähigkeit der Anpassung an den Charakter der Außenwirklichkeit, das rasche Erfassen und Berücksichtigen derselben ist aber eine der Hauptwurzeln der Intelligenz. Diese ist im erweiterten Sinne sensible Bewegungssteuerung. Dafür aber besitzt das Weib von Natur aus das feinere und differenziertere Instrument. Es ist in diesem spezifischen Sinne des Begriffes »intelligenter« zu nennen als der Mann; denn es hat die größere unmittelbare Fähigkeit der Situationserfassung sowie der Ein- und Anpassung. Während der Mann die Außenwirklichkeit aktiv bewältigt, richtet sich das Weib nach dieser; es paßt und schmiegt sich ihr an und versteht sie dabei klug zu nützen.

Das Weib besitzt außer der differenzierteren Empfindungs- auch die feinere Fühlweise. Es ist feinfühliger als der Mann. Dies ist nicht gleichbedeutend mit »empfindlicher« im Sinne des Unangenehmberührtseins. Wahrscheinlich kommen das Unangenehmberührtsein und das Schmerzerleben beim Manne rascher und intensiver zustande als beim Weibe, was mit der unterschiedlichen Fettpolsterung zusammenhängt. Die gut fettgepolsterte weibliche Unterhaut macht die Gesamthaut weich und elastisch gegenüber jedem Berührungsdruck, der nicht in dem Maße als hart erlebt wird wie bei einer Hautbeschaffenheit mit geringerer Fettpolsterung. In der Tat ist auch der Mann leichter »reizbar« oder »gereizt« als das Weib. Die vielfach gemachte Beobachtung, daß das Weib weniger schmerzempfindlich ist, daß es schmerzhafte Reize besser als der Mann erträgt, dürfte ebenfalls richtig sein. Die Unterhautfettpolsterung hat allen Druck- und Berührungsreizen gegenüber eine mildernde, druck- und stoßdämpfende Wirkung. Der Mann kann seine Schmerzerlebnisse aktiv verbeißen; das Weib aber versteht sie leichter zu ertragen.

Es wurde schon gesagt, daß für den Mann der Wille einen hohen Stellenwert im seelischen Gefüge besitzt. Für das Weib sind es Empfindung und Gefühl, ist es die Sinnlichkeit überhaupt, welche von einer entsprechend zentralen Bedeutung sind. Männliche Differenzierung ist in erster Linie Willensdifferenzierung; weibliche hingegen ist in betonter Weise Empfindungs- und Gefühlsdifferenzierung, sie ist Feinempfindlichkeit und Feingefühl.

Damit werden die Hauptwurzeln des Unterschiedes zwischen dem männlichen und dem weiblichen Charakter bloßgelegt. Die seelische Geschichte des Mannes wird in anderer Weise geschrieben als diejenige des Weibes. Der männliche Charakter wird durch sein Wollen, durch sein Tun, durch seine Aktivität geformt; seine innere Geschichte ist diejenige seiner Taten und Handlungen. Weiblicher Charakter und weibliche Seelengeschichte werden bestimmt durch das Was, das Wie, das Wann seiner Berührungserlebnisse. Die Begegnung mit solchen und die Verarbeitungsweise derselben prägt den Charakter des Weibes. Die Sprache spricht – in einem speziellen Sinne zwar – von der »Berührtheit« bzw. »Unberührtheit« und gibt damit zugleich ein Werturteil.

Diese Aufhellungen erklären auch den geschlechtsspezifischen Akzent in Sitte und Sittlichkeit. Jede nicht bloß formale Ethik anerkennt die unterschiedlichen Betonungen in den sittlichen Forderungen gegenüber Mann und Weib. Der Imperativ der Reinheit, der inneren Sauberkeit, der »Unberührtheit« gilt sicher für beide Geschlechter. Für das Weib aber ist er von ungleich zentralerer

Bedeutung als für den Mann. Das sittliche Schicksal des Mannes ist mit seinem Tun und seinem Handeln verknüpft, dasjenige des Weibes mit seinen Berührungserlebnissen.

Die Eigenart der Hautbeschaffenheit verleiht dem Weibe nicht bloß die differenziertere Sinnlichkeit. Das Weib besitzt in seiner Haut auch den differenzierteren Spiegel seiner Innerlichkeit. Geringere Behaartheit, Zartheit, Dünne, größere Helle machen die weibliche Haut zu einem vollendeten Transparent für alles das, was innerlich vorgeht. Seelische Regungen wie Scham, Liebe, Befangenheit, Verlegenheit spiegeln sich unmittelbar und intensiv wider im Erglühen, Erblassen, Sicherwärmen usw. Die weibliche Haut ist so recht geschaffen, den Innerlichkeitscharakter der Seele ungetrübt nach außen durchzustrahlen. Mit sicherem Instinkt erkennt jede Frau die Rolle ihrer Haut als Spiegel ihrer Seele und ihrer Innerlichkeit und läßt derselben besondere Pflege angedeihen.

Abschließend und zusammenfassend läßt sich feststellen: während Wille, Leistung, Weltbild Begriffe sind, die für die Charakterisierung der männlichen Seele zentrale Bedeutung haben, sind Begriffe wie Innerlichkeit, Empfänglichkeit, Klugheit, Intelligenz, Feingefühl unentbehrlich für die Charakterisierung der weiblichen Seele. Kampf, Stärke, Tatkraft, Aktivität, Außendynamik sind mehr männliche, Sauberkeit, Klarheit, Reinheit, Innerlichkeit, Lebendigkeit, Geduld mehr weibliche Eigenschaften.

2. Die geschlechtsspezifischen Unterschiede in der Erscheinungsgliederung

Die geschlechtsspezifischen Unterschiede in der Körperproportionierung lassen sich nach drei Hauptrichtungen hin erläutern: an den Verhältnissen zwischen Körperstamm und Gliedmaßen, an den Hauptproportionen des Schädels und an der unterschiedlichen Rumpfgliederung.

1. Nach MARTIN entwickelt sich die Sitzhöhe, die beim europäischen Neugeborenen im Verhältnis zur Körpergröße noch 66% beträgt, dergestalt, daß sie beim Manne 52, beim erwachsenen Weibe hingegen 53 ausmacht. In die Sitzhöhe sind allerdings Hals und Schädel mit einbezogen. Sieht man von diesen ab, wird klar, daß die verhältnismäßig größere Stammlänge beim Weibe in erster Linie durch den verhältnismäßig längeren Rumpf zustande kommt. Stellt

man nämlich nur Rumpf und Gliedmaßen gegeneinander, so wird der unterschiedliche Akzent entschieden deutlicher, als er nach den Zahlen von MARTIN erscheint. Klammert man eine bestimmte Entwicklungsphase zwischen dem 10. und 14. Lebensjahr aus, so hat das Weib stets den verhältnismäßig längeren Rumpf verglichen mit der Gliedmaßenlänge.

Was für das Verhältnis von Stamm (bzw. Rumpf) zu den unteren Gliedmaßen gilt, trifft grundsätzlich auch für die oberen zu. Der Mann hat auch die größere relative Armlänge. MARTIN gibt als Beispiel für relative Armlänge verglichen mit der Rumpflänge die Zahlen 94,4 für den Mann und 90,4 für das Weib.

Eine ähnliche Gesetzmäßigkeit offenbart sich auch innerhalb der Extremitätengliederung. Der Mann soll den relativ kürzeren Oberarm, das Weib den verhältnismäßig kürzeren Unterarm haben. Hingegen besteht nach MARTIN hinsichtlich der relativen Handlänge keine geschlechtsspezifische Differenz. Von der Handlänge abgesehen, hat also das Weib dem Manne gegenüber in der Proportionierung seiner Gliedmaßenteile das stärkere Gliederungsgefälle. Dies unterstreicht noch einmal die geschlechtsspezifischen Gefälleverhältnisse zwischen Rumpf und Gliedmaßen überhaupt. Noch einmal deutlicher wird das bei der Betrachtung der Umfänge. Das Dickengefälle von Oberarm bzw. -schenkel über Unterarm bzw. -schenkel hin zu der Hand- bzw. Fußbildung ist beim Weibe größer als beim Manne. Die männlichen Extremitätenendigungen wirken deshalb groß, breit, schwer, derb, die weiblichen hingegen zart, klein, grazil, leicht.

Die Bedeutung dieser Unterschiede im Verjüngungsgefälle weist nach einer mehr statischen und nach einer mehr dynamischen Seite hin:

a) Beim Weibe ist ein größerer Verhältnisanteil des Gesamtorganismus nach dem Rumpf und der Körpermitte zu gelagert. Beim Manne dagegen ruhen relativ stärkere Gewichtsteile außen, in Richtung auf die Gliedmaßenenden zu. Anders ausgedrückt: beim Weibe ist im ganzen eine mehr zentripetale, beim Manne eine mehr zentrifugale Wuchstendenz feststellbar.

Das Weib verbleibt mehr in sich und bei sich; es ruht leiblich und seelisch sicherer in seinem Schwerpunkt. Solche größere Schwerpunkthaftigkeit, solches vermehrte Beisichbleiben und -sein haben allerdings nichts mit Egoismus zu tun. Der Mann ist schon massenmäßig mehr der Peripherie verhaftet, mehr »äußerlich«; er ist schwerpunktmäßig nicht in demselben Maße gesichert wie das Weib.

Diese Gewichtsverteilung hat ihren tiefen biologischen Sinn. Der Mann muß in der Außenwirklichkeit stehen; er muß dieser auch mit seinen Handlungswerkzeugen fest und kräftig verhaftet sein. Seine Heimat ist die Welt; zu ihr muß er in Stellung und Tat in ein objektives, gesichertes Verhältnis kommen; nach ihr muß er sich ausrichten; in ihr muß er wirken. Deshalb ist er ihr schon leiblich in so starkem Maße verhaftet. Das Weib dagegen muß mehr in sich und bei sich bleiben; es muß in sich ruhen, in seinem Wesens- und Seinszentrum verharren; denn das Größte und Einschneidendste vollzieht sich in ihm und an ihm selbst, wenn es neues Leben in sich keimen weiß. Im Hinblick auf diese Aufgabe muß es leiblich und seelisch mehr auf sich selbst zugeordnet sein; denn die wesenseigenste Aufgabe seines Daseins beansprucht es leiblich und seelisch ganz und mit derselben Totalität wie den Mann sein Schaffen in der Welt. Natur und Schicksal weisen den Mann über sich hinaus, das Weib in sich hinein.

b) Die dynamische Bedeutung des geschlechtsspezifischen Gliederungsgefälles hängt mit der statischen eng zusammen. Die männliche Körperbewegung weist mehr auf das außerleibliche Bezugssystem als die weibliche. Bei letzterer ist die Rückbezogenheit auf die Eigenachse, den Körperstamm stärker akzentuiert. Ursprung und Ziel der weiblichen Bewegung weisen nicht in demselben Grade wie bei der männlichen auf den Außenraum hinaus. Die Bewegungsweise des Mannes muß gemessen werden an ihrem raumbewältigenden Charakter. Sie ist Ausgriff, Fortbewegung, Gestaltung, Tat in der Außenwirklichkeit. Sie ist nicht so sehr wie die weibliche reine »Beweglichkeit« in dem Sinne einer selbstverständlichen Rückbezogenheit und Ursprunghaftigkeit auf und in sich selbst. Die statischen Verhältnisse bringen es mit sich, daß die Bewegung des Weibes leichter, lockerer, unschwerer ist, so den reinen Beweglichkeitscharakter noch unterstreichend. Die männliche Bewegungsweise hingegen ist schwerer schon infolge ihrer statischen Grundlagen, aber auch infolge der handfesteren Auseinandersetzung mit der widerständigen Außenwirklichkeit.

Zu dem statischen und dynamischen Zentrifugalismus des Mannes kommt die größere Reichweite und Stärke des Raumausgriffes. Das Weib hingegen lebt in einem engeren räumlichen Felde; es bleibt mehr in den Nahraum gebannt und hat weder dieselbe Reichweite noch die gleiche Kraft zur Raumüberwindung wie der Mann. Es hat aber auch die viel differenziertere Durchgestaltung des Nah-

raumes. Die zarte, weiche, feingliederige – als Tastorgan auch fein-
fühlige – weibliche Hand wird durch die Sprache instinktiv als das
Wertvollere bezeichnet. In der Tat ist die weibliche Hand differen-
ziertestes Instrument einer ordnend tätigen und gestaltenden Seele.
Man hält um die Hand des Weibes an (beim Manne ist der »starke
Arm« gefragt). Die weibliche Hand ist das feine Werkzeug zur
Durchherrschung, Durchwaltung und Durchordnung des menschlichen Nahraumes. Pflegliche Sorgfalt im Feinen und Kleinen, Geschicklichkeit, Feinfühligkeit sind vorzüglich weibliche Eigenschaften. Die besondere weibliche Handpflege unterstreicht instinktiv ein
geschlechtsspezifisches Merkmal.

2. Die Unterschiede zwischen Mann und Weib in der Schädelentwicklung stehen in einer gewissen Parallele zu dem Bisherigen.
Der Hauptunterschied besteht in der geschlechtsspezifischen Entwicklung des Gehirn- und des Gesichtsschädels.

Der Gesichtsschädel ist beim Manne verhältnismäßig größer als
beim Weibe. Dies ist wenigstens teilweise daraus zu erklären, daß
das Weib seine Wachstumsentwicklung früher abschließt als der
Mann. Nach MARTIN beträgt das Volumen des Gesichtsschädels
beim Manne 32,85%, beim Weibe 30,16% vom Gesamtschädel.
Deutlich wird der Unterschied an einzelnen Partien des Gesichtes.
Das weibliche Unterkiefergewicht z. B. beträgt nur durchschnittlich
79% des männlichen, »während ihr Kalvariumgewicht 86% des
männlichen ausmacht« (216). Unterschiede bestehen ferner noch
in der Bildung der Glabella, der Augenhöhlen usw. Insgesamt ist
also das männliche Gesicht im ganzen wie im einzelnen gegenüber
dem Gehirnschädel kräftiger entwickelt.

Die Proportionen der knöchernen Schädel- und Gesichtsbildung
werden noch durch die muskulären Prägungsverhältnisse unterstrichen.

a) Die stärkere Gesichtsschädelbildung des Mannes verrät sein
vergleichsweise stärkeres Interesse an der Um- und Außenwelt.
Im Dienste dieser Interessenentfaltung können auch seine Sinnesorgane, besonders das Auge, aktiv muskulär besonders gut gesteuert
werden. Der Mann begnügt sich nicht mit einer lediglichen Beeindruckung durch die Außenreize; denn die Natur hat ihm einen aktiven Reizsteuerungs- und Anpassungsapparat geschaffen. Das Weib
verbleibt demgegenüber bei einer vergleichsweise empfänglichen,
schauenden, aufnehmenden Haltung. Das für sein Erleben zentrale
innere Geschehen kann es ja auch nur durch ein empfängliches Ver-

nehmen und nicht durch aktive Außenwendung seiner Interessen wahrnehmen. Hier liegt die Erklärung für den eigentümlichen Gesichtsausdruck schwangerer Frauen. Er hängt mit der anderen Blutsverteilung zusammen. Vom Standpunkt differenzierter Außeninteressen wirkt er fast stumpf und unwach. Er ist aber positiv eine Hinwendung zu dem zentralen Geschehen und Erleben im eigenen Leibe. Er bedeutet eine Innenwendung, ein Insichhineinhorchen, ein der Außenwelt fernes und abgewendetes inneres Achten und Vernehmen.

b) Besondere Beachtung verdient auch noch der Mund. Er ist, so zeigte sich, als Urerfolgsorgan der ursprünglichste Repräsentant eines ausgesprochenen Wollensinteresses an der Umwelt. Je stärker, kräftiger und massiver Mund- und Kieferpartie mit Gebiß geprägt sind, desto stärker und ungebrochener ist auch das Urwollen. Dieses ist beim Manne vergleichsweise stärker als beim Weibe. Er ist der Umwelt mit betonterem Willensinteresse verhaftet. Über den Mund als Sprechorgan wird beim Menschen hauptsächlich der soziale, der zwischenmenschliche Kontakt geführt. Sprechen setzt eine Unzahl von feinst in sich abgestuften und differenzierten Bewegungen voraus; es ist um so leichter möglich, je feiner und weniger grob die Werkzeuge dazu gestaltet sind. Die weibliche Mund- und Kieferbildung stellt hinsichtlich des Sprechens das vergleichsweise differenziertere Instrument dar. Das weibliche Geschlecht ist im allgemeinen sprechfreudiger als das männliche. Der über das Sprechen vermittelte soziale Umweltkontakt bedeutet für das Weib mehr als für den Mann, der mit seiner Umwelt in einer betonteren Willensbeziehung steht. So wie die weibliche Hand das differenziertere Instrument für die ordnende Durchwaltung des Nahraumes darstellt, ist auch der weibliche Mund das feinere Werkzeug für ein seiner Umwelt sozial aufgeschlosseneres, zugänglicheres und verbundeneres Wesen.

3. Geschlechtsspezifisch ist auch die Verschiedenheit der Rumpfproportionierung. Die männliche Schulter ist breiter als die weibliche. Auch der knöcherne Brustkorb ist beim Manne breiter und geräumiger gegenüber der schmächtigeren, schlankeren und schmaleren weiblichen Form. Umgekehrt liegen die Dinge beim Becken. Hüften und Becken sind beim Weibe zwar weniger absolut, aber doch breiter ausladend als beim Manne. Nach MARTIN beträgt die männliche Beckenbreite 56,2% der Rumpflänge, die weibliche aber 59,5%. Die Beckenform ist eines der spezifischsten sekundären Ge-

schlechtsmerkmale. Auch das »kleine Becken« des Weibes ist geräumiger; seine Öffnung ist größer.

Die Unterschiede des knöchernen Modelles werden durch Muskel- und Weichteilbildung noch unterstrichen. Die Fettpolsterung der Becken-, Hüft- und Gesäßpartie ist beim Weibe ausgiebiger. Auch der Bauch hat eine andere Form; er ist verhältnismäßig länger und geräumiger. Geschlechtsspezifisch ist weiterhin die Verschiedenheit der Taillenbildung. Die weibliche Taille ist deutlicher eingeschnitten, so die relativ breitere Beckenfaltung noch augenscheinlicher betonend.

a) Form und Größe der Brust-Schulter-Partie hängen von innen gesehen von der Lunge als dem Hauptatmungsorgan, von außen betrachtet von der Beschaffenheit des oberen Gürtels als dem Ansatz des Handlungsapparates ab. Die größere Breite und das merklichere Ausladen der männlichen Schulter ist bedingt durch die wuchtigere, kräftigere und längere Entfaltung der oberen Gliedmaßen. Diese brauchen einen leistungsfähigen Rückhalt und Ansatz. Dies beweist einmal mehr, daß der Mann das vergleichsweise mehr auf Tat, Handlung, Gestaltung, Brechung des Außenwiderstandes gestellte Wesen ist.

Der größere knöcherne Brustkorb des Mannes verbürgt eine erheblichere Fassungskraft, eine höhere Vitalkapazität der männlichen Lunge. Hauptsauerstoffverbraucher des Körpers ist, so zeigte sich, die quergestreifte Muskulatur. Der verhältnismäßig höhere Muskelanteil des Mannes erfordert einen stärkeren Sauerstoffbedarf und eine entsprechend leistungsfähigere Lunge. Der größere Brustkorb deutet also letztlich auf eine erhebliche Gesamtenergieentfaltung, besonders im Sinne der Bereitstellung von Muskelenergien. Der Mann ist also nicht nur mehr auf Handlung hingeschaffen; er ist auch in der Lage, die für die Außenbewegung notwendigen größeren Energien bereitzustellen.

b) So kennzeichnend wie Brustkorb und oberer Gürtel für den Mann sind, ist es das Becken für das Weib. Natürlichkeit, Echtheit, Gesundheit und biologische Tüchtigkeit des Weibes verraten sich mit an seiner Beckengestaltung. Das rachitische weibliche Becken z. B. ist biologisch ebenso bedenklich wie die »schwindsüchtige« männliche Brust. Dem handlungs- und tatunfähigen, energielosen Manne entspricht biologisch das gebärunfähige Weib; dem handlungs- und tatunwilligen Manne entspricht auf der sittlichen Ebene das gebärunwillige Weib.

Bedeutend an der Beckengestaltung ist zweierlei: 1. Das Becken erfüllt eine statische Funktion als Sockel des Körperstammes und als Säulenkopf der Beine. 2. Es trägt und beherbergt die innerleiblichen Organe: den Verdauungsapparat, die Ausscheidungsorgane, den weiblichen Geschlechtsapparat. Der letztere drückt der weiblichen Beckenform seinen spezifischen Stempel auf. Geräumigkeit, Breite, Formgestaltung, Größe der Öffnung stehen im Zusammenhang mit der Besonderheit der Geschlechtsfunktion. Darauf wird noch zurückzukommen sein.

Das große, breite, schwere weibliche Becken mit seiner betonteren Gesäßentwicklung ist ungleich mehr der Sockel des Körperstammes als das männliche. Für die bloße Lastübertragung auf die tragenden Beinsäulen würde das schmälere männliche Becken genügen. Das breite weibliche Becken mit seiner kräftigeren Gesäßentfaltung weist von Natur aus mehr auf das Sitzen — welches eine unmittelbare Lastübergabe auf den Boden darstellt — hin. Die männliche Beckenfunktion weist ausschließlicher auf das Stehen und das Gehen, während das Weib von Natur aus das mehr seßhafte Wesen ist. Der raumüberwindenden und -bewältigenden Eigenart des Mannes entsprechen beim Weib räumliche Bindung und Verhaftung mit dem Nahraum. Letzteres ist mehr auf »Ruhe« und auf Bleiben, besonders auf die partielle Ruhehaltung des Sitzens angewiesen. Der Mann hingegen steht in der Welt und greift in sie hinaus. Die altüberkommene Verschiedenheit der Sozialfunktionen beider Geschlechter, welche dem Weibe als Bereich das Haus und das Heim zuweist, ist biologisch verursacht und sinnvoll.

3. Die unterschiedliche Geschlechtsfunktion

Bisher wurde versucht, den männlichen und den weiblichen Charakter von den wichtigen körperlichen Unterschieden her gleichsam induktiv aufzubauen. Alle Ansätze führten dabei zu verwandten Ergebnissen. Dies kann auch gar nicht anders sein; denn die Unterschiede zwischen Mann und Weib haben letztlich einen und denselben Grund. Er liegt in der Funktion, die den beiden Geschlechtern für die Erhaltung der Art zukommt. Gelingt es, die Unterschiede in dieser herauszuarbeiten, dann ergibt sich rückwirkend ein zusammenhängendes Verständnis der leiblichen und seelischen Verschiedenheiten zwischen Mann und Weib. Der Begriff der unter-

schiedlichen Geschlechtsfunktion wird hier weit und allgemein gefaßt. Er umschließt sowohl das, was auf das ergänzende andere
Geschlecht, als auch das, was auf die andere Generation hinweist.

Erhaltung und Wiedererneuerung des Lebens erfolgen immer
wieder durch die Vereinigung der männlichen Samen- mit der weiblichen Eizelle. Die zurückzulegende Entwicklungsspanne von dem
befruchteten Keimling zum selbständig daseinsfähigen Wesen ist
allerdings gerade beim Menschen ziemlich lang. Diese Spanne gänz-
licher oder doch wenigstens teilweiser Daseinsunfähigkeit des neuen
Lebewesens muß überbrückt werden. Die Natur hat hierzu vorsorg-
liche Maßnahmen der verschiedensten Art getroffen. Sie laufen
sämtlich darauf hinaus, dem neuen Lebewesen ein Milieu zu sichern,
das ihm bis zur Erreichung der selbständigen Daseinsfähigkeit Lebenserhaltung und Wachstumsentwicklung ermöglicht. Zu diesem
Milieu gehört rein biologisch zunächst viererlei: Nahrung, Wasser,
Sauerstoff, eine gewisse Temperatur (217).

Die Bereitstellung des Milieus fällt vorzüglich dem weiblichen
Geschlecht zu. Die von diesem stammenden Keimzellen unterscheiden sich von den männlichen dadurch, daß sie einen gewissen
Nahrungsvorrat mitenthalten. Dies gilt nicht bloß für die eier-
legenden Tiere. Auch wo sich der Keimling innerhalb des mütterlichen Leibes entwickelt, enthält die Eizelle im Gegensatz zur Samenzelle immer noch einen Dottervorrat und ist deshalb wesentlich
größer.

Die männlichen Samenzellen sind sehr viel kleiner, dafür aber
beweglicher als die weiblichen Eizellen. Sie sind, um eine Befruchtung selbst unter widrigsten Umständen noch wahrscheinlich zu
machen, auch unverhältnismäßig zahlreicher.

Das bisher Festgestellte gilt grundsätzlich für alle Lebewesen,
die eine Differenzierung in Geschlechter vorgenommen haben. Die
geschlechtsspezifischen Unterschiede der Eltern brauchen aber
noch nicht erheblich zu sein. Bei den Säugetieren aber beginnt der
befruchtete Keimling seine Entwicklung innerhalb des mütterlichen
Leibes. Dieser muß deshalb in gewissen Einzelheiten, wenn nötig
sogar in seiner Gesamtheit, dahingehend modifiziert sein, daß er ein
geeignetes Milieu für die anfängliche Keimlingsentwicklung abzu-
geben imstande ist. Beim Menschen z. B. nistet sich der vermutlich
schon innerhalb der Eileiter befruchtete Keimling nach einem kurzen Entwicklungsanlauf in der Gebärmutterwand ein. Dort wächst
er dann bis zu seiner Reifung heran. Nahrung, Sauerstoff und Wasser

bezieht er aus dem mütterlichen Leibe durch die Berührung seines eigenen Kreislaufes mit dem der Mutter. Das mütterliche Blut nimmt ihm seine Abbauprodukte ab, um sie seinerseits mit auszuscheiden. Der mütterliche Leib stellt für den Keimling die Erhaltung einer gleichmäßigen Temperatur sicher. Und schließlich bietet er Raum für die zunehmende Größenentfaltung. Alles, was also der Keimling benötigt, ist durch die Tätigkeit und die besondere Eigenart des mütterlichen Organismus gewährleistet (218).

Beim Menschen ist fast der gesamte weibliche Organismus im Sinne dieser besonderen Aufgabe irgendwie spezifisch modifiziert. Verständlich werden z. B. die breit ausladende Beckenform, die Länge und Elastizität des Bauches. Sie sollen ja dem wachsenden Keimling den nötigen Entfaltungsraum gewährleisten. Das Becken mit seiner großen Öffnung muß die Frucht aufnehmen, schützen, austragen, ausstoßen können. Die stoßdämpfende Fettauflagerung an Becken und Gesäß bewahrt vor mechanischer Schädigung. Die verstärkte Fetteinlagerung des Körpers dient zugleich einer gewissen Vorratshaltung für die Zeiten der äußeren Behinderung des Organismus während der Schwangerschaft. (Zu Beginn der Schwangerschaft legt der weibliche Organismus erst einmal Fett an.) Die raumüberwindende Bewegungsfähigkeit ist gegenüber dem Manne beschränkt, weil der Keimling für seine Entfaltung Ruhe und Geborgenheit braucht. Die weibliche Brustdrüse sichert nach der Geburt der Frucht das Milieu zeitweilig noch dahingehend, daß diese die richtige Nahrung erhält.

a) Das Weib ist auch seelisch in seinem Sondercharakter dahingehend spezifisch akzentuiert, daß es dem noch nicht selbständig daseinsfähigen Kind das notwendige Milieu sichert. Alle spezifisch weiblichen Eigenschaften: Liebe, Geduld, Wärme des Herzens, Unermüdlichkeit, innere Jugendlichkeit und Lebendigkeit, Fähigkeit des Ertragens, Sorgfalt, Feinfühligkeit und Feinempfindlichkeit, Sparsamkeit, haushälterische Einstellung, Pflegeinstinkt, verstärktes Sicherungsbestreben, Drang zur Seßhaftigkeit, differenziertere Sinnlichkeit usw. weisen hin auf die eine große Sinnrichtung des weiblichen Daseins. Dem neuen Leben das zu seiner Wachstumsentwicklung notwendige leibliche und seelische Milieu zu bereiten, ist der biologische Ursinn der Mütterlichkeit. Demgegenüber ist das männliche Geschlecht nicht so sehr mit dem unmittelbaren Milieu des jungen Lebens befaßt. Ihm fallen mehr die Erweiterung und kämpferische Verteidigung desselben zu. Ganz entsprechend entwickelt der Mann in Übereinstimmung mit seiner Körperlichkeit anders akzentuierte Instinkte und Eigenschaften.

b) Die seelische Eigenart des Weibes versteht sich weiterhin daraus, daß sich die Keimung neuen Lebens innerhalb seines Leibes selbst abspielt. Dies ist es, was ihm eine zu starke körperliche und auch seelische Außenwendung verbietet. Das Weib verleugnet den Ursinn und blockiert die Vollendung seines Wesens, wenn es sich zu sehr und zu dynamisch der Außenwelt zuwendet. Tiefe und Reichtum seines Erlebens hängen von der sicheren Verankerung in sich selbst und von der Reinheit und Lauterkeit seiner Empfänglichkeit ab. Anders der Mann, der hinaus in die Welt gerichtet ist und in der Auseinandersetzung mit dieser seinen Daseinszweck erfüllt.

c) Ei- und Samenzelle verkörpern eigentlich schon die Urprinzipien des Weiblichen und des Männlichen in sich. Ruhe, äußere Passivität und Erwarten des Befruchtetwerdens, Sicherung eines Daseinsmilieus sind sozusagen urweibliche Eigenschaften. Suchende Beweglichkeit, verschwenderische Unerschöpflichkeit, Wettkampf mit der Chance zu siegen oder aber umzukommen hingegen erscheinen urmännlich. Eizelle und Samentierchen verkörpern das Weibliche und das Männliche jedes in seiner absoluten Steigerung. In dieser Absolutheit ist aber eigentlich keines der beiden daseinsfähig. Daseinsfähige Wesen entstehen erst aus der Vereinigung beider Zellen unter gleichzeitiger Verschmelzung beider Prinzipien. Die obigen absoluten Entgegenstellungen charakterisieren weder das wirkliche Weib noch den wirklichen Mann. Aber deren Wesensakzent weist nach einem der beiden Pole hin. In dem Zu- und Gegeneinander beider Pole erfüllt sich eine der fruchtbarsten Spannungen, die das ganze menschliche Dasein durchzieht, ihm Bereicherung, Vertiefung und eigentlichen Sinn verleiht. Dem Ewigweiblichen, dem Fruchtbarsein, der Ermöglichung des Keimens durch Insichsein und -bleiben, der Vertiefung und Verinnerlichung des Daseins steht das Ewigmännliche gegenüber als Unruhe und nach außen drängende Dynamik, als schöpferische Verschwendung seiner selbst. Der sittliche Daseinssinn des Weibes erfüllt sich in Analogie zu seiner biologischen Sonderaufgabe in seiner Fruchtbarkeit und Empfänglichkeit. Sittliches Gebot des Mannes ist die weltgestaltende, erobernde, schöpferische, sich selbst verschwendende Tat. Sichbewahren, um sich zu verschenken, und Sichverausgaben, um sich zu verschwenden, stehen sich als ewig weiblich-männliche Spannung gegenüber.

4. Wachstum und Reifung

Die Erlangung der völligen Geschlechtsreife bedeutet praktisch auch den Abschluß der Wachstumsentwicklung. Die gegenseitige Beziehung beider Entwicklungstatsachen ist teils fördernder, teils hemmender Art. Diese eingehender zu beleuchten, verspricht deshalb rückblickend sowohl über die Wachstumsentwicklung als auch über die Geschlechtsdifferenzierung weitere interessante Aufschlüsse. Das Verhältnis beider Entwicklungsrichtungen wird oft überraschend klar an Hand bestimmter Fehl- und Mißbildungen. Die Normalentwicklung führt zu einem in sich geschlossenen und einheitlichen Ergebnis, nämlich zu dem ausgewachsenen männlichen oder weiblichen geschlechtsreifen Wesen. Störungen im endokrinen Haushalt aber führen oft zu Bildungen, in denen das gegenseitige Verhältnis beider Entwicklungsrichtungen verschoben ist.

Ein solcher Fall liegt z. B. vor bei der Entfernung der Keimdrüsen durch Kastration. Über die körperlichen und seelischen Auswirkungen dieser Maßnahmen liegen seit Jahrtausenden Ergebnisse und allgemeine Erfahrungen an Tier und Mensch vor. Die künstliche Entfernung der Keimdrüsen wurde oder wird zu bestimmten praktischen Zwecken ausgeübt. In diesem Zusammenhang gewinnt sie den Wert eines gesicherten wissenschaftlichen Experimentes: sie demonstriert das Ergebnis einer reinen Wachstumsentwicklung, unbeeinflußt durch gleichzeitige Geschlechtsentwicklung. Man weiß einigermaßen sicher Bescheid über die körperliche und seelische Eigenart des menschlichen Eunuchen, des tierischen Wallachs, Ochsens, Kapauns usw. Sie unterscheiden sich nach Körperform und Wesen deutlich von dem Manne und dem Weibe, von dem Hengst, dem Stier, dem Hahn usw.

Die Wirkungen einer Entfernung der Keimdrüsen sind um so einschneidender, je früher dieselbe erfolgt. Das Ergebnis ist eine reine Wachstumsentwicklung, beim Menschen der eunuchische Wuchs. Innerhalb einer einheitlichen ethnischen Gruppe fallen die Eunuchen wuchsmäßig durch ihre übernormal gesteigerte Längenentwicklung auf. Ursache dafür ist, daß die Verknöcherung der Wachstumszonen der Röhrenknochen verzögert und hinausgeschoben wird; die Knochen wachsen einfach noch weiter, während sie im Normalfalle bereits damit aufhören sollten. Eunuchischer Wuchs bedeutet deshalb nicht bloß Vorhandensein einer abnormen Körperhöhe, hervorgerufen durch verlängertes Wachstum der Beine. Auch

die Arme sind überlang, überhaupt nehmen alle Körper»spitzen«
an solchen übersteigerten Längenwachstumstendenzen teil. Man
spricht von Akromegalie, die sich u. a. auch am Hinterhaupt, an
der Nase, an den Fingern usw. zeigt. Gesamtresultat ist eine be-
zeichnende Verschiebung aller Körperproportionen.

Eine zweite Folge des Ausfalles der Keimdrüsen ist eine allgemein
gesteigerte Fettentwicklung bei geschlechtsuncharakteristischer
Verteilung des Fettes. Diese Tatsache liefert den praktischen Grund
für die seit alters geübte Kastration von Tieren zu Mastzwecken.

MARTIN führt für menschliche Kastraten außerdem noch die folgenden Merkmale an: »Die mangelhafte und oft fehlende Körper-
und Bartbehaarung, die spärliche Behaarung der regio pubis, die
weiche Haut, die fehlende Gesichtsfarbe, eine gewisse Grazilität, ...
kindlichen Typus des Beckens, Verkleinerung des Schädels und Ab-
flachung des Hinterhauptes ...« (219). Es handelt sich also um
sekundäre Geschlechtsmerkmale oder um Kennzeichen, die mit
diesen im Zusammenhang stehen.

MARTIN stellt fest: »Der menschliche Frühkastrat bleibt also auf
einer jugendlichen Entwicklungsstufe stehen und zeigt daher nur
eine Annäherung, nicht ein Umschlagen in den weiblichen Typus.
So nimmt das Becken kastrierter Menschen und Tiere des männlichen Geschlechts nicht weibliche Formen an, sondern bleibt auf
einer infantilen, asexuellen Entwicklung stehen« (219).

MARTINS Feststellungen dürften genau die Hälfte des für die
Erklärung der eunuchischen Wachstumsform Notwendigen enthalten. Die Wuchsform des Kastraten, besonders also des Früh-
kastraten, resultiert aus dem Ausfall von Entwicklungen, die durch
die hormonale Wirkung der Keimdrüsen positiv ausgelöst werden
und zu einer Differenzierung der beiden Geschlechter führen. So
kommt z. B. der weibliche Kastrat nicht zur Entfaltung des typisch
weiblichen Beckens, zeigt keine Milchdrüsenentfaltung; Behaarung,
Stimme, Fettverteilung usw. entwickeln und differenzieren sich
nicht im geschlechtsspezifischen Sinne weiter. Das geschlechtslos
gemachte Wesen bleibt in all diesen Hinsichten auf einer kindlichen
Entwicklungsstufe stehen; denn diejenigen körperlichen Merkmale,
die eine Folge der normalen Reifungsentwicklung sind, sind unterbunden und bleiben aus.

Die Wachstumsentwicklung hingegen – wir lernten sie kennen
als eine fortlaufende Verschiebung der Körperproportionen: Verlängerung der Gliedmaßen auf Kosten des Körperstammes, relative

Verkleinerung des Kopfes gegenüber dem Gesamtkörper usw. – läuft anscheinend ruhig weiter bis zu dem Punkte, an dem die Wachstumspotenzen erschöpft sind. Hier zeigt sich nun die interessante Verschränkung im Zusammenspiel der beiden Entwicklungsrichtungen. Man weiß, daß Reifungs- und Wachstumsentwicklung einen gewissen Antagonismus bilden, dergestalt, daß mit der Erreichung der Geschlechtsreife das Wachstum zum Stillstand kommt. Individuen, Geschlechter und Rassen sind im allgemeinen um so früher »ausgewachsen«, je eher sie geschlechtsreif werden *). Es wird hier die Behauptung gewagt, daß es die Erlangung der Geschlechtsreife ist, welche innerhalb der Normalentwicklung das Wachstum auf einer gewissen Lebensstufe stoppt und zum Erlöschen bringt. Die Verhältnisse der Eunuchen lehren, daß dieses Abbrechen der Wachstumsentwicklung beim Normalindividuum geschehen muß, bereits ehe alle angelegten Wachstumspotenzen ausgeschöpft sind. Der natürlich geschlechtsreif werdende Mensch behält einen Teil seiner angelegten Wachstumspotenzen in Reserve und läßt sie nicht zur gänzlichen Auslösung kommen. Beim Kastraten hingegen läuft die Wachstumsentwicklung ungehindert und voll zu Ende. Der Kastrat nur ist im absoluten und vollen Sinne »ausgewachsen«. Die Natur dürfte es allerdings so eingerichtet haben, daß sie die bei der Normalentwicklung erreichte Stufe die optimal zweckmäßigste sein läßt. Dieses Zweckmäßigkeitsoptimum wird beim Kastraten überschritten, während er hinsichtlich der Reifungsentwicklung auf einer infantilen Stufe steckenblieb. Das geschlechtsfähige und -reife Wesen ist zwar nicht voll »ausgewachsen«, hat aber gleichzeitig einen Teil seiner Wachstumspotenzen aufgespeichert und unverbraucht gelassen.

Diese Überlegungen schaffen zugleich eine Plattform für ein vertieftes Verständnis der spezifischen Formen, welche die beiden Geschlechter unterscheiden.

Es ist bekannt, daß das weibliche Geschlecht früher geschlechtsreif ist als das männliche. Nicht unbekannt ist auch der Zusammenhang zwischen der früheren Geschlechtsreifung, dem damit verbundenen früheren Wachstumsabschluß und der daraus resultierenden durchschnittlich geringeren Körpergröße des Weibes. Man darf hier hinzufügen, daß auch die andersakzentuierte Körpergliederung,

---

*) Es soll hier auf die alarmierende Tatsache der Akzelleration nicht näher eingegangen werden. Sie erscheint aber gerade auch im Lichte solcher Gedanken als ein Unstimmigwerden uralter Gefügeverhältnisse.

also beispielsweise die geringere Länge der Extremitäten im Verhältnis zum Stamm, das verhältnismäßig stärkere Vorherrschen des Gehirnschädels u. a. m. in diesem Zusammenhang erklärlich werden. In der Tat ist das Weib in seinen körperlichen Verhältnissen zum Teil zu verstehen als die vergleichsweise jugendlicher gebliebene, weniger ausgewachsene Erwachsenenform. Der Mann hingegen hat die reinen Wuchstendenzen infolge seines späteren Wachstumsabschlusses weiter geführt als das Weib. Er ist das »erwachsenere« Wesen. Verglichen mit dem Kastraten ist allerdings auch er nicht völlig zu Ende gewachsen, behält auch er noch einen Rest an Wachstumspotenzen in sich zurück. Hinsichtlich der Ausgewachsenheit ließe sich demnach die folgende aufsteigende Reihenfolge aufstellen: Kind, Weib, Mann, Kastrat.

Indem damit das Weib dem Kinde nähergerückt wird, ist aber noch nicht alles erklärt. Es bleibt noch ein Rest, nämlich die runde Hälfte zu erklären. Nicht alles an der weiblichen Körperform läßt sich aus dem früheren Wachstumsabschluß herleiten, so z. B. nicht die Beckenform und auch nicht die Entwicklung der Brustdrüsen. Diese geschlechtsspezifischen Merkmale rücken das Weib weiter vom Kinde weg als den Mann. Die Erklärung dafür liegt darin, daß es bei denselben nicht um die Ergebnisse des Wachstums-, sondern um solche der Reifungsentwicklung handelt. Weder der Mann noch das Kind, erst recht nicht der Kastrat besitzen eine Parallele zu ihnen. Es müssen hier Entwicklungstendenzen in einer Stärke angelegt sein, wie sie sich beispielsweise auch beim Manne nicht finden. Diejenigen Entwicklungspotenzen, die zur Reifungsentwicklung führen, dürften beim Weibe stärker angelegt sein als beim Manne. Daraus ließen sich die spezifischen Reifungsmerkmale (Becken, Brüste) des Weibes und dessen frühere Geschlechtsreife zugleich erklären. Letztere zöge dann auf Grund des antagonistischen Verhältnisses beider Entwicklungstendenzen den früheren Wachstumsabschluß und alle daraus resultierenden Folgen (Kleinheit, kindliche Proportionen, geringe Behaartheit) nach sich. Die Wachstumstendenzen würden folgerichtig durch die Reifungstendenzen um so früher zum Erlöschen gebracht, je stärker die letzteren sind. So gesehen wäre der kindlicher bleibende Wuchs des Weibes eine Folge der größeren Stärke derjenigen Potenzen, die zur Reifung führen und das Weib zum Geschlechtswesen machen.

Man könnte zur Begründung dieser Gedanken noch einen Schritt weitergehen. Die wachstumshemmende stärkere Reifungspotenz wirkt sich wahrscheinlich schon auf recht frühen Entwicklungsstadien aus. Der weibliche und der männliche Genitalapparat lassen sich anfangs nicht voneinander unterscheiden, da die Anlagen zunächst eine streng parallele Gestaltung haben. Die Entsprechung wird auch beibehalten: den männlichen Keimdrüsen, den Hoden, entsprechen auch späterhin die weiblichen, die Eierstöcke; der Prostata entspricht der Uterus, dem Penis die Klitoris usw. Der Unterschied ist nun der, daß schon innerhalb der fetalen Entwicklung der männliche Genitalapparat sich in einer Wachstumsrichtung weiterentfaltet, die vom weiblichen nicht mehr mitgemacht wird. Letzterer bleibt auf einer früheren Stufe stehen und wird später auf ihr funktionsreif. Es läßt sich also annehmen, daß auch in dieser Hinsicht schon die stärkeren – wachstumshemmenden – Reifungspotenzen des Weibes zum Durchbruch kommen und eine Entwicklung abstoppen, die beim männlichen Kinde durch einfaches Weiterwachsen fortgeführt wird. Somit wären nicht allein die sekundären (weiblichen) Geschlechtsmerkmale, sondern auch die primären erklärbar aus der unterschiedlich starken Reifungsentwicklungspotenz der Geschlechter.

Bekanntlich ist das Geschlecht vererbt; die Geschlechtlichkeit ist an einen geschlechtsbestimmenden Faktor in der Ei- und Samenzelle gebunden. Man weiß nun, daß das Geschlechtschromosom, das sog. X-Chromosom, nur bei der Hälfte der Samenzellen, hingegen in allen Eizellen vorhanden ist. Befruchtung durch eine Samenzelle ohne X-Chromosom bewirkt die Disposition eines männlichen Kindes. Im Gegensatz zu allen übrigen Chromosomen ist bei ihm das Geschlechtschromosom nur einfach vorhanden. Wird eine Eizelle durch eine Samenzelle mit X-Chromosom befruchtet, entsteht die Anlage zum Mädchen. Es besitzt späterhin in seinen Körperzellen sämtliche Chromosomen, einschließlich auch des X-Chromosoms, in doppelter Garnitur. Die Zellen des weiblichen Körpers sind mit einem X-Chromosomenpaar ausgestattet. Beim Manne ist dasselbe Chromosom in jeder Zelle unpaarig und nur einfach vertreten. Anders ausgedrückt: innerhalb des weiblichen Organismus sind diejenigen Potenzen, die zur Geschlechtlichkeit gehören (und also auch zur späteren Reifungsentwicklung führen), doppelt so stark wie beim Manne. Damit wäre die letzte Ursache bloßgelegt, die dem weiblichen Körper gegenüber dem männlichen im Sinne der Förderung wie der Hemmung von Entwicklungen seine Eigentümlichkeit verleiht.

Zusammenfassend läßt sich sagen: Das Weib ist gegenüber dem Manne stärker (doppelt so stark) durch die Entwicklungspotenzen der Reifung bestimmt. Es ist deshalb nicht nur früher sondern überhaupt »reifer« als der Mann. Die Reifung, auch schon die körperliche, ist für das Weib zentraler und entscheidender als für den Mann mit seinem verstärkten Wachstum. Eine aufsteigende Reihenfolge im Hinblick auf die Reifungsentwicklung würde folgendermaßen aussehen: Kastrat (absolut unreif), Kind, Mann, Weib. Hinsichtlich seiner Reifung bleibt der Mann der kindlichen, noch unreifen Entwicklungsstufe zeitlebens näher (»Das Kind im Manne«, sagt die Frau).

Der seelenkundliche Ertrag dieser Ausführungen ist ein verschiedenfacher.

1. Der Mann ist verglichen mit dem Weibe das körperlich ausgewachsenere und damit auch das seelisch fertigere Wesen. Er ist im Sinne der Fertigung auch seelisch erwachsener. Er vereinigt diejenigen Eigenschaften in stärkerem Maße auf sich, die den Erwachsenen gegenüber dem Kinde auszeichnen: größere Kraft, stärkere Behauptungsfähigkeit, Hinwendung zur objektiven Außenwelt in Bewegung und Interesse, Festigkeit und fertige charakteristische Form des Wesens usw. Demgegenüber ist das Weib weniger fertig und erwachsen, in dem früher präzisierten Sinne auch in seiner Seele. Es ist leiblich und seelisch dem Kinde näher und verwandter, körperlich und in seinem Wesen jugendlicher geblieben. Es hat sich noch mehr als der Mann innere Wachstums- und Entfaltungsreserven aufgespart. Diese sind es, die es innerlich lebendiger, plastischer, elastischer, formbarer und aufgeschlossener machen. Es gewinnt einen Teil seiner persönlichen Fertigung erst in Zusammenhang mit seiner größten Leistung, mit dem Austragen des Kindes. Dem Manne voraus hat es auch seelisch stets die größere und stärkere Reifungsanlage, wobei der seelische Begriff der Reifung in der Folge noch weiterer Vertiefung bedarf. Auch die persönliche Fertigung geht beim Weibe durch die Reifung und all das hindurch, was durch diese ausgelöst wird.

Beide, Mann und Weib, unterscheiden sich gleichermaßen von dem nur »fertigen«, überfertigen, aber auch seelisch jenseits aller Reife stehenden Kastraten. Dieser ist in seinen menschlichen oder tierischen Ausprägungen nicht zufällig innerlich unlebendig, affektlos, spannungsarm; er trägt kein Potential der Jugendlichkeit und inneren Lebendigkeit mehr in sich. Als überfertig hat er biologisch

und auch innerlich seelisch nichts mehr vor sich, auf das er zu-
drängen könnte. Das Kind umgekehrt ist noch nicht fertig und noch
nicht reif; es ist noch Potential.

2. Der Begriff der Fertigung wurde hier dergestalt bestimmt, daß
in ihm das ausgewachsene Einzelwesen den Zustand höchstmögli-
cher Selbsterhaltungsfähigkeit erreicht. Das Leben kennt aber nicht
nur die Selbsterhaltung seiner Individuen. Wichtiger ist ihm die
Erhaltung der Art. Alles nun, das auf die natürliche Erhaltung des
überindividuellen Gesamtlebens hinweist, fällt unter den Begriff
der Geschlechtlichkeit. So wie die Fertigung auf die Erreichung der
individuellen Selbsterhaltung hinzielt, steht die Reifung im Dienste
der Geschlechtserhaltung, der Arterhaltung. Indem ein Lebewesen
Geschlechtlichkeit besitzt und diese zur Ausreifung bringt, ist es
mehr als bloß Einzelindividuum; es ist zugleich Träger und Ausdruck eines überindividuellen Geschehens. Über den Weg der Geschlechtlichkeit vollziehen sich die Erhaltung, die Weiterführung
und die Erneuerung des Lebens. In der Geschlechtlichkeit wird der
Rahmen des individuellen Daseins weit überschritten und gesprengt.
In ihr und durch sie hat das Einzelindividuum teil an dem größeren
Gesamtleben.

Die Fähigkeiten der Selbsterhaltung und der Erhaltung des Geschlechtes stehen allerdings in einem engen Zusammenhang. Die
Natur hat es sinnvollerweise so eingerichtet, daß das Einzelwesen
zunächst die Selbsterhaltungsfähigkeit in dem Maße erreicht, daß
es die zusätzliche Bürde der Geschlechtserhaltungsfunktionen auch
wirklich auf sich zu nehmen vermag. Die Geschlechtsreifung wird
so lange zurückgehalten, bis ein hinreichender Stand der individuellen Ausgewachsenheit und Fertigung erlangt ist.

Der Mann ist in einem höheren Grade als das Weib selbsterhal-
tungsfähig *). Er ist auch in stärkerem Maße Individualität; er kann
sich mit mehr Kraft und besserer Ausrüstung gegenüber der Außen-
und Umwelt behaupten. Stärke, Willensfähigkeit, Festigkeit, Stabilität machen ihn zum selbsterhaltungsfähigeren Wesen. Was er
dafür verglichen mit dem Weibe an Jugendlichkeit, Lebendigkeit,
ursprünglicher Elastizität, Formbarkeit und an Wachstumspotenzen einbüßt, kam indirekt schon früher zum Ausdruck. Das Weib
ist dem Manne gegenüber überhaupt mehr Geschlechtswesen. Alles,
was körperlich und seelisch im Zusammenhang mit der Erhaltung

---

*) Was nicht heißen soll, daß er damit allein auch tatsächlich besser
durchkommt.

des Geschlechtes und der Art steht, ist für das Weib wesenhafter. Es ist in ihm stärker verankert, füllt sein Erleben mit ungleich größerer Wucht und Eindringlichkeit aus; es liegt seelisch zentraler als beim Manne. Die Teilhabe des Geschlechtswesens Weib am Leben als einem Ganzen ist stärker, tiefer, umfassender. Das Weib ist der überindividuellen Lebensganzheit zentraler verbunden. Es dient mehr dem Leben an sich und ragt im stärkeren Maße über die Grenzen seines individuellen Daseins hinaus; es ist vom überindividuellen Leben mehr durchblutet, belebt und erfüllt als der Mann.

Diese Unterschiede zwischen Mann und Weib können selbstverständlich immer nur als Akzente gemeint sein. Auch der Mann ist noch Geschlechtswesen. Auch in ihm wirken Potenzen, die über die bloße Selbsterhaltung und das Einzeldasein hinausweisen auf eine Teilhabe am Leben in seiner Gesamtheit. Nur ist die Geschlechtlichkeit des Weibes eine noch stärkere als diejenige des Mannes. Und gerade deshalb gewinnt bei ihm z. B. auch die Sexualität nicht so leicht den Charakter des lediglich individuellen Genusses. Mann und Weib sind beide, wenn auch in ungleichem Maße, geschlechtsbestimmt und unterscheiden sich darin beide grundsätzlich vom geschlechtslosen Wesen. Dieses nämlich ist erst die Verkörperung der reinen Selbsterhaltung. Es kennt schon körperlich nichts als das individuelle Wachstum und die Ansammlung von Fett als Reserve zur Sicherung der individuellen Daseinserhaltung. Es gibt in seiner Natur nichts, das über die Schranken des Einzelseins hinauswiese und einer Teilhabe an einem überindividuellen tieferen, reicheren und weiteren Dasein zudrängte. Kastraten sind egoistisch, affektlos, stumpf, innerlich träge. Sie bleiben in die Enge ihres individuellen Daseins gebannt. Ihr Einzelsein hat von einer höheren Warte aus, nämlich von dem Gesamtleben her, seinen Selbstwert verloren. Mit dem Kastraten erlöscht das Leben; sein Individualtod ist mit dem Aussterben identisch.

Das Kind ist noch unfertig und unreif. Reif kann es noch nicht sein, weil es noch unfertig ist; es kann die Bürde der Geschlechtererhaltung körperlich und seelisch noch nicht auf sich nehmen. Mit seiner Selbsterhaltung ist es noch auf die ältere Generation angewiesen. Deren Geschlechtlichkeit bekommt damit noch einen weiteren Sinnakzent. Diese ist nicht nur ein Übersichhinausreichen, ein Sprengen der engen individuellen Grenzen, eine Teilhabe an einem Gesamtleben. Sie ist zugleich ein Geben aus dem Eigenen, ist natürlicher Einsatz des individuellen Seins für über es selbst hinausreichende Zwecke und Sinngebungen. Das heißt aber, sie ist Liebe. Liebe und Geschlechtlichkeit sind in der Wurzel tatsächlich eng verbunden. Dem geschlechtslosen Kastraten fehlt auch die Fähigkeit zu einer über das egoistische Sein hinausreichenden Liebe; er gilt nicht umsonst als gleichgültig und teilnahmslos.

3. Die Sprache spricht nicht umsonst und nicht zu Unrecht von Geschlechtsliebe. In der Tat ist es die Geschlechtlichkeit, die den Menschen schon von Natur aus über den Rahmen seiner Individualität hinausweist. Sie sprengt das Ich und eröffnet einen Horizont mit einer Weite und Tiefe, welche die bloße Selbsterhaltungstendenz nicht zu bieten imstande ist. Diese Geschlechtlichkeit verlangt dafür die Auf- und Hingabe eines wichtigen Teiles der reinen Selbsterhaltungstendenz, nämlich der Ichhaftigkeit und des Egoismus. Die Hin- und Aufgabe des eigenen Selbst für einen größeren Lebenszweck aber nennt die Sprache mit vollem Recht nicht nur Trieb; sie spricht nicht allein vom Geschlechtstrieb, sondern zugleich auch von der Geschlechtsliebe.

Die Natur hat zwar zum Zwecke der Sprengung des individuellen Seins zwei Wege gewiesen. Der eine ist der Trieb. Er beruht immer auf einem »Hunger«, auf einem Ungenügen in sich selbst, auf einem Zwang zur Ergänzung. Er weist darauf hin, daß man das andere Geschlecht »benötigt«, daß das Kind die andere Generation »braucht« usw. Aber das Hinausweisen über sich selbst ist nicht nur ein »Benötigen« des anderen. Es offenbart sich in ihm zugleich ein Opfer und Hingeben, ein Verzichten auf reine Selbsterhaltungstendenzen. Mit Recht stehen Geschlechtstrieb und Geschlechtsliebe, Pflegetrieb und Mutterliebe nebeneinander. Beide sind Motoren, die das Individuum über sich selbst hinaustreiben. Auch in seelischen Regungen wie Haß, Eifersucht, Kampflust u. dgl., die das geschlechtslose Wesen bezeichnenderweise nicht kennt, finden sich beide Antriebe vereint. Das geschlechtslose Wesen hat weder die Triebe, die zur Arterhaltung führen, noch ist es zur Liebe fähig, die dazu erforderlich ist. Von den beiden Geschlechtern ist das weibliche das am meisten liebesbestimmte. Mutterliebe ist im Bereiche der gesamten Natur das höchste Symbol der Liebe, der Hingabe und der Selbstlosigkeit überhaupt.

ABSCHLUSS

WESEN UND SINN DER MENSCHLICHEN ERSCHEINUNG

Die Auffassung von der Leib-Seele-Einheit ist ein verbreiteter allgemeiner Glaubenssatz. Indessen ist die Praxis noch weit davon entfernt, diese Einheit folgerichtig als eine Wirklichkeit anzuerkennen. Der Dualismus beherrscht das Feld, und zwar trotz der Rahmenlösung, die z. B. KRETSCHMER gebracht hat, und trotz der Teillösungen ausdruckspsychologischer Art. Eine letzte Hemmung und Scheu vor der endgültigen Konsequenz bleibt allenthalben sichtbar. Die psychologisch-charakterologischen Praktiker begnügen sich mit der Untersuchung rein geistiger Phänomene, mit der Untersuchung der Tatsachen des Bewußten und des Unbewußten, des Triebhaften und des Affektiven, der Wirksamkeit des Kollektiv-Seelischen. Aber die Brücke zum Leiblichen und zum Erscheinungsausdruck ist noch lange nicht vollständig geschlagen. Soweit der gute Wille vorhanden ist, fehlt noch der Schlüssel, mit dessen Hilfe die Leibeserscheinung als Wesensausdruck deutbar zu machen wäre. Grundsätzlich sind über das Verhältnis von Leib und Seele, von Erscheinung und Wesen verschiedene Antworten möglich:

1. Leib und Seele gehören verschiedenen Seinsbereichen an. Sie haben kraft ihrer Herkunft, kraft ihrer Bestimmung und ihres Schicksals nichts miteinander zu tun. Die Seele z. B. ist im Gegensatz zum irdisch vergänglichen Leibe göttlicher (geistiger) Herkunft; sie ist dem Leibe vom Schöpfer eingehaucht, ist unsterblich und verläßt den Leib mit dem Tode. Durch ihre Bindung an den Leib befindet sie sich wie in einer Art Kerker; der Leib hemmt ihren freien Flug. Es handelt sich um dieselbe grundsätzliche Auffassung auch dann, wenn von zwei ungleichwertigen Seelenteilen mit ungleicher Herkunft die Rede ist, die wie zwei ungleiche Rosse zusammengespannt sind. Der Zwiespalt, vorher zwischen Leib und Seele gesetzt, wird nur in die Seele selbst hineinverlegt.

2. Die gegenteilige Auffassung anerkennt die unlösbare und untrennbare Einheit von Leib und Seele. Seele ist nicht ohne den lebendigen Leib, dieser nicht ohne Beseeltheit denkbar.

Darunter kann zweierlei verstanden werden:

a) Die Seele ist so wie der Leib. So wie der Leib wächst, sich entwickelt und entfaltet, so sind auch die Seele und das innere Wesen zu charakterisieren. Gesundheit, Kraft, Geformtheit, Zähigkeit, Schwerfälligkeit des Leibes bedeuten zugleich Gesundheit, Kraft, Geformtheit, Zähigkeit, Schwerfälligkeit der Seele.

b) Der Leib ist so wie die Seele. Die Seele (der Geist) ist es, die sich den Leib erst baut und formt. Der Mensch ist nicht bloß ein natürlich Gewachsenes und sich Entwickelndes. Er ist das Produkt eines Seelischen, besser eines Geistigen. Die Einheit von Leib und Seele ist deshalb vorhanden, weil auch der Leib im letzten Grunde als etwas Seelisch-Geistiges zu verstehen ist. Dualistische Fremdheit wird beseitigt und aufgehoben in einer Einheit seelisch-geistigen Charakters.

Auffassung b), der Leib sei so wie die Seele, bekommt ihren vollen Sinn erst dann, wenn hinter dem Bereich des Seelischen derjenige des Geistigen gedacht wird, so wie der Hintergrund des Leiblichen derjenige des materiellen Seins ist. Es ist deshalb jetzt an der Zeit, sich auch mit der Wirksamkeit des Geistigen auf die Erscheinung zu befassen.

1. Das Geistige in der Leibeserscheinung*)

Selbst wenn es gelungen sein sollte, die Kluft zwischen Leib und Seele zu schließen, so droht eine solche erneut aufzubrechen angesichts der Bedeutung des Geistigen für den Menschen. Das Geistige, unkörperlich, außerleiblich, überseelisch, kommt aus anderen Bereichen. Trotzdem wirkt es ins Seelische hinein und bestimmt dessen Eigenart mit. Für das Tier mag es zwar stimmen, daß Leib und Seele eine geschlossene Einheit sind. Aber der Mensch ist zugleich ein geistbestimmtes Wesen. In der Tat ist es mehr der Geist als die Seele selber, der in ein dualistisches Anders- und Fremdverhältnis zum Leibe gestellt wird. Die Seele ihrerseits wird bald mehr dem Leibe, bald mehr dem Geiste zugeordnet oder in zwei heterogene Hälften aufgespalten.

---

*) Seit dem ersten Erscheinen dieses Werkes wurde besonders die Frage nach den Grenzen des Ausdrucks kritisch diskutiert. Nach oben hin sind es die Phänomene des Geistigen, welche nicht mehr adäquat und vollständig in den leiblich-seelischen Ausdruck einzugehen vermögen. Ohne einem Panexpressionismus zu huldigen, dürften die folgenden Ausführungen richtig verstanden trotzdem ihre Berechtigung haben.

Über die Bedeutung und die Rolle des Geistes für das Wesen und den Wert des Menschen hat es während vieler Jahrhunderte nur eine Meinung gegeben. Wollte man den Menschen erkennen und beurteilen, dann wurden geistige Kategorien an ihn angelegt. Man fragte, wie es um Gesinnung, Glaube, Weltanschauung, Bekenntnis, Parteidogma und Überzeugung bestellt war. Erst allmählich konnten sich neben solchen unbestritten geistigen Maßstäben auch noch andere Geltung verschaffen. Eine heutige Sportuntersuchung z. B. fällt die Entscheidung über sportliche Eignung weder nach dem Bekenntnis noch nach dem Glauben, noch nach Weltanschauung, sondern nach der Beschaffenheit und Gesundheit des Leibes. Dies ist bereits zur Selbstverständlichkeit geworden. Bei anderen konkreten Entscheidungen hingegen sind auch wir Heutigen noch zwiespältig und uneins.

Die Struktur- und Formbestimmtheit der Seele durch den Geist darzutun, hat sich in diesen Jahrzehnten die »geisteswissenschaftliche Psychologie« zur Aufgabe gemacht. E. SPRANGER hat in seinem Werke »Lebensformen« »das Seelische in seiner Beziehung auf den Geist erforscht«. Der Mensch ist nach SPRANGER kein bloßes Naturwesen; den sog. Naturmenschen bezeichnet er als eine Fiktion. Die menschliche Seele hat Teil an einer geistigen Welt und steht in einem engen Verbundenheits- und Verflechtungsverhältnis mit dieser. Die individuelle menschliche Seele wird damit von einem größeren, überindividuellen Zusammenhang her bestimmt und begreifbar gemacht. »Indem ich also das Subjekt mit seinem Erleben und Gestalten in die Gebilde der geschichtlichen und gesellschaftlichen Geisteswelt verflochten denke, befreien wir es schon aus der Einsamkeit und Inselhaftigkeit bloßer Ichzustände und setzen es in Beziehung zu gegenständlichen Gebilden oder Objektivitäten« (220). Dem wäre nur hinzuzufügen, daß auch schon innerhalb der »Natur« solche überindividuellen Beziehungen aufweisbar sind.

Das Geistige wirkt nach SPRANGER in zwiefacher Form bildend, strukturierend und formend auf die Menschenseele ein. Einmal hat sich die letztere tagtäglich mit dem objektiven Geiste als dem Inbegriff einer historisch gewordenen Kultur auseinanderzusetzen. Die menschliche Einzelseele findet sich in diese mit allen ihren Werten und Unwerten hineingeboren, bildet und formt sich an diesen. Daneben aber gibt das Geistige der Einzelseele in Gestalt absoluter Normen und Gültigkeiten »ideale Richtungskonstanten«. Der Geist wirkt nicht bloß als »objektiver Geist«, sondern auch als »normativer

Geist« auf die Seele ein. »Der objektive Geist mit seinen Gehalten an echten und unechten Werten bedeutet das gesellschaftlich bedingte Milieu, die geistige, historisch gewordene Lebensumgebung. Der normative Geist bedeutet die kultur-ethische Direktive, die – der Idee nach – über jeden gegebenen und relativ wertvollen Zustand hinausstrebt auf das echt und wahrhaft Wertvolle. Das eine ist also eine Wirklichkeit, das andere das, was wirklich werden soll« (221). Indem SPRANGER die menschliche Seele dergestalt bestimmt sein läßt durch die Einstrahlungen des objektiven und des normativen Geistes, schafft er ein seelisches Strukturbild, welches, wie er betont, weit über die bloße »Art- und Selbsterhaltung« hinausgeht. »Vielleicht«, so stellt er fest, »ist die Seele auf niederer Entwicklungsstufe in allen ihren Lebensäußerungen nur biologisch bedingt. Auf einer höheren, zumal historischen Stufe hat die Seele an objektiven Wertgebilden teil, die nicht nur auf einen bloßen Wert der Selbsterhaltung zurückführbar sind. Diese in historischen Prozessen entstandenen Verwirklichungen von Werten, die in Sinn und Geltung über das individuelle Leben hinausgreifen, nennen wir Geist, das geistige Leben, oder die objektive Kultur« (222).

SPRANGER leitet auf dieser Grundlage aus den Beziehungsweisen zur geistigen Welt charakteristische Seelenformen ab. Indem die lebendige Seele in sinngebenden Akten bzw. sinnerfüllten Erlebnissen geistige Werte zu verwirklichen trachtet, entstehen geistige »Lebensformen«. Aus den strukturierenden Wirkungen bestimmter Geistesakte formen sich 6 Grundtypen: der theoretische, der ästhetische, der ökonomische, der religiöse, der soziale und der Machtmensch.

Für SPRANGER besteht seinem ganzen Ansatz nach weder ein Bedürfnis noch eine Nötigung, diese seine geistig bestimmten Lebensformen über das Seelische hinaus auch ins Leibliche und Erscheinungsmäßige hinein zu verfolgen. Die Leibeserscheinung darf für ihn in einem wesenlosen Hintergrunde bleiben. Aber haben diese Lebensformen, seien es nun solche SPRANGERscher oder anderer Herkunft, in der Tat nichts mit dem Leibe zu tun? Strahlt nicht der Geist durch das Medium der Seele hinüber in die Leibeserscheinung? Sollte er sich nicht eigentlich in dieser verwirklichen?

Es soll hier die Probe versucht werden an einer der »ideal-typischen« SPRANGERschen Lebensformen und an zwei geschichtlich bekannten Menschenformen.

1. Der SPRANGERsche Typ des sog. »theoretischen Menschen«

diene als Beispiel. SPRANGER charakterisiert ihn u. a. in der folgenden Weise: die besondere Erlebnis- und Aktstruktur ist bei ihm dann in größter Reinheit gegeben, »wenn der Wille zum Erkennen hervortritt, daß heißt wenn der Wert rein gegenständlichen Verhaltens in bewußter geistiger Tätigkeit zur Herrschaft kommt« (223). Diese geistige Verhaltensweise ist ganz auf Identifizieren und Unterscheiden, auf Trennen und Verknüpfen, auf Generalisieren und Individualisieren, auf Begründen und Systematisieren gerichtet. Dagegen wird alles unterschlagen, was auf individuelle Eigentümlichkeiten, auf die Augenblicklichkeit der Lage des Subjektes hinweisen könnte. »Alle Beziehungen der Gegenstände auf Gefühl und Begehren, auf Zuneigung und Abneigung, auf Furcht und Hoffnung« müssen durchaus zurücktreten. »Es gibt für die Wissenschaft kein schön und häßlich, kein heilig und unheilig, sondern nur ein wahr und falsch: das objektive Wesen des Gegenstandes soll in ihr zur Geltung kommen. Affektlosigkeit ist der Zustand des Forschers, sofern er erkennen will... Denn der theoretische Mensch in seiner ganz reinen Geistesart kennt nur ein Leiden: das Leiden am Problem, an der Frage... Er verzehrt sich als physisches Wesen, damit die rein geistige Welt eines Begründungszusammenhanges geboren werde... Er ist gleichsam ganz Gegenständlichkeit, ganz Notwendigkeit, ganz Allgemeingültigkeit, ganz angewandte Logik geworden... Der Druck der Außenwelt, die Ansprüche des Körpers, die materiellen Voraussetzungen alles geistigen Schaffens machen sich auch bei dem bemerkbar, der sich der reinen Beschauung widmen möchte, aber keine andere Seite des Daseins liegt ihm innerlich ferner als diese dringlichen Bedürfnisse« (223). Im Sinne dieser Charakteristik weiterfahrend, bleibt noch hinzuweisen auf die Hilflosigkeit im praktischen Leben, auf das krasse Mißverhältnis zum Handeln, auf die Ablehnung des Intuitiven, auf das Unplastische der sozialen Beziehung, auf die Gesetzlichkeit des Verhaltens im Rahmen einer »natürlich ganz blutleeren Ethik«, auf die strenge Gebundenheit und Disziplinierung der Einbildungskraft, auf den Mangel an Einfühlungsfähigkeit, auf die Zurückdrängung alles Triebhaften usw.

Läßt der Leser diesen und die übrigen SPRANGERschen Typen, besonders auf Grund der breiteren Schilderung des Autors, an seinem inneren Auge vorbeiziehen, dann entsteht in ihm von selbst so etwas wie eine leibhaftige Vorstellung von denselben. Die Schilderung des theoretischen, des ästhetischen, des ökonomischen, des Machtmenschen läßt nicht nur das Bild andersgearteter seelischer

Akt- und Erlebnisstrukturen, sondern auch dasjenige verschieden
geprägter Lebenserscheinungen aufleuchten. Man kann kaum anders, als sich den theoretischen Menschen auch leiblich anders vorzustellen als beispielsweise den ökonomischen. Es ist deshalb kein
müßiges Gedankenexperiment, zu der ideal-typischen geistig-see-
lischen Charakteristik des SPRANGERschen theoretischen Menschen
ebenso ideal-typisch das Grundgefüge einer entsprechenden Leibeserscheinung hinzuzuentwerfen zu versuchen.

Der »theoretische Mensch« in reinster Form verkörpert eine see-
lisch-geistige Einseitigkeit. Bestimmte Strukturen sind in über-
spitzter Weise gepflegt, die Mehrzahl der übrigen ist ebenso radikal
vernachlässigt. Da kein seelischer Akt nur in einem außerleiblichen
Sein vollzogen und realisiert werden kann, müßte der seelischen
auch eine bestimmte leibliche Form entsprechen. Alle seelischen
Akt- und Erlebnisverwirklichungen müssen sich ja des Instrumentes
der Leiblichkeit bedienen.

Der theoretische Mensch steht der Außenwirklichkeit mit einer
Haltung einseitiger Erkenntnisinteressen gegenüber. Hauptinte-
ressenorgane sind die Sinne, im wesentlichen innerhalb des Gesichtes
versammelt. Der erkennende Mensch ist sozusagen ganz Gesicht,
ganz Auge. Nicht zufällig bedarf letzteres besonders häufig der
künstlichen Unterstützung. Was nicht mit Erkenntnisinteresse zusammenhängt, tritt hingegen zurück und müßte in unverhältnis-
mäßiger Weise vernachlässigt sein. Innerhalb des Gesichtes wäre
dies bereits die Mundpartie, soweit diese nämlich nicht bloß Prüf-
oder Sprechfunktion hat und Ausdrucksorgan des Willens ist.
Hinter dem Gesicht als Träger des wichtigsten Sinnesapparates
steht das verarbeitende Gehirn. Hirnschädel und Gesicht müßten
die Hauptausdrucksträger innerhalb der Gesamtgestalt des theoretischen Menschen sein: das Gesicht von hoher und spezifischer
Differenzierung, das Haupt die typische Interessehaltung, nämlich
ein Vorschieben oder Vorsenken des Kopfes, um dem Gegenstand
des Interesses mit dem Auge näherzukommen, verratend.

Kraß ausgedrückt müßte man also sagen: der theoretische
Mensch ist erscheinungsmäßig vorwiegend Gesicht, soweit dieses
Träger der Sinnesorgane ist; er ist vorwiegend Haupt. Dies soll
nun nicht heißen, daß er wirklich einen »größeren Kopf« habe als
andere Menschen. Dieser tritt infolge der ebenso einseitigen Vernachlässigung der übrigen Gestalt nur relativ stärker hervor. Die
Konzentration aller positiven Ausdruckswerte auf Gesicht und

Schädel müßte von der radikalen Vernachlässigung der übrigen Leibeserscheinung begleitet sein. Der Bewegungs- und der Handlungsapparat wäre nicht geübt, schwächlich, ungeformt, unentwickelt, vernachlässigt. Ein gleiches müßte von der Haltungsform des Rumpfes gelten. Das Insichzusammenwirken der Haltung, das Einklemmen der Lunge und der inneren Organe würde der herausgehobenen Zurückdrängung aller seelischen Regungen affektiver, triebhafter, gemütsmäßiger Art entsprechen. Daß auch die Haut als Träger der Sinnlichkeit, besonders des Gefühlslebens, vernachlässigt wäre, daß sie blaß und leblos wirken müßte, vervollständigt nur das Bild.

In ungefähr stimmt dies mit dem Erlebnis überein, das man hat, wenn man einmal den oder jenen ausgesprochen »theoretischen« Menschen, welchen man bisher nur im Schutze seiner Kleidung und nur im Gesicht zu sehen gewohnt war, unerwarteterweise unbekleidet erlebt. Ein auffallender Widerspruch zwischen Gesichtsdifferenzierung einerseits und mangelnder lebendiger Formierung der Gesamtgestalt andererseits drängt sich auf.

SPRANGERS theoretischer Mensch ist nur eine idealtypische Gestalt. Vom Standpunkt des Vollmenschentums stellt er eine ins Extreme gesteigerte Einseitigkeit und Karikatur dar. Einen Maßstab für idealtypische Gestalten wie die SPRANGER'schen gewinnt man, wenn man sie sich vollständig – hier also auch bis ins Leibliche und Erscheinungsmäßige hinein – durchdenkt. Unsere Lehrer, Gelehrten, Forscher sind zum Glück meist mehr als bloß »theoretische« Menschen.

2. Zu einem ganz anderen Gestalterlebnis als SPRANGERsche Lebensformen führt ein Menschentyp aus der Renaissance (224).

Nach JAKOB BURCKHARDT erkannte sich der mittelalterliche Mensch nur »als Rasse, Volk, Partei, Korporation oder sonst in irgendeiner Form des Allgemeinen«. In der Renaissance dagegen erwacht »eine objektive Betrachtung und Behandlung des Staates und der sämtlichen Dinge dieser Welt überhaupt; daneben erhebt sich mit voller Macht das Subjektive, der Mensch wird geistiges Individuum und erkennt sich als solches« (225). Zwei Grundzüge des geistigen Gesichtes der Renaissance sind darin schon enthalten: die objektive Zuwendung zur Wirklichkeit und zur Natur in ihrer ganzen Fülle und Mannigfaltigkeit und die Entstehung der ausgeprägten menschlichen Individualität und der auf sich selbst gestellten Persönlichkeit. »Mit Ausgang des 13. Jahrhunderts aber

beginnt Italien plötzlich von Persönlichkeiten zu wimmeln; der
Bann, welcher auf dem Individualismus gelegen, ist völlig gebrochen;
schrankenlos spezialisieren sich tausend einzelne Gesichter« (226).
Niemand scheut sich, anders zu sein als die andern oder aufzufallen.
Daneben sind Allseitigkeit oder doch Vielseitigkeit bedeutsame
Ideale, und das nicht nur im Sinne eines theoretischen Wissens
sondern auch der praktischen Übung, wobei der Wille keine unter-
geordnete Rolle spielt (227).

BURCKHARDT schildert in der Person des Leo Battista Alberti
eine typische Renaissancegestalt folgendermaßen:

»Seine Biographie ... spricht von ihm als Künstler nur wenig
und erwähnt seine hohe Bedeutung in der Geschichte der Architektur gar nicht; es wird sich nun zeigen, was er auch ohne diesen
speziellen Ruhm gewesen ist. In allem, was Lob bringt, war Leon
Battista von Kindheit an der erste. Von seinen allseitigen Leibesübungen und Tonkünsten wird Unglaubliches berichtet, wie er mit
geschlossenen Füßen den Leuten über die Schulter hinwegsprang,
wie er im Dom ein Geldstück emporwarf, bis man es oben an den
fernen Gewölben anklingen hörte, wie die wildesten Pferde unter
ihm schauderten und zitterten – denn in drei Dingen wollte er den
Menschen untadelhaft erscheinen: im Gehen, im Reiten und im
Reden. Die Musik lernte er ohne Meister, und doch wurden seine
Kompositionen von Leuten des Faches bewundert ... Das Malen
und Modellieren – namentlich äußerst kenntlicher Bildnisse aus
dem bloßen Gedächtnis – ging nebenein ... Aber auch was andere
schufen, erkannte er freudig an und hielt überhaupt jede menschliche Hervorbringung, die irgend dem Gesetze der Schönheit folgte,
beinahe für etwas Göttliches. Dazu kam eine schriftstellerische
Tätigkeit zunächst über die Kunst selber, Marksteine und Haupt-
erzeugnisse für die Renaissance der Form, zumal der Architektur...
Und alles, was er hatte und wußte, teilte er, wie wahrhaft reiche
Naturen immer tun, ohne den geringsten Rückhalt mit und schenkte
seine Erfindungen umsonst weg. Endlich wird auch die tiefste Quelle
seines Wesens namhaft gemacht. Ein fast nervös zu nennendes,
höchst sympathisches Mitleben an und in allen Dingen. Beim Anblick prächtiger Bäume und Erntefelder mußte er weinen, schöne
würdevolle Greise verehrte er als eine ‚Wonne der Natur‘ und konnte
sie nicht genug betrachten; auch Tiere von vollkommener Bildung
genossen sein Wohlwollen, weil sie von der Natur besonders be-
gnadigt seien; mehr als einmal, wenn er krank war, hat ihn der

Anblick einer schönen Gegend gesund gemacht. Kein Wunder, wenn die, welche ihn in so rätselhaft innigem Verkehr mit der Außenwelt kennenlernten, ihm auch die Gabe der Vorahnung zuschrieben ... wie ihm denn auch der Blick ins Innere des Menschen, die Physiognomik, jeden Moment zu Gebote stand. Es versteht sich von selbst, daß eine höchst intensive Willenskraft diese ganze Persönlichkeit durchdrang und zusammenhielt; wie die Größten der Renaissance sagte auch er: ‚Die Menschen können von sich aus alles, sobald sie nur wollen.‘«

So weit die Schilderung nach BURCKHARDT. Er fährt noch fort: »Und zu Alberti verhielt sich Leonardo da Vinci wie zum Anfänger der Vollender...« (228).

Welche Fülle und welcher Reichtum der Seele und des Geistes tut sich hier auf! Sie stehen im vollendeten Gegensatz zu jener entsagungsvollen Vereinseitigung des »theoretischen Menschen«. Menschen dieser Art sind nicht bloß Gesichter; sie sind Gestalten. Hier handelt es sich um ein volles Menschentum, das auch die gesamte leibliche Erscheinung erfüllt. Die Leiber sind Ausdruck stärkster Kraft und höchster Lebendigkeit, oder aber sie vernichten sich selbst in übermenschlicher Leistung, im maßlosen Genuß usw. Hier hat jene partielle Lebendigkeit neben der allseitigen Vernachlässigung sonst keinen Platz. Diese Leiber echter Renaissancegestalten atmen Kraft und Lebensfülle. Ihre Sinne, nicht allein diese, die gesamte Sinnlichkeit sind dem Leben geöffnet und zugetan. Gefühl waltet neben und trotz kühler Erkenntnishaltung. Die innersten Regungen des Gemütes, der Affekte, der Triebe leben mit und brechen sich nach außen Bahn. Der Bewegungsapparat, der besonders dem Wollen zur Verfügung steht, und die Muskulatur sind kräftig geformt und durchgeprägt bis ins einzelnste. Die muskuläre Durchprägung an den Skulpturen aus der Zeit der Renaissance gibt Zeugnis davon. Die anatomisch unübertrefflichen Skizzen und Zeichnungen Leonardo da Vincis sind bekannt (229). Alle Organe und Glieder, die der Sinnlichkeit, der Bewegung, des Willens und des Fühlens, sind mit einem Höchstmaß von Leben ausgestattet. Alle sind entwickelt, je nach der ursprünglichen Eigenart der betreffenden Individualität in besonderer Weise. Weltoffen, tatbereit, energiegeladen, jede für sich gesondert sind diese Gestalten. Die eigene innere Natur wird ebenso wie die äußere bejaht und gepflegt; sie steigert sich zu höchster eigentümlicher Kraftentfaltung. Die besonderen Merkmale der Leibeserscheinung, wie sie aus der Kunst der Renaissance der Nachwelt überliefert sind, sind repräsentativ für das geistige Gesicht dieser einzigartigen Epoche.

3. Den Abschluß möge ein drittes Beispiel geistig geformten Menschtums bilden. OSWALD SPENGLER versuchte dasselbe in seiner Schrift »Preußentum und Sozialismus« darzustellen. Zu beiden, zum Preußentum und zu OSWALD SPENGLER selbst, besteht heute bereits der Abstand des Historischen. Daß sie für die Älteren von uns auch noch gegenwärtig waren, ermöglicht es manchem, SPENGLERS Zeichnung selbständig kritisch zu würdigen.

Das Ethos des Preußentums ist, so wie es SPENGLER sieht, nicht individualistisch. Es ist »sozialistisch«. Vor dem »Ich« kommt das »Wir«, »ein Gemeingefühl, in dem jeder mit seinem Dasein aufgeht«. Auf den einzelnen kommt es nicht an; er hat sich dem Ganzen zu opfern. Es steht nicht jeder für sich, sondern es stehen alle für alle. Innerhalb der Gemeinschaft herrschen strengste Führungsautorität und disziplinierteste Unterordnung. Unterordnung, Disziplin, Strenge, Selbstzucht, Arbeit und Pflichterfüllung sind die für den einzelnen verpflichtenden Tugenden. Maßgeblich sind Leistung und Können, die dem Ganzen zugute kommen, nicht materielle Güter und Genüsse. Leistung und Können bilden auch die Grundlage für den Sozialrang, nach dem allein es sich zu streben lohnt. Das Streben nach höherem Rang rechtfertigt sich aus dem Erstreben höherer Verantwortung und Verpflichtung. Auch der Ranghöchste geht im Dienste des Ganzen auf. Der König z. B. sollte nichts sein als der höchste Diener des Staates. Immer ist der Einzelwille im Gesamtwillen aufgehoben.

Es kommt nicht darauf an, daß die Einzelpersönlichkeit als solche auffalle. Preußisch ist das »Mehr sein als scheinen«. Maßgeblich für die soziale Rangordnung ist das »Mehr oder Weniger von Befehlen und Gehorchen«. Und bemerkenswert ist noch das folgende: bei aller äußeren Strenge und Disziplin, bei aller Unerbittlichkeit und Härte der Unterordnungsforderung bleibt doch die Freiheit des inneren Menschen gewahrt und unberührt.

Solche Formideale zogen, als sie noch lebendig waren, durch einige Jahrhunderte die Besten eines Staatsvolkes in ihren Bann. Sie schufen ein Menschentum, das nicht nur seelisch und geistig, sondern auch leiblich – und deshalb wurde das Beispiel hier angezogen – ein besonderes Gepräge aufwies. Auch die äußere Erscheinung des alten preußischen Beamten und besonders des Offiziers war das Ergebnis der züchtenden Kraft eines starken geistigen Ethos. Die

Gestaltprägung war so intensiv, daß der preußische Offizier bei nur geringer Übung auch hinter Zivilkleidern erkennbar war. Die preußische Erscheinung, wenn man sie einmal so nennen will, war in ihrer Muskulatur gut durchgeprägt. Aber die Geübtheit derselben entsprang nur zum einen Teil der Bewegung und der Handlung. Sie war in ebenso betonter Weise das Instrument des bewußten Willens, der die von innen kommenden Regungen zu zügeln und zu beherrschen gewohnt war. Im Extremfalle möchte man geradezu von einem Muskelkorsett sprechen, das dann den vielbemerkten Ausdruck des Steifen und des Starren bewirkte. Es traten auch nicht so wie beim Renaissancemenschen die Einzelmuskeln individualistisch in Erscheinung. Die Muskulatur war als ganze versammelt, zügig gestrafft und von sehnig schlanker Bündigkeit. Die muskuläre Differenzierung war ein- und untergeordnet in das Gesamtgezüge. Zwar waren die muskulären Energien auch bereit zu Leistung und Widerstandsbewältigung nach außen. Aber in unverhältnismäßig starkem Maße war die Muskulatur als Willensinstrument doch aufzufassen als ein straffes Kleid, das sich um die gesamte Innerlichkeit herlegte, das diese zurückstaute, wenn auch keineswegs erstickte oder abtötete. Die bevorzugte Innenwendung der Willensenergien machte den echten preußischen Typ wie wenige andere wohl fähig, in Erfüllung seiner Pflicht zu sterben, weniger hingegen zur geschichtlich erfolgreichen Durchsetzung in und gegenüber der Außenwelt. Das In- und Beisichbehalten der Innerlichkeit, die mindestens partielle Rückwendung der Willensenergien auf sich selbst, bewirkten zugleich sein oft geradezu tragisches Unverstandensein in der Welt. Und sie bewirkten zugleich die vor fremder Berührung schützende sowie als Härte und Kälte verkannte preußische Distanz. Der Erscheinungsausdruck des preußischen Typs war zwar betontermaßen Willensausdruck; aber der Wille war doch in seinem Schwerpunkt mehr Beherrschungs- als Leistungs- oder gar Forderungswille. Die Schweigsamkeit des Mundes, die Sparsamkeit der Gestik legten Zeugnis dafür ab. Die hager gestrafften und zügig gebündelten Gestalten drückten Selbstzucht, Unterordnung, asketische Nüchternheit, Sachlichkeit, Leistungskraft an der Spitze und im Rahmen des Verbandes aus.

Hätte die Idee des Preußentums nicht einen doppelten inneren Pol gehabt, wäre sie wohl schon früher an der eigenen Erstarrung untergegangen. In der Tat blieb sie so lange lebensfähig, als neben der Unterordnung die Wahrung der inneren Freiheit, als neben dem Gehorsam die Ehre als gleichermaßen unabdinglich galten. Solange und soweit dies der Fall war, waren preußische Haltung und preußisches Gesicht bei aller Disziplin doch offen, freimütig, klar und hell. Das innere Leben war zwar verhalten und gezügelt, aber es war doch noch ungebrochen und kraftvoll vorhanden.

Mit Recht wurde schon darauf hingewiesen, daß Priester und (preußischer) Offizier manches Gemeinsame hatten. Es wäre eine reizvolle Aufgabe für sich, die Stilunterschiede und die Verwandtschaften aus den teilweisen Verschiedenheiten und den teilweisen Ähnlichkeiten der geistigen Wurzeln begreiflich zu machen. Beide, der Priester und der (preußische) Offizier, sind indessen sprechende Beispiele für die Wirksamkeit und Prägekraft des Geistigen in der leiblichen Erscheinung*).

Es ließen sich noch viele Beispiele für die Wirksamkeit des objektiven oder normativen Geistes auf den ganzen Mensch einschließlich seiner leiblichen Erscheinung aufzeigen. Man denke nur an die prägende Wirkung der Berufe, an die Gestaltung des Ausdrucks durch das Bekennen und Leben einer Weltanschauung oder einer Religion. Man denke an den Idealisten oder an den Spießbürger, wie sie einem im täglichen Leben begegnen. Immer wird die Erscheinung des Menschen – also nicht nur die Seele, sondern auch der Leib – mitbestimmt und mitgeprägt durch den Inbegriff des Geistigen. Hier scheidet der früher gelegentlich herangezogene Vergleich mit dem Tier aus. In der Tatsache seiner geistigen Bestimmtheit hebt sich der Mensch von allem Tierischen ab.

2. Das Spezifische der menschlichen Leibeserscheinung

Schon die Behandlung von Aufbau, Gliederung und Wuchs der menschlichen Leibeserscheinung förderte immer wieder Merkmale zutage, die als »spezifisch menschlich« anzusprechen waren.

Erinnert sei an die unbestimmte Vielseitigkeit und an den Möglichkeitsspielraum, die das knöcherne System als passiver Bewegungsapparat und als Prägungsgrundlage des Leibes zuläßt. Der aktiv muskuläre Bewegungsapparat folgt beim Menschen nicht bloß

---

*) Erich Rothacker spricht in „Probleme der Kulturanthropologie" (Bonn 1948) von Haltungen, die ebenso innerlich wie äußerlich bis ins Leibliche durchgestaltet sind — denn griechisches Maß, gotische Spiritualität, preußischen Stil kann man ebenso mit den Augen sehen, als moralisch und geistig nachverstehen . ." S. 68).

den Trieb-, Affekt- und inneren Lebendigkeitsregungen; er untersteht zugleich bewußter und willkürlicher Steuerung. Die Haut als spezifisches Gefühls- und Empfindungsorgan des Menschen ist weit mehr als das tierische Fell. Beim nervösen Zentralorgan fällt die Bedeutung der höheren Integrationsorte ins Gewicht. Dies kommt einer bewußt-willkürlichen zentralen Steuerung zugute und ermöglicht die fortschreitende Auflösung der Reizreaktionsunmittelbarkeit. An der menschlichen Gesamtgestalt ist die Aufrichtung ein eminent spezifisches Merkmal. Mit ihr hängen die Befreiung von Auge, Mund und Hand von der Reiztriebunmittelbarkeit und deren Entwicklung zu Erfolgsorganen spezifisch menschlicher Art zusammen. Schließlich trennt die verzögerte Entwicklung den Menschen mit weitem Abstand von allem Tierischen.

Diese Aufzählung spezifisch menschlicher Leibesmerkmale ist für den Biologen nicht vollständig. So wurde z. B. von der Besonderheit des menschlichen Gebisses kaum Gebrauch gemacht. Auch eine systematische biologische Ordnung wurde nicht eingehalten. Es blieb z. B. unberücksichtigt, daß BOLK menschliche Sondermerkmale primärer und sekundärer Art unterscheidet. Eine solche Merkmalsordnung biologischer Art hätte für die Ordnung der seelischen Bedeutungen ohnehin nicht maßgebend sein können. Das sekundäre Merkmal aufrechter Gang z. B. ist für den Psychologen in seiner Bedeutung ungleich größer als das Primärmerkmal Mongolenfleck bei gewissen Menschenrassen.

Es war möglich, einer Reihe menschlicher Sondermerkmale spezifische Bedeutungen zuzuschreiben. Ungleich größer ist die Schwierigkeit, das Spezifische des Menschen im umfassenden Sinne auf einen Nenner zu bringen. Grundsätzlich wichtig ist hier dies, daß die aufgedeckten Teilmerkmale schon im Leiblichen und Erscheinungsmäßigen verankert sind. Schon deshalb dürfte das Spezifische des Menschen nicht einfach auf die Generalformel »des Geistes« zu bringen sein. Sicher ist aber auch so viel, daß nicht etwa eines der aufgezeigten Merkmale, z. B. die Aufrichtung, als übergreifendes spezifisch menschliches Kennzeichen angesehen werden kann. Alle zusammen tragen bei zu dem, das in einem übergreifenden Sinne spezifisch menschlich zu nennen ist. Den Begriff desselben gilt es indessen noch zu suchen.

Mit Fragestellung und Antwort nach dem Begriff des spezifisch Menschlichen hat sich in bedeutsamer Weise A. GEHLEN befaßt:

1. Das Wesen des Tierischen liegt in der unbedingten Angepaßt-

heit, die zwischen morphologischer wie physiologischer Eigenart sowie zwischen Trieb- und Sinnesausstattung einerseits und tierischer »Umwelt« andererseits besteht. »Das Tier ist seiner natürlichen Umwelt genau und vollständig eingepaßt, und vor allem, was von höchster Wichtigkeit ist, bedeutet »Umwelt«, daß das Tier aus der möglichen Fülle der Weltinhalte genau nur diejenigen Ausschnitte wahrnimmt und nur gegenüber solchen Ausschnitten tätig ist, welche seinen Lebensbedingungen entsprechen und welche deshalb in seiner Organausstattung vertreten sind« (230). Gerade hierin sieht nun GEHLEN einen oder gar den wesentlichsten Unterschied zwischen Mensch und Tier. Der Mensch hat keine »Umwelt«; denn er entbehrt dieser exakten Einpassung und Abstimmung seiner Organausstattung auf einen bestimmten Weltausschnitt. Der Mensch hat eine »Welt«. Dies bedeutet, »daß also mit anderen Worten die dem Menschen vermittelte Wahrnehmungswelt nicht in einer eindeutigen und sparsamen Harmonie zu seiner morphologischen Verfassung steht. Denn wenn die Fliege, der Krebs, der Hund jeweils unvertauschbare, völlig heterogene Umwelten haben, so bedeutet dies zu konstatieren, daß der Mensch jenseits dieser strengen Einpassung von Organismus und Umwelt steht« (230). Der Mensch ist in seiner Wahrnehmung nicht auf eine bestimmte, ihm lebensdienliche Umwelt hinspezialisiert. Seine Wahrnehmung erschließt ihm nicht nur eine Umwelt, sondern eine »Welt«; der Mensch ist »weltoffen«.

So wie die »Merkorgane« sind auch die »Wirkorgane« des Tieres auf eine bestimmte, lebensdienliche Umwelt hin spezialisiert. Ein Fluchttier z. B. ist mit seinem gesamten Körper so gebaut, daß ihm dieser das Entkommen vor bestimmten Feinden auf das vorzüglichste ermöglicht. Ein Raubtier hat die zur Erledigung seiner Beute geeignete Organausstattung. Instinkt- und Organausstattung stimmen beim Tier auf das genaueste überein. Der umweltlose Mensch hingegen ist mit seiner Wirkausstattung in keiner Hinsicht so spezialisiert wie das Tier. Er wird deshalb in speziellen Sinnes- oder Bewegungsleistungen von jedem Tier irgendwie übertroffen. Dies ist, wie besonders hervorgehoben wird, zunächst ein elementarer Mangel des Menschen. Die positive Kehrseite dieses Unspezialisiertseins der menschlichen Organe aber ist eine unvergleichliche Fülle von Möglichkeiten der Bewegungen, der Verrichtungen usw. So wie die Sinne des Menschen »weltoffen« sind, sind seine gesamten übrigen Organe nicht »festgestellt«. Der Mensch ist das »nicht festgestellte Tier«.

Umweltlosigkeit, Unangepaßtheit, Unspezialisiertheit, Weltoffenheit, Nichtfestgestelltsein zwingen dem Menschen eine gänzlich andere Art der Auseinandersetzung mit der Wirklichkeit auf, als dies beim Tier der Fall ist. Der Mensch ist zunächst mit seiner natürlichen Ausstattung geradezu lebensunfähig. Seine weltoffenen Sinne finden sich einer erdrückenden und belastenden Fülle von Eindrücken gegenüber. Hauptaufgabe ist deshalb, sich innerhalb der Welt erst einmal zu orientieren und sich die Wirklichkeit in langwierigen und mühsamen Prozessen erst zur Erfahrung zu machen. Es gilt die Welt im Sinne des Lebensdienlichen erst so umzugestalten und umzuschaffen, daß sie die notwendigen Lebensmöglichkeiten bietet. Diese Umgestaltungen sind der eigentliche Sinn der menschlichen Handlungsfähigkeit. Der Mensch ist im Gegensatz zu dem an seine Organinstinkte gebundenen Tiere ein handelndes Wesen!

Der Inbegriff der durch den Menschen handelnd ins »Lebensdienliche umgearbeiteten Natur heißt Kultur, und die Kulturwelt ist die menschliche Welt«. Sowenig wie für die geisteswissenschaftliche Psychologie gibt es also für GEHLEN den sog. Naturmenschen. Der Mensch ist wesenhaft und existentiell ein Kulturwesen, und zwar schon »von Natur aus«! »An genau der Stelle, wo beim Tier die ‚Umwelt‘ steht, steht daher beim Menschen die Kulturwelt, d. h. der Ausschnitt der von ihm bewältigten und zu Lebensmitteln umgeschaffenen Natur. ... Es gibt keinen ‚Naturmenschen‘ im strengen Sinne, d. h. keine menschliche Gesellschaft ohne Waffen, ohne Feuer, ohne präparierte und künstliche Nahrung, ohne Obdach und ohne Formen der hergestellten Kooperation« (231).

2. Auch nach GEHLEN ist die Sonderstellung des Menschen bereits eine morphologische.

Die menschliche Organausstattung ist nach ihm in jeder speziellen Hinsicht mangelhaft. Es gibt Tiere, die besser hören, besser sehen, besser beißen, stärker zuschlagen, besser riechen können als der »unspezialisierte« Mensch. Die Forschung kann nun den Nachweis erbringen, daß die Unspezialisiertheiten des Menschen »positiv ausgedrückt Primitivismen« sind. Es sind Primitivismen entweder ontogenetischer oder phylogenetischer Art. Der Mensch behält als Erwachsener im Gegensatz zum Tier eine Reihe von Fetalzuständen bei; vergleichende Forschung muß die Form menschlicher Organe entwicklungsgesetzlich weithin an den Anfang der Entwicklungslinie setzen (232).

Vergleichend nachweisbar sind diese Tatsachen an der tierischen und menschlichen Schädelbildung, an der tierischen Schnauzenentwicklung, an der Hand, am Fuß, am Gebiß, an der Haut usw. Affen oder sonstige Tiere sind in der Jugend »menschenähnlicher« als im Alter. Der Mensch befindet sich in dem, was als spezifisch menschlich erkannt wird, immer am Entwicklungsanfang. Er ist nicht auf einem spezialisierten Endzustand angelangt; dafür hat er sich eine Fülle von Möglichkeiten offengehalten. BOLKS Fetalisationstheorie spielt für GEHLEN eine wichtige Rolle: die jugendlich plastische Offenheit und Fülle der Möglichkeiten kennzeichnet den Menschen schon leiblich.

Der Mensch hat dem Tiere gegenüber eine Fülle von Möglichkeiten voraus. Innerhalb der tierischen Entwicklung haben sich diese sämtlich nach einer speziellen und einseitigen Richtung hin zu Ende entwickelt. Die »Unfertigkeit« des Menschen steht in der gesamten Natur einmalig da. Der Mensch betritt als das unfertigste aller Lebewesen die Welt. Dies ist zunächst ein elementarer Mangel; aber es ist auch die Voraussetzung seiner eigentlichen Größe und Einzigartigkeit.

3. Der Mensch ist mit seiner unfertigen körperlichen Ausstattung nicht mehr als ein Bündel von Möglichkeiten. Er muß sich in der Erfahrung der Welt und bei deren tätiger Umschaffung selbst erst erfahren und aufbauen. Er muß sich selbst erst zu etwas Lebensfähigem machen; er ist sich selbst als Aufgabe gestellt. Er muß sich selbst erst zu sich selber machen. Dies gehört zu seiner ureigensten Natur. Er ist angelegt auf Erfahrungsgewinnung, auf tätige und umschaffende Auseinandersetzung mit der Welt, auf Selbsterziehung, Zucht und Selbstformierung. »D. h. der Inbegriff menschlicher Fähigkeiten, von den elementarsten bis zu den höchsten, wird von ihm in Auseinandersetzung mit der Umwelt erst eigentätig entwickelt, und zwar in der Richtung auf ein Führungs- und Unterordnungssystem von Leistungen, in denen die wirkliche Leistungsfähigkeit erst nach langer Zeit erreicht wird« (233). GEHLEN definiert den Menschen u. a. als ein »Zuchtwesen«, das sich als aufgegeben vorfindet und selbst erst in Form bringen muß.

Es ist nicht schwer, die Parallele zu sehen zwischen der Notwendigkeit des Vorhandenseins eines menschlichen Kulturmilieus und dem, was die geisteswissenschaftliche Psychologie unter »objektivem Geist« versteht. Eine ähnliche Parallele ergibt sich auch zu dem »normativen Geist«. Wenn der Mensch von Natur aus ein Zucht-

wesen ist, dann ist es für die Deutung seiner Erscheinung und seines
Wesens nicht gleichgültig zu erfahren, welche Direktiven er in sich
weiß, um zu seiner Selbsterfüllung zu gelangen. Wenn die geisteswissenschaftliche Psychologie feststellt: »Nun glaube man ja nicht,
daß Psychologie möglich wäre ohne Kenntnis des Normgemäßen,
des Kritisch-Objektiven« (234), so wird dies auch von diesem ganz
anderen Ansatz aus verständlich. Der Mensch ist – aber schon von
Natur aus – in seinem seelischen Wesen wie auch in seiner gesamten
Leibeserscheinung nur verstehbar, wenn man zugleich um das Ethos,
um das innerlich erstrebte Ziel, das in ihm züchtend und formend
wirkt, weiß und dieses mit in die Betrachtung einbezieht. Dieser
Aufruf zur Selbstverwirklichung gibt einen Schlüssel auch für das
Verständnis der Leibeserscheinung an die Hand.

3. Der Aufruf zur Selbstverwirklichung

Beim Tier, festgestellt in seinen Organen und Instinkten und
eingepaßt in seine Umwelt, stimmen Leibeseigenart und Wesenseigenart, Erscheinung und Seele überein. Es handelt sich um die
zwei Seiten von einem und demselben. Die Seele des Tieres ist so
wie sein Körper, wie seine Merk- und wie seine Wirkorgane. Seine
Instinkte, Triebe und Affekte spiegeln vermutlich das wider, was
auch leiblich in ihm vorgeht. Innere und äußere, seelische und leibliche Geschehnisse verlaufen in geschlossener Einheitlichkeit. So
löst z. B. der Hunger Triebhandlungen aus, die zur Stillung desselben führen; ein Überschuß an innerer Kraft und Energie verströmt sich in leiblich-seelischer Lebendigkeit. Das Tier ist wie
leiblich so auch seelisch das, was es infolge seiner natürlichen Entwicklung geworden ist. Es gibt bei ihm nichts wie eine Kluft zwischen Leib und Seele (oder gar Geist!), zwischen Erscheinung und
Wesen. Die Seele des Tieres ist so wie sein Leib. Erscheinung und
Seeleneigenart bilden eine fraglose Einheit.

Nicht so eindeutig liegen die Dinge beim Menschen. Zwar unterliegt auch er bestimmten Wachstumsgesetzen. Auch er wird im
Wege natürlicher Entwicklungen größer, schwerer, kräftiger, geschlechtsreif usw. Aber er erschöpft sich weder leiblich noch seelisch
in dem, was die Natur wachstumsmäßig aus ihm werden läßt. Diese
gibt ihm zunächst nur Möglichkeiten mit auf den Weg. Es kommt
sodann darauf an, was er aus denselben macht. Er ist auf allen

Stufen seiner postfetalen Entwicklung eigentätig und selbstverantwortlich mit eingeschaltet. Mit jeder Phase, die er durchschreitet, muß er einen spezifischen Schritt weiter zu seiner eigentlichen Selbstverwirklichung gelangen. Dies gilt von jeder späteren Entwicklungsphase noch mehr als von jeder vorhergegangenen.

Man kann an den wirklichen Menschen immer nur mit einer Doppelfrage herantreten: Was bringt er von Natur aus an Gaben, Anlagen, Möglichkeiten mit sich? und Was hat er aus allem dem selber gemacht? Oder: Wieviel Pfunde hat er bekommen, und wie hat er damit gewuchert? Der wirkliche Mensch ist nur verstehbar aus der spezifischen Spannung dieser beiden Pole seiner Natur:

1. Diese Spannung kann bei einzelnen Menschen oder bei ganzen Gruppen verschieden gelöst werden. a) Die Spanne zwischen dem Menschen als einem Inbegriff gegebener Möglichkeiten und dem Menschen als einer Verwirklichung seiner selbst kann wahrhaft imponierend und gewaltig sein. Immer wieder bewirkt gerade die Mangelhaftigkeit der Naturausstattung das Unerwartete, daß sich nämlich die menschliche Selbstverwirklichung zu einer ungeahnten Höhe emporhebt. Es gibt eine große Zahl von berühmt gewordenen geschichtlichen Beispielen schwächlicher Konstitutionen; sie steigerten sich dem zum Trotze zu überragenden Leistungen empor. Sie liefern den Beweis dafür, daß der Mensch als Geschöpf von Natur dazu aufgefordert ist, sich in Selbstgestaltung, Selbsterziehung, Selbstzucht, Selbstformierung und Selbstverwirklichung über sich selber hinauszusteigern. Alles wahrhaft Große muß der Mensch sich selbst und seiner Natur erst abringen. Die Idee des Menschentums ist gleichbedeutend mit einer über sich selber hinausführenden Selbstverwirklichung.

b) Menschen können, statt über sich selbst hinauszuwachsen, auch hinter sich selbst zurückbleiben. Sie begnügen sich damit, einfach zu vegetieren. Sie leben zwar, führen aber ihr Leben nicht. Ihre »Ideale« sind Bequemlichkeit, Ruhe, Nichtstun. Sich dem Leben und der Natur überlassend, bieten ihnen innere und äußere Widerstände keinen Anreiz zur Selbstverwirklichung. Die eigentlich menschlichen Kräfte bleiben unverwirklicht und werden nicht mobilisiert. Der von Natur aus gut Begabte, dem alles leichtfällt, dem nichts Mühe macht, dem alles leicht gemacht wird, der nirgends innere oder äußere Widerstände findet, gerät nur zu oft in diese Lage. Er bleibt in seinen praktischen Leistungen und in dem Grade seiner Selbstverwirklichung hinter sich selber zurück. Die Dissonanz zwischen den Möglichkeiten und deren Verwirklichung wird mit zunehmendem Alter immer größer. Manches verwöhnte einzige Kind kann sich als Gemeinschaftswesen nicht selbst verwirklichen aus Mangel an Widerständen und an Reibungsflächen; ihm fehlen die differenzierten Sozialbeziehungen, welche es zu bewältigen und zu meistern gilt. Solche Menschen sind als Mensch um das ihm Eigentliche und Spezifische, um seine völlige Selbsterfüllung betrogen.

Es ist spezifisch für den Menschen, daß er der Erziehung bedarf, da er durch einfaches Wachsen nicht zu seiner Selbstentfaltung kommt. Erziehung ist aber in einem überindividuell menschlichen Sinne immer Selbsterziehung. Sie dient der Selbstverwirklichung des eigentlich und spezifisch Menschlichen. Dazu bedarf es der Anreize und stets angemessener Widerstände. Diese müssen allerdings der jeweiligen Entwicklungsstufe und der individuellen Kraft angepaßt sein. Erziehung im weitesten Sinne ist Selbstverwirklichung des Menschen in der siegreichen Auseinandersetzung mit Mangel, Härte und Widerstand.

c) Neben den beiden Möglichkeiten der Steigerung über sich selbst hinaus und des Zurückbleibens hinter sich selbst existiert noch eine dritte. Sie ist heute die weitaus häufigste. Gemeint ist der Spezialist. Vollentfaltung der Möglichkeiten ist den allermeisten heute gar nicht mehr möglich. Ihre Selbstverwirklichung spezialisiert sich und ist absolut einseitig, sei es als Arbeiter in der Ausführung nur noch eines ganz bestimmten Griffes, als Sportler, als Buchhalter, als Wissenschaftler usw. Fast alle modernen Berufe verlangen eine einseitige Spezialisierung. Der ausübende Mensch steigert sich in irgendeiner Sonderhinsicht über sich selbst hinaus. Er erkauft dies aber auf fast allen anderen Gebieten durch eine radikale Vernachlässigung und Verkümmerung seiner Anlagen und Möglichkeiten.

Einseitige Spezialisierung bedeutet Verzicht auf etwas wesenhaft Menschliches, der wahrhaft tragisch zu nennen ist. Es bildet sich hier eine formale Ähnlichkeit mit dem Tier heraus, welches ja auch mit Leib und Seele auf eine bestimmte Umwelt hin »spezialisiert« ist. Während aber dieses dabei in unangefochtener Harmonie mit sich und seiner Umwelt bleibt, ist dies beim Menschen gerade nicht der Fall. Überentfaltung einerseits und Verkümmerung andererseits lösen die natürliche Harmonie und die Übereinstimmung mit sich selber auf; sie führen zur Wesensspaltung. Höchstentfaltung steht neben Vernachlässigung und Verkümmerung; neben partieller Kultivierung und Durchformung des Menschlichen steht eine ebensolche teilweise Verwilderung und Verrohung desselben. Leib, Seele und Geist werden in innerem Zwiespalt erlebt.

2. Die Lösung der Frage der spezifisch menschlichen Spannung gestattet nicht allein Betrachtungen über verschiedene Wege der Selbstverwirklichung. Es gibt auch verschiedene Grade derselben. Der vollkommenste Grad der Verwirklichung des Selbst ist nämlich erst dann erreicht, wenn diese auch eine leiblich-erscheinungsmäßige Tatsache geworden ist. Zwar tritt der Aufruf zur Selbstverwirklichung in der Regel in Gestalt einer sittlichen Norm, eines bestimmten Sollens an den Menschen heran. Auch ein geistiges Ethos kann sich nur durch und über den Leib verwirklichen. Eine Verwirklichung »rein geistiger Art« gibt es streng genommen nicht.

Weil der Mensch von Natur aus ein Inbegriff vieler Möglichkeiten ist, kann er gegebenenfalls eine Unzahl geistiger Gehalte bloß der Möglichkeit nach in sich vollziehen, »rein geistig« sozusagen, ohne deswegen zur vollen Verwirklichung zu schreiten. Der Mensch kann z. B. ungeheuer vieles verstehen, d. h. er kann es »rein geistig« nacherleben und nachvollziehen. Vielseitiges Verstehen braucht aber noch keineswegs zu irgendwelchen Bindungen zu führen. Was der Mensch bloß versteht, ist in ihm keinesfalls schon lebendig, erst recht noch nicht verwirklicht; die Verwirklichung ist nur der Möglichkeit nach gegeben.

Ein schon stärkerer Grad der Verwirklichung besteht, wenn sich über das bloße Verstehen hinaus eine bestimmte Gesinnung gebildet hat. Diese schließt immerhin die Verwirklichungsbereitschaft ein. Sie setzt voraus, daß eine bewußte Entscheidung und Wahl getroffen wurde. Es hat sich ein fester geistiger Block gebildet, der gegebenenfalls zur Verwirklichung drängt und verpflichtet.

Die volle Verwirklichung eines geistigen Ethos besteht aber erst dann, wenn dieses, wörtlich genommen, in Fleisch und Blut übergegangen, wenn es zur »Haltung« geworden ist. Erst in der Haltung hat ein inneres Sollen auch leiblich-erscheinungsmäßige Gestalt angenommen. Erst in ihr hat es Bestand und Wirklichkeit gewonnen. Ein inneres Ziel und Bild seiner selbst ist erst dann verwirklicht, wenn es als Haltung zur zweiten Natur geworden ist.

Erst dann ist es Realität geworden und hat auch innerhalb einer andersgearteten Wirklichkeit Bestand und Dauer. »Haltungen sind der Kern kultureller Lebensstile« (ERICH ROTHACKER in »Probleme der Kulturanthropologie«).

3. Der Mensch hat die Fähigkeit, von sich selbst Abstand zu nehmen, sich selber gegenüberzutreten. Er kann eigenverantwortlich über sich selbst mit Bewußtsein und mit Willen verfügen. Sein Dasein läuft nicht bloß unter triebhaft affektiver Steuerung ab*).

Die Selbstverwirklichungsakte des Menschen werden in erster Linie von einem bewußten Wollen ausgeführt. Indem aus dem anerkannten Sollen Willenshandlungen geboren werden, wird dieses in die Wirklichkeit umgesetzt. In der willentlichen Auseinandersetzung mit der Außenwelt gewinnt der Mensch zugleich seine eigene Formierung. Die Willensakte können sich aber auch nach innen richten. In der Form der Beherrschung können sie z. B. das Aufkommen und Durchbrechen von Trieb- und Affektregungen unterbinden. Diese werden durch das Dazwischentreten des beherrschenden Willens als Innerlichkeit zurückgehalten. Mit dieser Arbeit an sich selbst gibt sich der Mensch selbst Form; er nimmt sich in Zucht, bringt sich in Gewalt, formt und prägt sich seelisch und leiblich durch. Willensakte dieser Art nehmen körperlich ihren Weg über die quergestreifte Muskulatur, die das unmittelbare Instrument des Wollens ist. Ihr kommt deshalb die Willensformierung erscheinungsmäßig auch in erster Linie zugute. An ihr, in ihrer Differenzierung, in ihrer Beherrschbarkeit drücken sich Grad und Art der Selbstverwirklichung am unmittelbarsten aus.

Mit der Formierung der quergestreiften Muskulatur ist indirekt auch eine Formierung des übrigen Körpers und der sonstigen leiblichen Systeme verbunden. Muskuläre Tätigkeit regt z. B. die Atmung an, wirkt auf die Verdauung ein, stärkt den Herzmuskel usw. Eine direkte Beeinflussung der vegetativ versorgten Systeme durch Bewußtsein und Willen ist allerdings nicht möglich. Und doch erstreckt sich die Verwirklichung eines geistigen Sollens immer auf die Leiblichkeit im ganzen. Anders als das Tier muß sich der Mensch der Stillung seiner Bedürfnisse u. U. entgegenstellen. Er kann diese in sich zurückhalten; er kann aber auch ein übriges tun und das Maß des ihm Lebensdienlichen überschreiten. Das Tier weiß, wann es genug Nahrung oder Flüssigkeit aufgenommen hat; seine geschlechtlichen Instinkte kommen zum Schweigen mit der Erfüllung

---

*) Günther W. Mühle und Albert Wellek haben in „Studium Generale" (Heft 2, 1952) einen Aufsatz veröffentlicht mit dem Titel „Ausdruck, Darstellung und Gestaltung". Ihre Ausführungen über die Bedeutung von Darstellung und Rolle bringen eine wertvolle Ergänzung der hier skizzierten Gedanken.

ihres natürlichen Zweckes. Dem Menschen stehen Maßlosigkeit und Übersteigerung ebenso offen wie Unterdrückung und Abtötung. Er ist »nicht festgestellt« und in einer geradezu gefährlichen Weise der eigenen Verfügbarkeit anheimgegeben.

Selbstformierung muß in die Bresche springen. Alle großen Religionen und Weltanschauungen schreiben deshalb eine bestimmte Regulierung des Essens, des Trinkens, der Genußmittelaufnahme und z. T. der vegetativen Funktionen vor. Ihre Vorschriften für die Lebensweise erstrecken sich nicht bloß auf eine direkte Willensformung. Uralte Systeme kultischer Übungen dienen der Formierung des Leibes und haben den Zweck, diesen in möglichst vollständige Übereinstimmung mit einem besonderen geistigen Sollen zu bringen. Mit solchen Übungen wird immer wieder eine Auslotung des Leibes auf das gesetzte geistige Ziel hin vollzogen. Essen, Trinken, Atmung, sexuelles Leben, Schlafen und Wachen, Klang und rhythmische Bewegung werden in solche Regulierung einbezogen. Dahinter steht das Wissen, daß die Einheit von Leib und Seele, von Sein und Sollen beim Menschen nicht fraglos gegeben ist wie beim Tier. Die Übereinstimmung mit sich selbst, die Leib-Seele-Einheit sind dem Menschen nicht bloß gegeben; sie sind ihm zur stetigen Verwirklichung aufgegeben.

SCHRIFTTUM

Einleitung

1: C. Gustav Carus, Symbolik der menschlichen Gestalt, 4. Aufl., Radebeul-Dresden 1938. – 2: J. B. Porta, Physiognomie des Menschen, Radebeul-Dresden 1930. – 3: J. K. Lavater, Die Physiognomik, 1. u. 2. Bd., Zürich 1846. – 4: Huter, Illustriertes Hdb. d. Menschenkunde, 4. Aufl., ... 1930. – 5: Vgl. dazu auch E. v. Rutkowsky, Die Wurzeln der modernen Populärphysiognomik in der älteren medizinischen Psychologie und Konstitutionslehre, Zschr. f. Psychiatrie 89 (1928). – 6: Lavater a. a. O., S. 61 u. S. 55. – 7: Huter a. a. O. – 8: Carus a. a. O. – 9 u. 10: Vgl. Lavater a. a. O. S. 209 u. Rud. Kassner, Die Grundlagen der Physiognomik, V. 1922. – 11: J. Gall, Physiologie des Gehirns, Nürnberg 1833. – 12: E. v. Rutkowsky a. a. O. – 13: Ernst Kretschmer, Die französische Konstitutions- u. Temperamentenlehre, Utiz Jb. Charakterol. 6 (1929). – 14: Th. Piderit, Mimik und Physiognomik, 2. Aufl., Detmold 1886. – 15: In Ewalds Biologische und reine Psychologie im Persönlichkeitsaufbau kann man eine Wiederaufnahme des Gallschen Grundproblems auf moderner Grundlage sehen. – 16: E. Kretschmer, Körperbau u. Charakter, 9. u. 10. Aufl., Berlin 1931. – 17: Piderit a. a. O. – 18. Ph. Lersch, Gesicht u. Seele, München 1932. – 19: H. Strehle, Analyse des Gebarens, Berlin 1935. – 20: In den Bereich der Ausdruckspsychologie gehören auch Werke von Klages, insbesondere dessen Graphologie. – 21: J. J. Engel, Ideen zur Mimik, 1. Bd., S. 6. – 22: a. a. O. S. 16. – 23: Ausdruckspsychologische Spezialarbeiten wie beispielsweise Schänzles Mimik des Denkens sind nur auf dem Boden von Lersch möglich. – 25: Schumacher, Grundriß der Histologie des Menschen, Wien 1940, S. 34 u. 35. – 26: Vgl. dazu auch Karl Pintschovius, Die psychologische Diagnose, München 1941. – 27: Lersch a. a. O. S. 17. – 28: Zu ähnlichen Ergebnissen führten Untersuchungen von Auguste Flach, die eine Reihe von Ausdrucksbewegungen, so z. B. die Bittbewegung, untersucht hat. – 29: Lersch a. a. O. S. 19. – 30. Vgl. dazu auch Lersch, Der Aufbau des Charakters, 2. Aufl, Leipzig 1942, S. 15. – 31. Ch. Darwin, Der Ausdruck der Gemütsbewegungen, Stuttgart 1884. – 32: Piderit a. a. O. S. 37. – 33: Lersch, G. u. S., S. 32. – 34: Strehle a. a. O. – 35: Lersch, Der Aufbau d. Ch. – 36: Auch bei Klages Grundlagen der Charakterkunde kommt der Begriff der Akzentuierung vor. – 37: Lersch, Aufbau d. Ch., S. 5. – 38: Hellwig, Seele als Äußerung, Leipzig u. Berlin 1936. – 39: E. R. Jaensch hat bekanntlich den Integrationsbegriff zum Zentralbegriff seiner Typologie gemacht.

1. Kapitel

41: Gall a. a. O. S. 94. – 42: Carus unterscheidet im Anklang an die alte Dreiteilung in Denken, Fühlen u. Wollen auch noch Lieben u. Trieb, so Vaterlandsliebe, Bautrieb usw. – 43: Unsere seelischen Konstanten sind auch nicht gleichzusetzen mit den Wesenseigenschaften bei Lersch u. bei Klages. Auch diese sind komplexer Natur u. müßten in ihre Komponenten zerlegt werden, wenn ihre natürliche Verwurzelung in der Leibeserscheinung aufgezeigt werden sollte. – 44: Vgl. dazu Hans Ritter v. Bayer, Über die Bewegung des Menschen. Zur Lehre von der Synhapsis, Zschr. Anat. Entwgesch. 110 (1940). – 45: Derselbe. – 46: Vgl. Rud. Fick: Er unter-

scheidet einfache u. zusammengesetzte Gelenke, die er unterteilt in Kugel-,
Scharnier-, Sattel-, Schrauben-, Spiral- u. unregelmäßige Gelenke. Hdb. d.
Anatomie u. Mechanik der Gelenke. – 47: v. Bayer schlägt statt Freiheitsgrad den Begriff Freiheitsart vor. – 48: v. Bayer a. a. O. – 49: H. Rohracher, Kleine Einführung in die Charakterkunde, Teubner 1937. – 50:
Häberlin, Der Charakter, Basel 1925. – 51: Ewald a. a. O. – 52: H. Prinz-
horn, Charakterkunde der Gegenwart, Berlin 1931. – 53: A. Pfänder,
Grundprobleme der Charakterologie in Jb. Charakterol. 1924. – 54: R.
Thiele, Person u. Charakter, Leipzig 1940. – 55: Th. Ziehen, Die Grundlagen der Charakterologie, Langensalza 1930. – 56: Lersch, Aufb. d. Chr. –
57: R. Heiß, Lehre vom Charakter, Berlin 1936. – 58: M. Clara, Entwicklungsgeschichte des Menschen, Leipzig 1936. – 59: Schumacher a. a. O. –
60: S. Mollier, Plastische Anatomie, München 1924. – 61: Mair-Schütz,
Einführung in die Anatomie und Physiologie des Menschen, 1. u. 2. Bd.,
München 1936.

2. Kapitel

62: v. Weizsäcker, Der Gestaltkreis, Leipzig 1940, S. 1. – 63: v. Bayer
a. a. O. S. 650. – 64: H. Dirks, Lebenskraft u. Charakter, Berlin 1940. –
65: R. Dittler, Methoden der Untersuchung der elastischen Eigenschaften
des Muskels mit Einschluß der Myographie, Hdb. d. biol. Arb.-Meth., Bd. 5,
1936. – 66: W. Steinhausen, Die theoretischen Grundlagen der Methoden
zur Prüfung der elastischen Eigenschaften des Muskels, Hdb. d. biol. Arb.-
Meth., Bd. 5, 1936. – 67: Mair-Schütz a. a. O. S. 19. – 68: Dittler a. a. O.
– 69: v. Bayer a. a. O. S. 672. – 70: Vgl. Mair-Schütz a. a. O. S. 74. –
71: Mair-Schütz a. a. O. – 72: Derselbe. – 73: Vgl. auch E. A. Spiegel,
Tonusmessung in Hdb. der biol. Arb.-Meth., Abt. 5, 1936. – 74: Steinhausen a. a. O. S. 578. – 75: Lersch, G. u. S. – 76: Strehle a. a. O. –
77: Vgl. dazu auch Ewald a. a. O. – 78: v. Bayer a. a. O. S. 678. – 79:
Mollier a. a. O. S. 13. – 80 u. 81: v. Bayer a. a. O. – 82: Piderit a. a. O.
S. 66. – 83: Lersch, G. u. S., S. 51. – 84: A. Bostroem, Störungen des
Wollens, Hdb. d. Geisteskrankh., Allg. Teil II, Berlin 1928. – 85: E. Graßl,
Die Willensschwäche, Beiheft 77 Zschr. Angew. Psychol., Leipzig 1937. –
86: Pfänder, Phänomonologie des Wollens, 2. Aufl., Leipzig 1930. – 87:
K. Schneider, Zur Psychologie und Psychopathologie der Trieb- u. Willens-
erlebnisse, Zschr. Neurol. 1932. – 88: Lersch, Aufbau d. Ch. – 89: v. Weiz-
säcker a. a. O. S. 1. – 90: Vgl. dazu auch H. Dirks a. a. O.

3. Kapitel

91: v. Wyß, Vegetative Reaktionen bei psychischen Vorgängen, Zürich
1926. – 92 u. 93: Derselbe a. a. O. – 94: Hermann Braus, Anatomie des
Menschen, 2. Bd., 2. Aufl., Berlin 1934. – 95: Ders. a. a. O. S. 514. – 96:
Ders. a. a. O. – 97: Ders. a. a. O. S. 603. – 98: Ders. a. a. O. S. 624. – 99:
Vgl. Otto Jul. Hartmann, Menschenkunde, Frankfurt 1941. – 100: M.
Clara a. a. O. S. 239. – 101: Ders. a. a. O. S. 216. – 102: Vgl. Hermann
Stresau, Nur das Herz, es ist von Dauer, Frkf. Ztg., 4. Mai 1941. – 103:
Mair-Schütz a. a. O., 2. Bd., S. 6. – 104: Braus a. a. O. S. 624. – 105:
Ders. a. a. O. – 106: v. Wyß a. a. O. S. 39. – 107: Ders. a. a. O. S. 6. –
108: Mair-Schütz a. a. O. – 109: Bumke, der im Abschnitt Die körper-
lichen Begleiterscheinungen seelischer Vorgänge seines Buches Über die
Seele die plethysmographischen Methoden zur Messung der Blutfülle be-
schreibt, erwähnt Untersuchungsergebnisse von Ernst Weber über die

wechselnde Zu- u. Abnahme der Blutfülle in Gehirn, in den äußeren Kopfteilen, Bauchorganen, Gliedern u. äußeren Teilen des Rumpfes beispielsweise bei geistiger Arbeit, bei Schreck, bei Lustgefühlen, bei Unlustgefühlen und im Schlaf. – 110: Braus a. a. O. S. 557. – 111: Ders. a. a. O. – 112: Ders. a. a. O. S. 187. – 113 u. 114: Die Angaben sind Mollier u. Mair-Schütz entnommen. – 115: O. F. Bollnow, Das Wesen der Stimmungen, Frankfurt 1941. – 116: Mollier a. a. O. S. 167. – 117: v. Wyß a. a. O. bringt eine gute Zusammenstellung. – 118: Gerh. Mall, Konstitution u. Affekt, Zschr. Psychol., Erg.-Bd. 25 (1936). – 119: A. Knauer, Über den Einfluß normaler Seelenvorgänge auf den arteriellen Blutdruck, Zschr. Neurol. 30 (1925). – 120: Kretschmer, Medizinische Psychologie, Leipzig 1930. – 121: v. Wyß, Grundformen der Affektivität. Die Zustandsgefühle beim gesunden u. kranken Menschen, Basel, Leipzig, Korje 1930. – 122: Wilh. Wundt a. a. O. – 123: v. Wyß, Vegetative Funktionen, S. 17. – 124: Max Scheler, Wesen u. Formen der Sympathie. – 125: v. Wyß, Grundformen. – 126: Ders. a. a. O. – 127: Braus a. a. O. S. 312. – Mair-Schütz a. a. O., 2. Bd., S. 43. – 129: Ders. a. a. O. – 130: Ders. a. a. O., 2. Bd., S. 43. – 131: Vgl. Paul Häberlin, Der Geist u. die Triebe. Auch für ihn ist die Gleichgewichts- bzw. Nichtgleichgewichtsvorstellung maßgebend. Aber er kommt zu einer Einteilung in zwei Grundtriebe, die er Beharrungstrieb u. Veränderungstrieb nennt, eine Konsequenz, die sich mit der unsrigen aus verschiedenen Gründen nicht decken kann. – 132: v. Wyß, Grundformen... S. 43f. – 133: Ders. a. a. O. S. 45. – 134: K. Schneider a. a. O. – 135: Vgl. Lersch, Der Aufbau d. Ch.

4. Kapitel

136: Das Anatomische u. Physiologische wird im Anschluß an Braus a. a. O. Bd. 4 behandelt. – 137: Ders. a. a. O. S. 325. – 138: Ders. a. a. O. S. 354. – 139: Mair-Schütz a. a. O., 2. Bd., S. 48. – 140: Ders., ebenda. – 141: Braus a. a. O. S. 354. – 142: Ders. a. a. O. S. 330. – 143: Kretschmer, K. u. Ch., S. 66. – 144: Ders. a. a. O. S. 345. – 146: Ders. a. a. O. S. 323. – 147, 148, 149 u. 150: Ders. a. a. O. S. 365, 371, 372, 385. – 151: Lersch, G. u. S. – 152: Braus a. a. O. – 153: Lersch a. a. O. – 154: Fr. Sander, Zur neueren Gefühlslehre. Bericht über den 15. Kongreß f. Psychol., Jena 1937. – 155: Felix Krueger, Das Wesen der Gefühle, Leipzig 1930. – 156: Wilh. Wundt a. a. O. – 157: Sauerbruch-Wenke, Wesen u. Bedeutung des Schmerzes, Berlin 1937. – 158: Büttner, Der Empfindsame in Menschenformen, Berlin 1942.

5. Kapitel

159: Soweit nichts Besonderes gesagt ist, wird das Physiologische nach Braus wiedergegeben. – 160: Kretschmer, Medizinische Psychologie. – 161: Bezeichnung ist nach Braus gewählt. – 162: Braus a. a. O. S. 102. – 163: Ders. a. a. O. S. 123. – 164: Vgl. E. Rothacker, Die Schichten der Persönlichkeit, 2. Aufl., Leipzig 1941, S. 61/62. – 165 u. 166: Braus a. a. O., 4. Bd., S. 517 u. S. 528.

6. Kapitel

167: Mollier a. a. O. S. 166. – 168: Vgl. Arnold Gehlen, Der Mensch. Seine Natur und seine Stellung in der Welt, Berlin 1940. – 169: Strehle a. a. O. S. 65. – 170: Ders. a. a. O. – 171: Mollier a. a. O. – 172: Vgl. Schänzle a. a. O. – 173: Vgl. Lersch, G. u. S. – 174: Vgl. Gehlen a. a. O.

7. Kapitel

175: Heinz Graupner, Elixier des Lebens, Berlin 1939. – 176: Vgl. dazu: Die Wahrheit über die Chiropraktik, Verl. Vereinigt. Schweizer Chiropraktoren. – 177: Lersch, G. u. S. S. 133.

8. Kapitel

178: Clara a. a. O. S. 136. – 179: W. Zeller, Wachstum u. Reifung in Hinsicht auf Konstitution u. Erbanlage, S. 364 in Hdb. der Erbbiologie, 2. Bd., Berlin 1939. – 180: Bolk, Das Problem der Menschwerdung, S. 23, Jena 1926. – 181: Vgl. Zeller a. a. O. S. 361. – 182: Stratz, Der Körperbau des Kindes u. seine Pflege, 12. Aufl., Stuttgart 1941. – 183: Kl. Conrad, Der Konstitutionstyp als genetisches Problem, Berlin 1941. – 184: Vgl. dazu Brock, Biologische Daten für den Kinderarzt, 1. Bd. 1932, 2. Bd. 1934, 3. Bd. 1939. – 185: Vgl. dazu auch Kroh, Tumlirz u. a. – 186: Martin a. a. O. S. 329. – 187: Ders. a. a. O. S. 337. – 188: Angeführt nach Brock a. a. O. 1. Bd., S. 49. – 189: W. Zeller, Der erste Gestaltwandel des Kindes, Leipzig 1936. – 190, 191 u. 192: W. Zeller, Wachstum u. Reifung, S. 375, 364 u. 375. – 193: Brock a. a. O., 2. Bd., S. 91. – 194: Angeführt nach Brock a. a. O. 1. Bd., S. 44. – 195: Vgl. Brock a. a. O., 2. Bd., S. 139.•– 196: Zeller, Wachstum u. Reifung, S. 375. – 197: Kl. Conrad a. a. O., S. 48. – 198: Die sachlichen Unterlagen sind im folgenden hauptsächlich aus Brock, Biologische Daten für den Kinderarzt entnommen. Daneben kommt noch Kl. Conrad a. a. O. in Betracht, der seinerseits z. T. wieder auf Brock fußt. – 199, 200: Vgl. Brock a. a. O., 2. Bd., S. 144, 198 u. 320. – 201: Vgl. Beurlen, Stammesgeschichtliche Grundlagen der Abstammungslehre, Jena 1937. – 202: Ders. a. a. O. S. 25. – 203: Stockard, Die körperlichen Grundlagen der Persönlichkeit, Jena 1932. – 204 u. 205: Ders. a. a. O. S. 19 u. S. 83. – 206: Vgl. Brock a. a. O., 1. Bd., S. 17. – 207: Bolk a. a. O., S. 19. – 208: Vgl. Bolk a. a. O., S. 20.

9. Kapitel

209: Thomas, Innersekretorische Drüsen bei Feten u. Kindern, Hdb. d. inn. Sekr., 2. Bd., S. 1313. – 210: Vgl. Zeller, Die Bestimmung der Maturität in der Entwicklung des Jugendlichen, Zschr. d. Gesundheitsführung f. Mutterschaft, Kindheit, Jugend, 1. J. (1934). – 211: Martin a. a. O. S. 725. – 212: Graupner, Der Frauenspiegel, Berlin 1940. – 213: Stratz a. a. O. S. 315. – 214: Vgl. Graupner a. a. O. S. 98. – 215: Graupner a. a. O. S. 130. – 216: Martin a. a. O. S. 739. – 217: Vgl. Stockard a. a. O. S. 130. – 218: Graupner a. a. O. – 219: Martin a. a. O. S. 438.

Abschluß

220, 221, 222 u. 223: E. Spranger, Lebensformen, 7. Aufl., Halle 1930, S. 5, 17, 14 u. 121. – 224: Jacob Burckhardt, Die Kultur der Renaissance, Stuttgart 1940. – 225, 226, 227, 228: Ders. a. a. O. S. 123, 124, 129 u. 130. – 229: Leonardo da Vinci, Asmus-Verlag, Leipzig. – 230 u. 231: A. Gehlen a. a. O. S. 2, 19 u. 26. – 232 u. 233: Ders. a. a. O. – 234: Spranger a. a. O. S. 18.

BECK, Grundzüge der Sozialpsychologie

Von Oberreg.-Rat Dr. *Walter Beck* †. Privatdoz. a. d. Univ. Mainz. 2., unveränd. Aufl. VII, 176 S. 1956. Kart. DM 16.20

Der viel zu früh verstorbene Autor hinterließ uns in seinem letzten Werk ein Buch von hohem Rang. In Anbetracht der wenigen Arbeiten über Sozialpsychologie, die bisher in Deutschland veröffentlicht wurden, ist es eine Pionierleistung. In einer Strukturpsychologie des Gemeinschaftslebens bringt Beck seine reichen eigenen Erfahrungen und wissenschaftlichen Erkenntnisse sowie die in der in- und ausländischen Literatur veröffentlichten Forschungsergebnisse ins System . . . Vielleicht hat der Autor der Sozialpsychologie im deutschsprachigen Raum eine Geltung verschafft, die sie bisher noch nicht hat erlangen können. *(W. J. Revers: Jb. f. Psychol. u. Psychotherap. 1955, 2/3)*

FROWEIN, Grundfragen fliegerischer Ausbildung und Erziehung

Von Dr. *Ernst Frowein*, Leiter des Instituts für Segelflugforschung (IfS) Freiburg/Br. 134 S. m. 36 Abb. u. 31 Tabellen. 1956. Kart. DM 13.50

Ein anerkannter Fachmann legt, aufbauend auf vielseitigen praktischen und theoretischen Untersuchungen, Grundzüge einer systematischen Methodik des Segelfliegens dar. Die Hauptfrage, bei der Vorschule der Fliegerei wie bei aller Fliegerei, ist, wie man die größtmögliche Flugsicherheit durch bestmögliche Flugleistungen erzielt. Von den Sinnesorganen und ihren Reaktionen, außerordentlich wichtig für die Raumorientierung und beim unvorhergesehenen Manövrieren, geht der Verfasser aus. Dann weist er ausdrücklich und eindrucksvoll nach, auch in Tabellen und graphischen Darstellungen, daß charakterliche und menschliche Anlagen und Fähigkeiten in hohem Maße auf die fliegerische Technik und Leistung sich auswirken, und daß es in Zukunft stark darauf ankommen werde, ob Fluglehrer und Flugzeugführer charakterlich und menschlich höchsten Anforderungen genügen.

GERATHEWOHL, Die Psychologie des Menschen im Flugzeug

Von Dr. *Siegfried J. Gerathewohl*, New Braunfels (Texas). Hrsg. v. d. Dt. Aeronaut. Ges. e. V. 269 S., 52 Textabb. und 30 Abb. im Anhang. 1954. Kart. DM 23.40; Lw. DM 25.—

Mit der Zunahme der fliegerischen Tätigkeit gewinnt auch die Frage der psychologischen Anforderungen an den Menschen hohe Bedeutung. Es ist daher als eine dankenswerte Aufgabe anzusehen, mit dem Verfasser einen bereits vor dem Kriege bekannten Diplom-Psychologen zu Wort kommen zu lassen. Er behandelt die flugtechnischen und rein fliegerischen Probleme nicht nur theoretisch, sondern zieht auch die praktischen Nutzanwendungen aus Versuch und Theorie. Das Buch spricht einen großen Kreis von Interessenten wie Psychologen, Mediziner, Luftfahrtsachverständige, Pädagogen, Institute, Ingenieure usw. an. *(Der Adler 1954, 2)*

HABER-GEBAUER, Möglichkeiten und Grenzen des bemannten Fluges

Bericht einer Tagung, abgehalten in Los Angeles (USA). Im Auftrag der Univ. von Kalifornien und der Aero-Medical Engineering Assoc. herausgegeben von Dr. rer. nat. habil. *Heinz Haber*, Assoc. Physicist, Institute of Transportation and Traffic Engineering, Univ. of California, Los Angeles. Deutsche Ausgabe von Ing. *Eitel-Friedrich Gebauer*, Wiesbaden. VIII, 179 S., 12 Tab. u. 50 Abb. im Text, auf 1 Bildtafel und auf 2 Falttafeln. 1956. Kart. DM 18.60

Die von Heinz Haber, engem Mitarbeiter des Raketen-Spezialisten Wernher von Braun in den USA, zusammengestellten Ansichten und Erkenntnisse namhafter amerikanischer Forscher und Praktiker sind für unsere wiederbeginnende Luftfahrt und Luftfahrtindustrie von größter Wichtigkeit. Wie man die Gefahr, daß die Maschine den Menschen überfordert, durch Zusammenarbeit aller Sparten — von Konstrukteuren, Technikern, Ingenieuren, Flugzeugführern, auch Ärzten und Psychologen — abwenden kann, ist das Leitmotiv dieses vielseitig orientierenden Werkes.

HAGER, Genetische Graphologie

Die Persönlichkeit im Wandel der Handschrift. Von Dr. *Wilhelm Hager*, München. Ca. VIII, 186 S. m. 48 Abb. Kart. ca. DM 15.—   In Vorbereitung.

Ähnlich wie die heutige Charakterkunde ist die Graphologie bestrebt, das ganzheitliche Bild der Persönlichkeit zu vervollständigen, und zwar durch Einbeziehung der gesamten Entwicklung. Die graphologische Querschnittanalyse kann nur eine augenblickliche Durchgangsstation, niemals aber die ganze Persönlichkeit kennzeichnen. Längsschnittanalysen jedoch ermöglichen verfeinerte Deutungen und lassen die Person in ihrer Totalität erstehen. Der Verfasser zeigt Richtlinien für solch eine genetische Graphologie und stellt Grundsätze auf, die sie bestimmen müssen.

HOFSTÄTTER, Einführung in die quantitativen Methoden der Psychologie

Von Assoc. Prof. Dr. *Peter R. Hofstätter*, The Catholic Univ. of America, Washington D. C. VI, 175 S. 30 Abb., 76 Tabellen u. 15 Tafeln. 1953. Kart. DM 27.—

P. R. Hofstätter ist für diese Einführung in die quantitativen Methoden der Psychologie besonders berufen . . . Die mathematischen Anforderungen sind minimal und das Bemühen um Anschaulichkeit vorherrschend . . . Die dem Anfänger oft schwierig erscheinende Korrelationsstatistik bringt Hof-

---

stätter in sehr einleuchtender Form. Anschauliches Bildmaterial und treffende Beispiele fördern dieses Bemühen. Es gelingt, die gute Verständlichkeit bis zur Behandlung der Faktoren-Analyse durchzuhalten. Besonders ansprechend sind hierbei die ausführlich angelegten kritischen Bemerkungen über die Interpretation von Korrelations-Koeffizienten ... Die undoktrinäre Einstellung, die aus der Gesamteinstellung Hofstätters spricht, dürfte das statistische Denken auf dem Gebiet der Psychologie fördern. Besonders die Studierenden werden diese aus psychologischem Denken geborene Einführung begrüßen, die ihnen die statistischen Forschungsmethoden an einer Fülle von Beispielen aus ihrem Fachgebiet erhellt. *(Dr. G. Rühl: Allg. Statist. Archiv 38, 3)*

KLAGES, Der Geist als Widersacher der Seele

Von Dr. *Ludwig Klages*, Kilchberg bei Zürich. 3., vom Verf. durchges. Aufl. mit einer neuen Einführung. 2 Bde. XVIII, 1522 S. In Gemeinschaft mit H. Bouvier u. Co., Bonn. 1954. Lw. DM 120.—

Das philosophische Hauptwerk des großen „Umwerters aller Werte" in einer besonders sogfältig ausgestatteten Ausgabe, von allen begrüßt, die an der Geschichte abendländischen Denkens und abendländischer Geistesentwicklung inneren Anteil nehmen.

KLAGES, Graphologisches Lesebuch

Hundert Gutachten aus der Praxis. Unter Mitwirkung von Fachgenossen hrsg. von Dr.*Ludwig Klages*, Kilchberg bei Zürich. 5., durchges. Aufl. VI, 291 S. m. 114 Handschriftproben. 1954. Lw. DM 18.—

Die Neuauflage dieses seit vielen Jahren vergriffenen und von graphologischen Anfängern besonders vermißten Buches ist sehr zu begrüßen, gibt es doch in einer einzigartigen Weise die Möglichkeit, die eigene Fertigkeit in Schriftanalyse und gutachtlicher Formulierung zu schulen und zu prüfen. Jeder graphologisch Tätige wird immer wieder zu diesem Buch greifen, das an Anregung für die eigene praktische Arbeit unerschöpflich ist. *(H. F.: Ausdruckskunde 1955, 2)*

KLAGES, Vom Wesen des Bewußtseins

4., verbess. Aufl. VIII, 87 S. 1955. Kart. DM 7.50

... Die vorliegende Schrift hat, wie fast alle Schriften von Ludwig Klages, im wesentlichen analytischen, induktiven Charakter. Wir werden an die einzelnen Probleme „Sein und Werden", „Zeit und Raum", „Leib und Seele", „Traum und Wachheit", „Schauen und Empfinden" usw. herangeführt, aber dazwischen leuchtet es plötzlich aus allen Facetten eines edelgeschliffenen Steins, uns hinführend zur Erkenntnis des Wesentlichen, sei es der Vergangenheit, der Gegenwart oder Zukunft, sie es zur klaren Erkenntnis dessen, was eingentlich der Sinn des Geistigen oder des Seelischen, was der Sinn des Menschen und seiner Geschichte, was schließlich unsere heilige Aufgabe gegenüber allen zerstörerischen Tendenzen dieser Zeit ist. *(Rudolf Bode: Rhythmus 1956, 1)*

LERSCH, Aufbau der Person

Von Prof. Dr. *Philipp Lersch*, Direktor des Psychol. Inst. d. Univ. München. 7., durchges. Aufl. XII, 591 S., 14 Abb. 1956. Kart. DM 28.50; Lw. DM 31.—

... Lerschs Charakterkunde ist zur Zeit das Standardwerk auf diesem Forschungsgebiet. *(Pädagog. Nachr. 1954, 3)*

MÜHLE, Entwicklungspsychologie des zeichnerischen Gestaltens

Grundlagen, Formen und Wege in der Kinderzeichnung. Von Priv.-Doz. Dr. *Günther Mühle*, Mainz. VIII, 165 S. m. 2 Tab. u. 159 Abb. auf 39 Tafeln. 1955. Kart. DM 24.—

Die Ergebnisse dieser Arbeit fordern eine kritische Überprüfung gewisser eingefahrener Lehrmeinungen auf dem Gebiete der Kinderzeichnung. Sie zwingen zum Umdenken in der Interpretation kindlicher Zeichnungen, verlangen auch die Revision der Deutungen mancher Entwicklungszeichentests. Die praktische Pädagogik erhofft sich jedoch von dem Aspekt einer Gestaltungspsychologie innerhalb der pädagogischen Psychologie eine wertvolle Hilfe; denn das pädagogische Geschehen wird damit im entscheidenden Bereich des Bildungsprozesses, eben der Gestaltung, direkt angesprochen. Hier liegt das über das Thema hinausreichende besondere wissenschaftliche Verdienst der Arbeit. Man möchte diesem wertvollen Buch, das als Ergänzung einen reichen Bilderanhang und eine ausführliche Bibliographie enthält, eine wirkungsvolle Verbreitung und Ausweitung seiner Gedankengänge wünschen. *(Bl.: Zschr. Heilpädag. 1956, 2)*

NEUMANN, Sport und Persönlichkeit

Versuch einer psychologischen Diagnostik und Deutung der Persönlichkeit des Sportlers. Von Dr. *Otto Neumann*, Direktor des Instituts für Leibesübungen der Univ. Heidelberg. Ca. 250 S. m. 21 Abb. und Tab. *(Wissenschaftliche Schriftenreihe des Deutschen Sportbundes, Bd. 1)*. In Vorbereitung.

ROHRACHER, Die Arbeitsweise des Gehirns und die psychischen Vorgänge

Von Prof. Dr. *Hubert Rohracher*, Vorstand des Psychol. Inst. d. Univ. Wien. VIII, 173 S. m.
8 Abb. 1953. Kart. DM 18.—

Nach 5 Jahren legt H. Rohracher die 3. Aufl. seiner bekannten Monographie: „Die Vorgänge im
Gehirn und das geistige Leben" mit anderem Titel und in neuem Gewande vor. Ausgehend von einem
allgemein verständlich gehaltenen Überblick über den gegenwärtigen Stand der Hirnforschung
(Morphologie und Physiologie, speziell Elektrencephalographie) sowie der Psychologie entwickelt
der Autor eine durchaus eigenwillige, großzügige Gehirntheorie des psychischen Geschehens, die in
ihrer mitunter zwingenden Logik und konsequenten Durchführung imponiert. Hier gewinnt eine
Anschauungsweise festere Gestalt, die auf jahrzehntelanger experimentell-naturwissenschaftlicher,
klinischer und psychologischer Erfahrung basiert und in vielen Einzelheiten (z. B. den Theorien des
Gedächtnisses und Denkens) schon wohlgestaltete Form bekommen hat. Viele scheinbare Gegensätze
zwischen den verschiedenen Anschauungsweisen der Psychologie und Neurologie, der Organmedizin
und Psychoanalyse werden in geschickter Weise überbrückt . . . Es ist ein Problembuch im besten
Sinne des Wortes. *(Dr. R. Lohmann, Göttingen: Naturwiss. Rdsch. 1955, 10)*

STEINITZER, Aus der Lebensarbeit eines Graphologen

Hrsg. und eingeleitet von Prof. Dr. *Rudolf Pophal*, Hamburg. VII, 113 S., 20 Schriftproben.
1952. Kart. DM 9.—

Steinitzer hat sich während seiner jahrzehntelangen beruflichen Praxis mit einigen Teilgebieten der
Graphologie besonders beschäftigt und seine Erkenntnisse in klaren, verständlichen Abhandlungen
niedergelegt. Seine Ausführungen verlieren sich nicht in vagen Spekulationen oder mystischen
Behauptungen, vielmehr erkennt er nur das als tragbar an, was seiner von der Skepsis gesteuerten
Prüfung standzuhalten vermag. Es handelt sich hier nicht um ein graphologisches Lehrbuch im üblichen Sinne, sondern um eine Schrift, die dem schon mit der Materie vertrauten Praktiker neue Anre-
gungen geben kann. Neben kurzgehaltenen, instruktiven Interpretationen graphologischer Komponenten, die sich vor allem sinngemäß an Klages anlehnen, sind es besonders die Ausführungen über
„Wortanfang" und „Wortwendungen", „Abgebrochene Endungen", „Die Kehrseite" und dann
besonders „Die graphologische Eheberatung", die der Aufmerksamkeit des Lesers besonders zu
empfehlen wären. *(Psychol. Hefte d. Siemens-Stud.-Ges. 1952, 10)*

WERNER, Einführung in die Entwicklungspsychologie

Von Dr. *Heinz Werner*, Stanley Hall Prof., Clark Univ. Worcester (USA). 3., umgearb. Aufl. VII,
383 S., 46 Abb. 1953. Kart. DM 28.—; Hlw. DM 30.—

Was dem Buch seine besondere Stellung gibt, ist die Weise seiner Perspektive. Entwicklungspsycholo-
gie wird hier nicht als ein Gegenstandsgebiet verstanden, sondern als eine Methode, die auf die verschiedensten Teildisziplinen der Psychologie angewandt werden kann. *(Elfriede Höhn, Tübingen:
Ztschr. diagnost. Psychol. u. Persönlichkcitsforsch. II, 3)*

WITTLICH, Graphologische Charakterdiagramme

Hilfen zur Menschenkenntnis in Erziehung und Betrieb. Von Dr. *Bernhard Wittlich*, Preetz
(Holstein). VIII, 88 S., 38 Abb. und 4 Kartonblätter mit 12 Merkmallinealen und Diagramm-
schema. 1956. Kart. DM 8.40

Bei Bewerbungen oder Erziehungsschwierigkeiten werden Entscheidungen häufig allein nach dem
Eindruck getroffen, den eine Handschrift macht. Solche Deutung ist gefährlich und verantwortungs-
los. Wissenschaftlich fundierte graphologische Charaktergutachten kann nur der Fachmann ausar-
beiten. Eine vereinfachte testanaloge Methode, die der Laie sich verhältnismäßig rasch aneignen
kann und die ihm einwandfreie Aufschlüsse gibt, fehlte bis jetzt. Der Verfasser hat sie entwickelt,
und zwar durch eine Kombination von Analyse = Merkmalprotokollen und bildlicher Darstellung =
Charakterdiagrammen. Kein theoretisches Lehrbuch, sondern eine auf die Praxis zugeschnittene
Anleitung, die Handschrift als Mittel zu besserem Verstehen, Beraten, Lenken und zum Erkennen
bestimmter Begabungen oder Schwächen zu gebrauchen.

WITTLICH, Wörterbuch der Charakterkunde

Von Dr. *Bernhard Wittlich*, Preetz (Holstein). 3., erweit. Aufl. 68 S. u. 1 Ausschlagtafel. 1950.
Kart. DM 3.60

Bei der wachsenden Bedeutung, die der Psychologie im täglichen Beruf und in der Erziehung heute
zukommt, werden viele den Wert des kleinen Buches schätzen lernen, die selbst nach einer präzisen
Begriffserläuterung verlangen oder aber als Lehrer und Berufsberater, als Psychologen und Studie-
rende, als Ärzte und Seelsorger, vor allem aber auch als Graphologen immer wieder vor der Aufgabe
zuverlässiger Charakterschilderung und Charakterbewertung stehen. *(R. P.: Die Höhere Schule 1951, 9)*

JOHANN AMBROSIUS BARTH MÜNCHEN 23